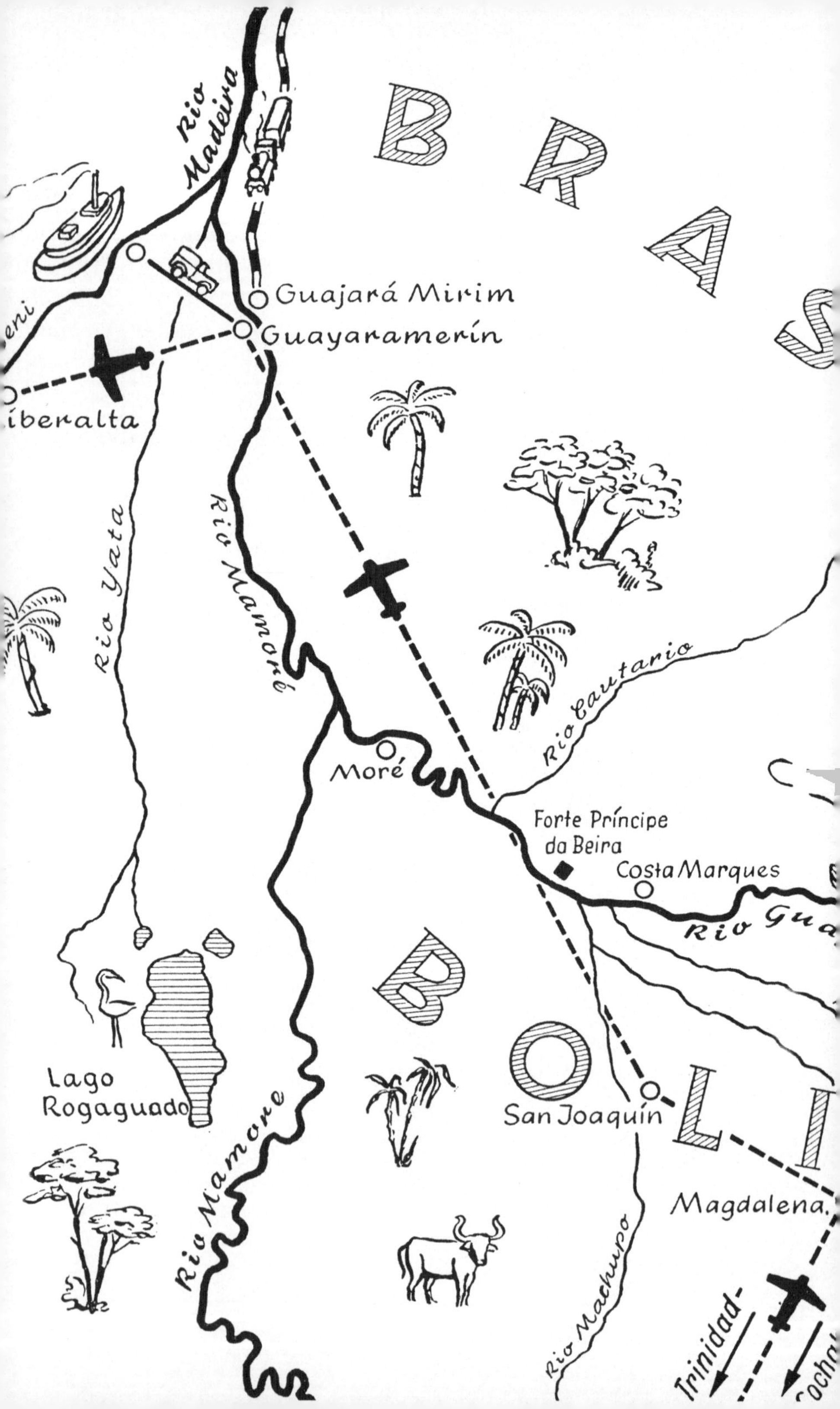

Rio Madeira
Rio Beni
Guajará Mirim
Guayaramerín
Riberalta
Rio Yata
Rio Mamoré
Rio Cautario
Moré
Forte Príncipe da Beira
Costa Marques
Rio Gua...
BRASIL
BOLI...
Lago Rogaguado
Rio Mamore
San Joaquín
Magdalena
Rio Machupo
Trinidad-
...cocha...

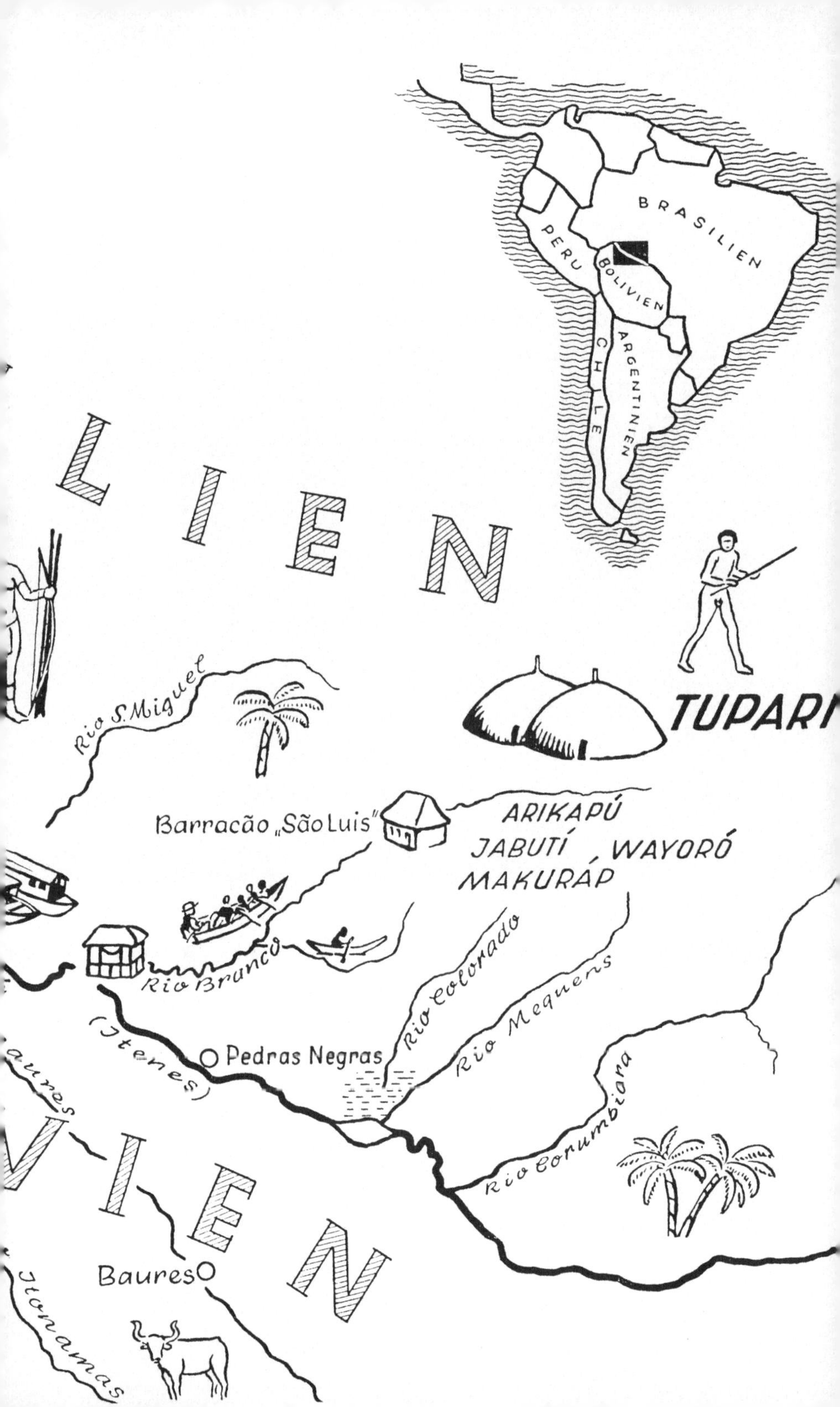
BRASILIEN
PERU
BOLIVIEN
CHILE
ARGENTINIEN
LIEN
VIEN
TUPARI
Rio S. Miguel
Barracão „São Luis"
ARIKAPÚ
JABUTÍ   WAYORÓ
MAKURÁP
Rio Branco
Rio Colorado
Rio Mequens
Rio Corumbiara
(Itenes)
aures
O Pedras Negras
Baures O
Itonamas

TUPARI

UNTER INDIOS IM URWALD BRASILIENS

FRANZ CASPAR

TUPARI

UNTER INDIOS

IM URWALD

BRASILIENS

SPRINGER FACHMEDIEN WIESBADEN GMBH

ISBN 978-3-663-03220-5   ISBN 978-3-663-04409-3 (eBook)
DOI 10.1007/978-3-663-04409-3

Mit 37 Abbildungen nach Aufnahmen des Verfassers

Umschlag- und Einbandzeichnung: Heiner Rothfuchs

Herstellung: Buchdruckerei Richard Borek KG. Braunschweig

INHALTSVERZEICHNIS

VORWORT DES VERFASSERS

Dieses Buch schildert das Dasein eines kleinen, arbeitsamen Volkes, das weitab von unserer Zivilisation in den Urwäldern Brasiliens seine heiteren und traurigen Tage verlebt. Es erzählt persönliche Erlebnisse – Erlebnisse eines Europäers mit Indianern und Erlebnisse der Indianer mit den Weißen, die auf der Suche nach Gummi und Abenteuern langsam aber unaufhaltsam in die letzten unerforschten Winkel Amazoniens und des Matto Grosso vorstoßen. So spielt sich das Leben der Urwaldbewohner vor den Augen des Lesers ab, und jede Einzelheit darf auch vom kritischen Forscher als authentisch hingenommen werden. Nur ein paar Namen sind abgekürzt oder ausgetauscht worden, wo es die Diskretion erforderte. Zahlreiche ethnographische Daten, die solche Erlebnisbücher oft belasten, bleiben einer anderen Arbeit vorbehalten, welche das Hamburgische Museum für Völkerkunde in seiner bekannten Monographienreihe zu veröffentlichen plant.

In die Schweiz oder zu den Wilden?

Ein leichter Entschluß —

Schlimme Nachrichten und neue Hoffnung

Januar 1948. Ich stand am Schaltertisch eines Reisebüros in La Paz, der Hauptstadt Boliviens, und fragte nach der besten Reiseroute nach Europa. Der Angestellte breitete eine Karte von Südamerika vor mir aus.
„Überlegen Sie ruhig alle Möglichkeiten. Wenn Sie nicht das Flugzeug über Rio de Janeiro und Dakar nehmen wollen, können Sie mit der Bahn nach Bueuos Aires fahren. Dort gibt es Überseedampfer genug, auf denen wir Passagen buchen. Oder Sie fahren an den Pazifischen Ozean und nehmen ein Schiff in Arequipa, Arica oder Mollendo. Dann lernen Sie auch den Panama-Kanal kennen."
Aber keine dieser Routen, die jedes Jahr von viel tausend Reisenden befahren werden, wollte mir recht gefallen. Je länger ich mich über die Karte beugte, um so mehr wurde mein Blick in eine andere Richtung gezogen. Von der Kordillere nach Osten hin, beinahe durch den ganzen Kontinent schlängelte sich eine blaue Linie: der Amazonenstrom, der sich in tausend Windungen, von tausend kleinen und großen Flüssen genährt, von den Anden zum Atlantischen Ozean hinunterwälzt. Konnte ich Südamerika verlassen, ohne diesen gewaltigsten aller Ströme und die unermeßlichen Urwälder, die ihn säumen, gesehen zu haben?
Der Bolivianer hinter dem Auskunftstisch schüttelte den Kopf. Für eine Reise zum Amazonas hinunter wäre er nicht zuständig, und so viel er wisse, könnte ein solches Unternehmen nur übel enden: Malaria, Gelbfieber, Insektenplage und wilde Tiere ...
Dennoch verließ ich das Reisebüro ohne Schiffsplatz und ohne Fahrkarte. Mein Entschluß war gefaßt. Zunächst wollte ich mit dem Flugzeug an die brasilianische Grenze reisen, dort würde ich weiter sehen.
Schon im März verließ ich Cochabamba, eine freundliche Stadt am Osthang der Anden, Sitz der bolivianischen Fluggesellschaft *Lloyd Aéreo Boliviano*. Von 2500 Meter Höhe erhob sich die zweimotorige Douglas mühelos auf etwa 5000 Meter und schwebte über die verschneiten Kuppen

der Kordillere und zerklüftete Andentäler hinunter zu den unendlichen grünen Ebenen von Mojos. In Schweiß gebadet landeten wir in Trinidad, der Hauptstadt des Departements Beni, und flogen dann weiter über die Dörfer San Joaquín, Magdalena und Guayaramerín nach Riberalta, das sich in wenigen Jahrzehnten aus den Gummibaracken einiger Schweizerpioniere zu einer Stadt von mehr als zehntausend Einwohnern entwickelt hat. Ein paar Tage später nahm mich ein kleiner Dampfer mit den Benifluß hinunter nach Cachuela Esperanza, Zentrum eines riesigen Gummiunternehmens, und von dort ging es auf einem Lastwagen quer durch den Urwald hinüber zum Rio Mamoré nach Guayaramerín.

Guayaramerín, auch Puerto Sucre genannt, ist ein kleines Nest an der Grenze zwischen Bolivien und Brasilien. Vor dem Dorf wälzen sich die trüben Fluten des Rio Mamoré einer Kette von tosenden Stromschnellen entgegen, und im Halbrund rückt der Urwald beinahe bis an die Hintertüren seiner Hütten heran. Auf den sandigen Straßen und auf dem großen Dorfplatz weiden die Kühe und ein paar magere Pferde, und in den unscheinbaren, mit Palmblättern bedeckten Häuschen wohnen etwa tausend Indianer, Weiße und Mischlinge.

Am Flußufer stehen die baufälligen Lagerhäuser der amerikanischen Agenten. In den vergangenen Kriegsjahren war Guayaramerín eines der bedeutendsten Zentren des schwunghaften Gummihandels gewesen. Aus dieser Zeit stammte wohl auch der Flugplatz. Heute ist vom Gummihandel nur noch wenig zu spüren. Aber die Leute von Guayaramerín können nicht glauben, daß die Herrlichkeit ein Ende genommen hat.

„Nur den Kopf nicht hängen lassen!" ermunterten sie sich. „Der dritte Weltkrieg kommt! Und dann geht das Geschäft weiter!"

Nun, die Gummiträume von Guayaramerín kümmerten mich nicht weiter. Ich war Passagier auf der Durchreise nach Europa. Am nächsten Morgen würde ich über den Mamoré-Fluß setzen und auf der brasilianischen Seite den Zug der „Madeira-Mamoré"-Bahn besteigen. Ich freute mich, denn die Gerüchte über die wackeligen Schienen dieser Bahn und über die Indianer, welche die entgleisten Züge anzugreifen pflegten, versprachen eine abenteuerliche Fahrt.

Zum Mittagessen saß ich in dem kleinen Gasthof, auf dessen Mauern in großen Lettern *Hotel Central* stand, und mühte mich mit stumpfem Messer an einem zähen Stück Kuhbraten ab. Am Nebentisch würfelten ein paar Gummihändler und Zollbeamte mit aufgekrempelten Hemdärmeln um eine Runde Bier. In einer Ecke saß eine Familie von Collas, so nennt man die Bolivianer aus dem Hochland.

Ein dunkelhaariger, hakennasiger Herr setzte sich zu mir. Seinem Aus-

sehen nach mochte er einer der sogenannten Turcos sein, Syrier oder
Libanesen, die vor Jahrzehnten in Scharen nach Südamerika wanderten
und sich als tüchtige Krämer in kurzer Zeit oft beträchtliche Vermögen
erworben hatten. Finster starrte er in die dünne Suppe und begann ein
geräuschvolles Mahl. Hin und wieder warf er einen Blick in die Zeitung,
die das Flugzeug soeben aus der Hauptstadt gebracht hatte.
Ein Dampfer war von Trinidad heruntergekommen, und der Speisesaal
füllte sich langsam mit eifrig schwatzenden und gestikulierenden Gästen.
Ein dritter Reisender gesellte sich an unsern Tisch, ein einfacher, ge-
pflegter Fünfziger mit klugen grauen Augen.
„Brückner", stellte er sich vor und reichte mir die Hand. Ich war überrascht, deutsche Laute zu hören.
„Sie sind Schweizer, habe ich gehört. Wohl auf der Durchreise?"
Wir kamen ins Gespräch. Mein Tischnachbar war vor etwa fünfund-
dreißig Jahren aus Thüringen nach Bolivien gekommen und hatte sich
eine beneidenswerte Existenz erarbeitet. Er besaß eine Reihe von
Estanzien mit Tausenden von Stück Vieh, nicht zu reden von einträg-
lichen Gummiparzellen, ein paar kleineren Zuckerrohrpflanzungen und
einem ansehnlichen Warengeschäft in Magdalena, das etwa anderthalb
Flugstunden oder fünf Motorboot-Tagereisen entfernt lag.
„Ja, wenn man Glück hat, kann man es in Bolivien zu etwas bringen",
meinte ich.
„Glück, sagen Sie? Das denken alle, vor allem die Bolivianer. Glück
hilft einem selten vorwärts, ebensowenig Intelligenz oder das, was man
in der Schule gelernt hat. Ausdauer, Ausdauer, Ausdauer! Das ist es! Die
fehlt den Leuten hier. Und die fehlt auch den meisten Auswanderern. Sie
glauben, sie müßten in ein paar Jahren Millionen verdienen, und ver-
lieren den Mut bei den ersten Schwierigkeiten. So schnell geht es nicht.
Man muß stillsitzen können und warten, probieren und wieder pro-
bieren, arbeiten und sich abrackern! —
Na, und was haben Sie in Bolivien getrieben?"
Ich erzählte ihm von meiner Tätigkeit als Lehrer in einer Mission am
Rio Beni, wo ich kleinen Indianerjungen das ABC beigebracht und viel
Chinin- und Atebrintabletten ausgeteilt hatte, und von meinem Aufstieg
zum Chef des Chinarinden-Unternehmens der Mission.
„Da haben Sie wohl allerhand erlebt in den paar Jahren", nickte
Brückner, „vielleicht mehr als ich in den fünfunddreißig."
„Ich bin zufrieden", lachte ich. „Bis auf eins!"
„Und das wäre?"
„Indianer", antwortete ich. „Wilde Indianer. Jahrelang habe ich jetzt

mit Indianern zusammengehaust. Aber die waren alle mehr oder weniger zivilisiert. Was ich noch nie gesehen habe, sind richtige Wilde."

„Dem ist abzuhelfen, wenn Sie sich etwas Zeit nehmen wollen." Brückner sah mich prüfend an. Er meinte es ernst. In der Nähe des Dorfes Baures besaß er eine Estanzia mit ein paar hundert Stück Vieh. Dort versuchte einer seiner Söhne seit Jahren, eine Horde wilder Indianer seßhaft zu machen. Die Indianer blieben ein paar Monate, halfen beim Besorgen des Viehs und in den Pflanzungen, dann verschwanden sie plötzlich wieder in die Wildnis.

„Kommen Sie mit mir nach Magdalena. Es wird sich schon eine Gelegenheit finden, nach der Estanzia zu fahren", schloß Brückner. „Dort warten Sie, bis die Wilden wieder einmal anrücken."

„Und wie lange kann das dauern?"

„Das läßt sich schwer voraussagen. Vielleicht ein paar Wochen, vielleicht ein paar Monate. Aber ich sehe, Sie haben es eilig. Sie rechnen wohl schon wieder mit europäischem Tempo. Da kann Ihnen vielleicht dieser Herr hier einen besseren Rat geben. Sie sind nämlich gerade in die richtige Gesellschaft geraten."

Und damit stellte er mich unserem Tischnachbarn, dem düsteren Suppenschlürfer, vor. Dieser hatte mich für einen jüdischen Emigranten gehalten und, da die arabischen Staaten mit Israel im Krieg lagen, bislang keines Blickes, geschweige denn eines Grußes gewürdigt. Er war in der Tat Libanese, lebte aber schon seit zwanzig oder dreißig Jahren in Bolivien. Von Beruf Zahnarzt, hatte er Bohrer und Zange an den Nagel gehängt und sich als Krämer, Gummi- und Viehhändler und sogar als aktiver Politiker und Bürgermeister einer bolivianischen Gemeinde betätigt. Als Ausbeuter großer Urwaldgebiete in der Provinz Itenes war er oft mit wilden Indianern zusammengekommen und hatte, wie er sagte, eine große Zahl solcher Urwaldmenschen gezähmt und zu nützlichen Gummisammlern und Viehtreibern erzogen.

Jetzt war er auf dem Weg in die Wälder des Rio Itenes. Gut Freund mit Politikern in La Paz, hatte er von der Regierung Geld bekommen, um nach einer sagenhaften spanischen Festung aus der Kolonialzeit zu forschen. Gleichzeitig wollte er an einem der Nebenflüsse des Itenes, am Cautario, eine versprengte Horde wilder Indianer aufstöbern und einer staatlichen Schutzkolonie zuführen.

„Richtige wilde Indianer?" zweifelte ich.

„Natürlich! Begleiten Sie mich doch! In höchstens zwei Monaten sind wir zurück. Dann können Sie immer noch nach Europa fahren. Haben Sie Lust?"

— Ob ich Lust hatte? — Wir unterhielten uns noch über die mutmaßlichen
Kosten einer solchen Reise. Nicht unwesentlich, denn die Hälfte davon
sollte aus meiner Tasche fließen. Doch ich stand schon mit beiden Beinen
im Urwald. Endlich sollte ich wilde Indianer sehen, sollte ein paar Tage
ihr Leben im heimatlichen Dschungel teilen und an Ort und Stelle das
primitive Dasein eines wilden Volksstammes beobachten.

So vereinbarte ich mit dem Turco die gemeinsame Expedition nach dem
Rio Cautario. Brückner wünschte mir zu dem Unternehmen viel Glück.
„Passen Sie aber auf, daß Sie nicht am Ende statt in der schönen Schweiz
im Kochtopf der Wilden landen“, mahnte er mich zum Abschied.

Am nächsten Tag nahm er das Flugzeug nach Magdalena.

Der Libanese hatte noch ein paar Tage in Guayaramerín zu tun. Dann
wollten wir zusammen nach dem Dorfe San Joaquín fahren.

„Dort bin ich zu Hause, dort finden wir alles, was wir für unsere Fahrt
nötig haben“, erklärte er.

Unsere Abreise verschob sich aber von Tag zu Tag. Immer vager wurden
die Pläne des Libanesen, er wich mir aus, und eines Tages gestand er, in
irgendwelchen Geschäften nach La Paz fliegen zu müssen. Unsere Reise-
pläne schien er vergessen zu haben.

Da saß ich nun, allein mit dem Verdacht, daß der Fanatiker nur so
lange wie möglich in der Nähe meines Radios hatte hocken wollen, um
jeden Tag hundertmal die neuesten Nachrichten von den Kämpfen in
Palästina hören zu können. Es war zum Verzweifeln. Aufs Geratewohl
konnte ich meine Expedition die unbekannten Flüsse hinauf unmöglich
antreten. Andererseits hatte ich mich in eine grenzenlose Abenteuerlust
hineingeträumt, und ich war fest entschlossen, jetzt einen wilden Indianerstamm aufzusuchen, koste es was es wolle.

So ließ ich mich über den Mamoré auf die brasilianische Seite setzen,
um bei dem Bischof, der im Ruf eines Indianer-Experten stand, Rat zu
holen.

Ein Motorboot brachte mich schnell hinüber nach Guajará Mirim, von
den Einheimischen kurz „Guajará“ genannt. In Guajará herrschte mehr
Leben als im bolivianischen Nachbardorf. Zwar gab es auch hier keine
gepflasterten Straßen, aber man ließ das Gras nicht mehr beliebig
wachsen. Nach jedem Regenguß ebnete ein imposanter Bulldozer die
breiten, sandigen Wege. Viele Häuser waren aus Stein erbaut und mit
Ziegeln gedeckt, die teils aus dem fernen Pará importiert wurden. An
den Hauptstraßen reihte sich Laden an Laden, und es war zu haben,
was man sich nur wünschen konnte. Gegen den Fluß zu lag der Bahn-

hof. Eine majestätische amerikanische Dampflokomotive rangierte eben einen mit Gummiballen und Holzstämmen beladenen Zug, der am nächsten Tag die rund dreihundert Kilometer lange Reise nach Porto Velho, dem Ausgangspunkt der Bahn, antreten sollte.

Bald entdeckte ich die kleine Kirche. Die Turmuhren waren offenbar Opfer des feuchten Klimas geworden, eine jede zeigte eine andere Stunde an. Aber wozu auch Uhren in diesem Dorf? Man weiß doch, daß dem glücklichen Bewohner der menschenarmen Tropengegenden niemals eine Stunde schlägt.

Ich läutete an der Tür der „Prelazia", des Bischofshauses. Ein Negerjunge ließ mich ein und führte mich in den Hinterhof. Dort fand ich Monsenhor im Arbeitskittel, verschwitzt und über und über mit Motorenöl bespritzt.

„Entschuldigen Sie, ich kann Ihnen die Hand nicht geben", begrüßte er mich aufs freundlichste, „ich bin eben daran, den Motor für unser Boot zu reparieren. Kennen Sie sich darin aus?"

Ich mußte ihn enttäuschen.

Monsenhor Rey war ein Bauernsohn aus Mittelfrankreich, Missionär vom Dritten Orden des Heiligen Franziskus, ein weit über sein Vikariat hinaus bekannter Waldläufer, der beste Kenner des brasilianischen Guaporé-Gebietes.

Er rief den Negerjungen und hieß ihn Kaffee kochen. Dann drehte er sich eine dicke Zigarette und reichte auch mir Tabakbeutel und Zigarettenpapier.

„Das Essen bringt man uns aus der Küche der Schulschwestern. So erhält man sich halbwegs am Leben", schmunzelte er. „Aber viel wichtiger sind Kaffee und Zigaretten und hin und wieder auch ein kleiner Schnaps. Ohne das geht man hier an der Malaria zu Grunde oder wird von Moskitos und Würmern aufgefressen. *Matabicho* — ‚Würmertod' nennt man bei uns in Brasilien den Schnaps."

Dann begann ich von meinem Anliegen zu sprechen, auf das der Bischof sehr interessiert einging.

„Schade, ich muß im Mai in Frankreich sein. Wahrhaftig, ich würde lieber mit Ihnen zu den Indianern gehen!"

Es war nicht leicht, dem Bauernfranzösisch des Kirchenmannes zu folgen. Und häufig fiel er unwillkürlich ins Portugiesische, das ihm geläufiger schien, mir aber einstweilen noch recht unverständlich war.

„Mon dieu! Seien Sie froh, daß Sie den Libanesen losgeworden sind", tröstete er mich. „Wo der Sie hinführen wollte, gibt es schon lange keine echten Wilden mehr. Da vagabundieren höchstens ein paar indianische

Gummiarbeiter herum, die von Weißen und Schwarzen das Strolchen und Räubern gelernt haben. Die einzige Gegend, wo Sie mit Ihren Mitteln heute noch unverdorbene Indianer sehen können, ist der Rio Branco. Ein paar Tage oberhalb der Mündung gibt es einen ‚Barracão', ein Gummisammellager, das São Luis heißt. Dort arbeitet ein deutscher Verwalter, ein junger Mann wie Sie. Der wird sich über den Besuch freuen und Ihnen helfen, weiter in den Urwald hineinzukommen. Ohne solche Hilfe ist es schwer, mit wilden Indianern in Verbindung zu treten. Es gibt ja auch hier Indianer, ganz in der Nähe. Aber sie sind mit den Weißen verfeindet, und wie wollen Sie an solche Kerle herankommen? Die schießen Ihnen gleich ein Loch in den Pelz. Sie wären nicht der erste!"

Der Bischof zeichnete mir in groben Zügen eine Skizze des Guaporé und seiner Nebenflüsse. Guaporé ist der brasilianische Name des Rio Itenes.

„Hier ist der Rio Branco", erklärte er. „Ich bin schon mehrmals da hinaufgefahren mit unserem Motorboot und einmal sogar gekentert, ganz allein im Urwald. Das war nicht gemütlich, aber glücklicherweise kam gerade das Boot des Gummiunternehmens dazu. Sonst hätte ich wochenlang zwischen Krokodilen und Sucurí-Schlangen sitzen und schließlich verhungern müssen."

„Und die Indianer?" Ich wurde ungeduldig.

„Die Indianer wohnen ganz woanders. In den Quellgebieten des Flusses, wo man mit keinem Boot hinkommt, müssen Sie vielleicht acht oder zehn Tage in den Wald hineinmarschieren, dann stoßen Sie auf ihre Hütten. Ich hatte damals keine Zeit, weiter vorzudringen. Aber ich weiß, dort gibt es noch Stämme, die mit den Weißen kaum Verbindung haben. Da könnten Sie noch Studien machen!"

Ich fragte nach Büchern über die Indianerstämme der Gegend. Aber davon wußte der Bischof nichts. Ja, in Moré, am großen Fluß, hatte ein deutscher Forscher ein paar Monate lang seine Studien betrieben und darüber ein Buch geschrieben. Doch das war hier nicht zu bekommen.

„Besuchen Sie doch einmal den Besitzer des Gummiunternehmens vom Rio Branco. Er wohnt hier in der Nähe. Und wegen einer Landkarte gehen Sie am besten bei der Oberin unserer Mädchenschule vorbei. Zu kaufen gibt es hier sicher keine Karten. Besser fragen Sie auch nicht erst darnach. Man könnte leicht denken, Sie seien ein Spion. Die Leute sind manchmal eigentümlich." —

Auch der Gummibaron, Senhor R., erwies mir größtes Entgegenkommen. Schon das nächste Boot sollte mich in São Luis anmelden. Dorthin kämen gelegentlich Indianer der Stämme, die noch unberührt von der Zivilisation Im Innern, *na serra — im Gebirge*", lebten. „Sie arbeiten nur kurze Zeit

auf den Feldern des Barracão, und dann verschwinden sie wieder in ihre
Wälder. Da sind zum Beispiel die Tupari. Das sind noch Menschenfresser,
aber einem Weißen tun sie nichts zuleid. — Übrigens werden wir uns
vielleicht noch am Rio Branco treffen. Ich will in diesen Wochen eine
Inspektionsreise machen. Man hat mich zum ambulanten Polizeichef der
Gegend ernannt!"
Auch die Oberin der Mädchenschule besuchte ich. Sie lieh mir ihre Karte
des Guaporé-Gebietes, und ich kopierte sie in groben Zügen. Aber nicht
nur die Karte, auf der die Phantasie des Kartographen offensichtlich eine
größere Rolle spielte als die Arbeit der Vermessungsingenieure, erhielt ich
von der liebenswürdigen Französin. Lächelnd reichte sie mir eine Hand-
voll Fotografien. Es waren Aufnahmen, die einer der Patres vor ein paar
Jahren oben am Guaporé gemacht hatte.
Da lag nun vor mir das Porträt zweier halb wild, halb dumm drein-
schauender nackter Kerle mit Pfeil und Bogen. „Tupari-Indianer vom
Rio Branco, tapfere Krieger und Menschenfresser", stand am Rande ver-
merkt. Besonders vertrauenerweckend wirkten die Gestalten nicht gerade.
Erschreckt und mißtrauisch hatten die beiden in den Fotokasten gestarrt.
Pater und Apparat mußten ihnen fremd und unheimlich gewesen sein.
Was für Gesichter mögen diese Urwaldmenschen wohl machen, wenn ich
sie eines Tages in ihren Hütten aufsuchen werde? — denn daß ich die
Tupari aufsuchen würde, stand jetzt felsenfest. —

Vorbereitungen, nun ja, die mußten natürlich getroffen werden. Ausrüstung und Tauschgegenstände kaufte ich in den Läden des brasilianischen
Guajará, und außer der Ware gaben mir die Krämer auch gern ihre Ratschläge mit auf den abenteuerlichen Weg.
„Buschmesser wollen Sie haben? Für wilde Indianer? Um Gotteswillen,
seien Sie vorsichtig! Wer hat Sie denn nur auf die Idee gebracht? Oder
fahren Sie etwa im Auftrage eines Museums oder für eine Adventisten-
mission? Nein? Wissen Sie, was kürzlich da oben an einem der Flüsse
passiert ist? Legt da ein Boot mit mehreren Händlern und anderen Passagieren am Ufer an. Ein Indianer, nackt, mit Pfeil und Bogen, kommt aus
dem Wald heraus und ruft, er möchte ein Messer haben. *Faca, faca!*"
schreit der Lump und will dafür seine Pfeile und den Bogen hergeben.
Einer der Passagiere klettert die Böschung hinauf und reicht ihm ein
Buschmesser. Und was macht der Wilde? Nimmt das Messer und schlägt
es dem Mann über den Kopf, daß er blutüberströmt die Böschung hin-
unterstürzt. So sind die Indianer!"
„Und wie ging es dem Tenente Fernandes? Was? Sie haben noch nichts ge-

...arkt in Cochabamba.

Die Indianerkolonie Moré liegt an
einem der malerischsten Punkte des
Rio Guaporé.

Gummi ist noch immer das Kapital des Amazonasgebietes. Von den entlegens
Nebenflüssen werden die schweren schwarzen Ballen talabwärts verschifft.

hört vom Tenente Fernandes? Sie kommen sicher sehr weit her! Der Leutnant Fernandes ist doch vor ein paar Jahren auf der Jagd von den Bocas Negras abgefangen und entführt worden. Einfach verschwunden ist er. Sein Bruder, auch ein Offizier, hat große Rettungsexpeditionen unternommen. Militärflugzeuge streiften das ganze Gebiet ab, und die Amerikaner sind sogar mit einem Helikopter hergekommen. Nichts haben sie gefunden außer verlassenen Hütten. Wenn diese Wilden einen Weißen zu fassen bekommen, ist er geliefert. Fressen sie ihn nicht auf, dann wird er gefangen gehalten. Er muß arbeiten, jagen und fischen wie sie, bekommt eine Frau und muß Kinder haben. Aber fort kommt er nicht wieder!"

Den Kopf voll Greuelnachrichten, besuchte ich ein zweitesmal den Bischof.

„Das mag alles stimmen", nickte dieser und bot mir wieder seinen dicken schwarzen Kaffee an. „Ich könnte Ihnen noch viel Schlimmeres erzählen. Aber Indianer sind nicht einfach Indianer! Sie müssen immer unterscheiden zwischen denen, die mit den Weißen schlechte Erfahrungen gemacht haben, und solchen, die gut mit ihnen gefahren sind. — Auch ich habe schon Abenteuer in diesen Wäldern erlebt."

Eingehüllt in den Qualm einer dicken Zigarette aus schwarzem Tabak begann Monsenhor seine Erzählung.

„Ich fuhr einmal mit dem Motorboot nach São Luis und zog in die nächstgelegenen Hütten der Gummisammler und auch in die Malocas der Indianer. Da wohnte ein Häuptling und Zauberer, den die Weißen Tomás Antonio nennen. Man hatte mich gewarnt vor ihm. Er galt als notorischer Giftmischer. Aber ich machte mir nichts daraus. Mon Dieu, womit hat man mich nicht schon verkohlen wollen! In der finsteren Hütte sah ich eine riesige Hängematte. Halt! dachte ich. Das ist ja ein Prachtstück für die kommende Missionsausstellung in São Paulo! Ich nahm mir den Alten vor und bot ihm meinen Drilling zum Tausch an. Sie kennen doch diese Gewehre mit zwei Läufen für Schrot und einem dritten Lauf darüber für 44er-Kugeln? Der Alte nahm das Gewehr und wollte es nicht mehr aus der Hand geben. Der Handel schien ihm zu gefallen. Aber die Hängematte band er nicht los. Er verschwand im Dunkel der Maloca und kam grinsend mit einer Kürbisschale voll Chicha* zurück.

Warum nicht den Tausch begießen? Ich trank die Chicha aus, das ist Pflicht eines Gastes. Die Hängematte würde ich schon nicht vergessen.

Da spürte ich, wie mir die Glieder langsam kalt und steif wurden. Ich sprang auf, lief zum Bach und steckte mir den Finger in den Hals. Umsonst. Panische Angst packte mich: ich war vergiftet! Ich rief meine Be-

---

*) Indianergetränk (sprich Tschitscha)

gleiter, ein paar zivilisierte Indianer. Es galt zu laufen, was das Zeug hielt. Denn nur so hält man das Herz in Tätigkeit und schwitzt das Gift aus dem Leib, wenn man Glück hat. Es war ein schlimmer Weg nach São Luis zurück. Die ganze Strecke ohne Halt über Stock und Stein. Ich spürte nicht mehr, was meine Beine machten, und hatte kein Gefühl mehr in den Händen. Aber wir schafften es. Es geht doch nichts über einen guten Magen!" Der Bischof lachte.

„Und der Zauberer?" fragte ich.

„Der Zauberer? Den habe ich nicht wieder gesehen. Er lebt wohl noch immer in seiner Maloca. Das ist noch gar nicht so lange her. Ich wollte Ihnen damit auch keine Angst machen. Aber merken Sie sich: die Indianer sind gutmütig und man kann Vertrauen zu ihnen haben. Aber wie bei den Weißen und Gelben und Schwarzen gibt es auch bei ihnen Schurken. —

Übrigens werden Sie vielleicht nicht allein bei den Indianern sein", fügte er nach einer Pause hinzu. „Vor einem Monat etwa traf ich an der Mündung des Rio Branco ein Journalistenpaar aus Buenos Aires mit zwei Begleitern. Auch sie waren auf der Suche nach wilden Indianern und hatten am Rio Colorado ein Fiasko erlebt. Ich riet ihnen, den Rio Branco hinaufzufahren. Es mag sein, daß Sie ihnen im Urwald begegnen."

In meinem Zimmerchen hatte sich inzwischen ein ganzer Kramladen angesammelt. Die notwendigen Lebensmittel: Reis, Farinha, Zucker, Tee, Kaffee, Mate, Salz, Schweinefett, geröstete Erdnüsse und Mais, gebratene Bananenschnitten und ein paar Dutzend Konserven. Was nicht in Blechdosen verpackt war, wurde bald von den hungrigen Ratten angefressen, die des Nachts scharenweise vom Flusse her ins Dorf drangen.

Dazu kamen die Schätze, die mir die Herzen der Indianer erobern sollten: Buschmesser, Küchenmesser, Halsketten, Streichhölzer, Armspangen, Lippenstifte, Nähnadeln, bunte Faden, rot bedruckte Baumwollstoffe, Teller, Tassen, Zigarettenpapier, Suppenlöffel und kleine Löffelchen, wohlriechendes Haaröl in Fläschchen, süßlich parfümierte Pomaden und Seifen, Dutzende von Spiegeln, Tabak in langen Stangen, Pfeifen, Zuckerplätzchen, Haarspangen und Kämme, Fingerringe mit prächtigen Glassteinen und ein halbes Dutzend billiger Mundharmonikas. Ferner Angelhaken in allen Größen und manches andere mehr.

Meine persönliche Ausrüstung bestand aus einer Zwölfer-Jagdflinte und ein paar Schachteln Patronen, dem Colt-Revolver mit zugehöriger Munition, einer Sturmlaterne, zwei Taschenlampen, einem Feuerzeug, Axt und Buschmesser, einem Sack mit Wäsche, ein paar Stangen Seife, einer Schach-

tel Medikamente, die ich mit viel Mühe aufgetrieben hatte, und dem
Reisebett der Tropen: der Hängematte mit dem unentbehrlichen Moskitonetz und ein paar Bettdecken. Auch mein Kofferradio wollte ich nicht
zurücklassen. Und endlich harrte da noch mein Fotoapparat lohnender
Objekte.
All dies wog zusammen etwa fünf Zentner, und ich brauchte Tage, um
mein Gepäck in Kisten oder den landesüblichen, mit Rohgummi wasser-
dicht gemachten Baumwollsäcken zu verstauen.

Die Fahrt zum Rio Branco

Einmal im Monat fährt von Guajará ein Postboot der Regierung den
unteren Mamoré hinauf zum Guaporé und weiter der bolivianisch-brasili-
anischen Grenze entlang bis zu der ehemaligen Hauptstadt Villa Bella
oder Matto Grosso. Die Strecke ist rund 1200 Kilometer lang, und wenn
nicht gerade Trockenzeit herrscht und Stromschnellen und Untiefen den
Lauf des Guaporé schwer passierbar machen, dauert die Fahrt vierzehn
Tage.
Etwa auf halber Strecke mündet in den Guaporé von Nordosten der
Rio Branco. Die Mündung dieses Nebenflusses war mein erstes Reiseziel.
Als endlich das Postboot am Flußufer schaukelte, fehlte jedoch die
Mannschaft. Die Mannschaft streikte.
„Kein Geld in der Kasse“, der Beamte der Schiffsagentur zuckte die
Achseln.
„Aber die Companhia ist doch staatlich?“
„Eben darum. Man zieht zwar die Postgebühren und Passagen ein, doch
sind da gewisse Herren, die vergessen so eine Kleinigkeit wie die Ge-
hälter der Mannschaft. Wir haben ein Telegramm nach dem andern an
den Gouverneur geschickt. Nun heißt es, in einer Woche werde das Postboot wohl starten können.“
Noch eine Woche warten? Aus einer Woche konnten zwei oder drei
werden! Mißmutig schlenderte ich den Fluß entlang — da entdeckte ich
ein kleineres Motorboot, das sich zur Abreise anschickte. Es war das
Boot eines Gummihändlers. Zwar ging es an den Rio S. Miguel, der
unterhalb des Rio Branco in den Guaporé fließt, auf dem Wege aber lag
die bolivianische Indianerkolonie Moré, deren Leiter Don Luis Leigue
mich kürzlich zu einem Besuch eingeladen hatte. In Moré konnte ich aus-
steigen und das Postboot abwarten.
Gedacht, getan! Gepäckträger rollten meine Kisten und Säcke zum An-

19

legeplatz. Ein schwarzer Polizist musterte die gemischte Reisegesellschaft.
Der Gummihändler, froh über jeden Fahrgast, kassierte höchst persön-
lich Passagen und die Fracht für das Gepäck. Schon tuckerte der Motor,
und dicht am Ufer entlang fuhren wir die trüben Fluten des Rio Mamoré
hinauf.

Von Kabinen und dergleichen war auf unserem Boot natürlich keine
Rede. Es bestand nur aus dem Bootskasten, der mit einem primitiven
Palmblätterdach gedeckt war. An den Stützen des Daches spannte das
Dutzend Passagiere die Hängematten auf. Im übrigen konnte man sich
kaum von der Stelle rühren, ohne an Nachbarn und Nachbarinnen zu
stoßen und ihre Hängematten in unwillkommene Bewegung zu ver-
setzen. Koffer, Kisten und Säcke verstaute jeder dort, wo sie am wenigsten Gefahr liefen, zerdrückt oder von einem plötzlichen Gewitterschauer
durchnäßt zu werden. Noch war ja die Regenzeit nicht vorbei, und über
dem Rande des Urwaldes stiegen bereits finstere Wolken auf.

Die Mitte des altersschwachen Kahnes durfte mit keinem Gepäck belegt
werden. Dort schöpfte ein kleiner Mulattenjunge das eingedrungene
Wasser mit einem Emailteller und einem Benzinkanister aus. Das Heck
war von der Küche besetzt. Eine alte Negerin rührte ständig in rußigen
Töpfen, die über einem kleinen Holzfeuer brodelten. Ihr kleiner Gehilfe
schälte Yuca-Knollen, wenn er nicht gerade mit Wasserschöpfen beschäftigt
war. Über dem Herde baumelten ein paar Stücke blutigen Fleisches, um-
kreist von einem Schwarm Schmeißfliegen.

Da unser Motorboot im Gegensatz zu den Dampfern kein Holz zu
laden brauchte, landeten wir nur selten. So gerieten einige Passagiere
bald in Verlegenheit, denn ein stilles Örtchen gab es an Bord natürlich
nicht. Aber auch das Flehen der bedrängten Fahrgäste konnte den Boots-
führer nicht bewegen, einmal am Ufer anzulegen.

Am Abend wurde ich dann belehrt, wie man sich auf einem kleineren
Amazonasdampfer höchst einfach und natürlich aus solchen Nöten hilft:
vor dem Schlafengehen zog meine Nachbarin zur Linken einen Nachttopf
und ein Bettuch aus ihrem Koffer, und ohne Worte fand sie den Bei-
stand ihrer Nachbarin. Eine der Frauen spannte mit beiden Händen das
Tuch aus wie eine spanische Wand. Die andere verschwand dahinter mitsamt ihrem Töpfchen. Dann wurden die Rollen vertauscht. Als die Angelegenheit zu beiderseitiger Zufriedenheit erledigt war, lächelten sich die
Frauen freundlich und dankbar an, das Tuch wurde zusammengefaltet,
der Topf im Fluß ausgeschwenkt und beides wieder in den Koffer ge-
sperrt.

„Bôa noite!" — *„Bôa noite!"*

Alles legte sich schlafen. Unentwegt lärmte der Motor, und wie gespenstische Kulissen zog zu beiden Seiten der nächtliche Urwald vorüber. In der zweiten Nacht verließen wir den reißenden Mamoré und lenkten in den ruhigeren Guaporé ein. Lange vor Morgengrauen landeten wir am bolivianischen Ufer. Da lag Moré, die kleine Indianersiedlung, in der ich auf eine Fahrgelegenheit nach der Mündung des Rio Branco warten wollte.

Die Indianer der Kolonie, Moré oder Itene, waren erst in jüngster Zeit zivilisiert worden. Noch 1933 hatte der deutsche Forscher Heinrich Snethlage nur unter großer Mühsal und Gefahr die Unterschlupfe der gefürchteten Räuber und Totschläger aufsuchen können. Jetzt waren die Reste des Stammes der Moré zu einer zutraulichen und arbeitsamen Familie geworden, für deren Wohl der Kolonieleiter „Papa" Leigue und seine hübsche, liebenswürdige und tüchtige Frau, Doña Yolanda, sorgten. Gastfreundlich wurde ich aufgenommen.

„Die Mädchen haben Ihnen zu Ehren ein paar Krüge Chicha gebraut", eröffnete mir Frau Leigue eines Tages. „Wir werden nach dem Abendessen ein Tänzchen veranstalten, wenn es Ihnen recht ist."

Mit Anbruch der Nacht fanden sich die Musikanten ein, junge Indianer mit Flöten, Trommeln und Pauken. Und zu den fröhlichen bolivianischen und brasilianischen Melodien tanzten die Indianermädchen und Burschen Samba, Maxixi, Carnavalito, Taquirari, Marchinha und Caluyo, daß schon das bloße Zusehen helle Freude machte.

Diese ehemaligen „Wilden" konnten aber noch mehr als musizieren und tanzen, das sah ich während der nächsten Tage, wenn ich durch die Ansiedlung schlenderte. Junge und alte Indianerinnen bereiteten unter der Leitung von „Mama" Yolanda herrlichen Käse und Butter. Sie stellten verschiedene Arten von Würsten und andere Leckerbissen her, fabrizierten aus Ochsentalg und Asche Seife für die große Wäsche, wußten das begehrte Schweineschmalz auszulassen, und aus großen Mengen mächtiger Yuca-Wurzeln schälten, schabten und rösteten sie das wohlschmeckende, in jenen Gegenden unentbehrliche Chivé-Mehl.

Daneben blieb den Mädchen noch Zeit genug für andere Arbeiten. Sie töpferten formschöne Wasserkrüge und anderes Geschirr, fütterten die Schweine, Hühner und Enten, halfen in Küche und Garten, lernten in der Schule das ABC, kurzum, sie bildeten sich in jeder Weise zu tüchtigen Frauen heran, die den Vergleich mit den sogenannten „civilizadas" nicht zu scheuen brauchten.

Die Männer und Burschen arbeiteten überwiegend auf den Pflanzungen. Einige fabrizierten auch mit einem weißen „Werkmeister" Backsteine und

Ziegel, die für Bauten der Kolonie verwandt oder in die Dörfer flußabwärts verkauft wurden. Überall ging die Arbeit ruhig voran, und auffällig war das fröhliche und offene Wesen dieser liebenswerten Leute.

Vierzehn Tage verbrachte ich in Moré — das Postboot ließ auf sich
warten — dann kam die kleine „Joca" gegen die starke Strömung heraufgepustet. An jeder Seite führte sie einen Schleppkahn mit, denn das
Dampfboot selber trägt nur die Maschine und den Kochherd samt Zubehör.

Mein Gepäck wurde eingeladen. Eine der Kisten ließen die Bootsknechte
dabei ins Wasser fallen. Und während sie gemütlich berieten, wie man
sie wohl am besten wieder herausfischen könne, ohne nasse Füße zu bekommen, nahm ich Abschied von meinen neuen Amigos. Wenige Tage ist
man an einem solchen Orte zu Gast, und doch trennt man sich schon mit
Wehmut.

Das Dampfboot pfiff zweimal, die Bootsknechte holten die Taue ein,
und die Maschine nahm einen neuen Anlauf.

Auf dem Schleppkahn empfing mich ein herzliches „Bon jour!" Zwei
französische Missionare aus Guajará! Sie fuhren nach dem Weiler Pedras
Negras und wollten dort ein Schulhaus und eine Kapelle bauen.

„Wie ist es Ihnen in Moré ergangen?" interessierten sie sich. „Nicht wahr,
ein feiner Kerl und Caballero durch und durch, dieser Leigue! Wären
nur alle sogenannten Indianerbeschützer so wie er!"

Ich begann mich auf dem Kahn einzurichten. Kabinen gab es keine, auch
nicht für die Passagiere der „1. Klasse". Männer, Frauen und Kinder
schliefen auf dem offenen Bootsdeck, das zudem auch als Wohnraum und
„Speisesaal" diente. Der große Dampfkessel, der an der freien Luft stand,
strahlte eine unerträgliche Hitze aus. Ganz vorn am Bug spannte ich
meine Hängematte auf. Aber o weh! schon nach ein paar Stunden hieß
man mich Platz machen. Wir hatten bei einer einsamen Hütte angelegt,
und die Bootsknechte mußten einen großen Stoß Brennholz einladen. So
ging es nicht nur untertags, sondern auch die ganze Nacht hindurch.
Blutdürstig stürzten sich die Moskitos auf alles lebende Fleisch, das nicht
hinter dem schützenden Tüll der Netze verborgen war.

Und das Essen? Gab der Koch das Zeichen für die Mahlzeit, dann
mußte die Hälfte der Passagiere die Hängematten aus dem Wege räumen.
Der Tisch wurde wie ein Marktstand aus zwei Böcken und einer Platte
zusammengesetzt. Als Bänke dienten zwei Bretter, die man über niedere
Kisten legte.

Nun brachte der Steward seine Leckerbissen: Reis, schwarze Bohnen, gekochtes Trockenfleisch und muffige Farinha. Zum Dessert wurde der *cafezinho*, ein kleiner, starker schwarzer Kaffee gereicht. Alles würde gar nicht so übel geschmeckt haben, hätten nicht das eklige, verbeulte Blechgeschirr und der improvisierte Kellner jeglichen Appetit verdorben. Dieser schwarzgelockte, olivenbraune junge Mann genierte sich nämlich nicht, während des Servierens vor den Augen der Fahrgäste mit bloßer Hand die Nase zu schneuzen und die Finger am Schiffsgeländer oder an seiner Serviette abzustreichen. Aber den neugekauften Hut behielt er stets auf dem Kopf.

Dazu drangen unbeschreibliche Düfte von allen Seiten auf uns ein: aus der Kochecke, aus der Latrine, von den schwitzenden Passagieren und Bootsknechten und von dem Salzfleisch, das an der offenen Luft durch Hitze und Feuchtigkeit langsam in Verwesung überging.

„Verdammte Reiserei!" fluchte ein junger Brasilianer. „Früher war hier ein anderes Leben, als noch Don Alfredo die Postboote besorgte. Heute gehört alles dem Staat, also niemandem, und die Bedienung wird schlechter und schlechter."

Dieser Don Alfredo, der Kaufmann Koehler aus Hamburg, war vor etwa fünfzig Jahren in die Gegend gekommen und zum Pionier des Geschäftslebens am Guaporé geworden. Sein Unternehmen war das bedeutendste am ganzen Fluß gewesen. Als aber der zweite Weltkrieg ausbrach, wurde er wie viele andere Deutsche, Italiener und Japaner in ein Konzentrationslager geschickt und seine Güter eingezogen.

Langsam arbeitete sich der Dampfer flußaufwärts. Am Urwaldufer tauchten einsam verlorene Hütten auf. Die Pflanzer standen mit Frau und Kind am Rande der Böschung und schauten unbeweglich zu, wie unser unförmiges Gefährt vorüberpustete und hinter der nächsten Biegung des Flusses verschwand. Immer wieder, ob Tag, ob Nacht, mußten wir anlegen, um ungeheure Stöße Brennholz zu laden.

Am zweiten Reisetag erreichten wir „Forte Príncipe da Beira", ein längst verlassenes Festungswerk. Die Portugiesen hatten es vor bald zweihundert Jahren gebaut, als spanische Kolonisten vom heutigen Bolivien her in ihr Hoheitsgebiet einzudringen drohten. Neben den verödeten Mauermassen hauste jetzt eine kleine brasilianische Garnison in armseligen Wellblechhütten. Keiner der Grenzwächter fragte mich nach einem Paß, sie selber hätten es als unhöflich empfunden.

Legte der Dampfer an, dann pflegten die Passagiere an Land zu gehen. Die wenigsten hatten Geschäfte zu erledigen, aber man streckte gern ein wenig die Glieder. Es war zu langweilig, sich Tag um Tag in der Hängematte zu schaukeln und alte Zeitschriften oder schlechte Romane zu lesen.

Während der Kapitän die Post verteilte und die Schiffsknechte neues
Brennholz einluden, plauderten die Fahrgäste mit den Anwohnern,
welche die Ankunft des Dampfbootes immer als großes Ereignis begrüßten. Man entbot sich je nach der Tageszeit ein *Bom dia!* oder *Bôa
tarde!* oder ein *Bôa noite, senhor!* in der Nacht. Vertrautere Bekannte
umarmten sich und klopften sich freundschaftlich auf den Rücken. „Wie
geht es der Familie? — Was gibt es neues in der großen Welt? — Was
ist hier inzwischen vorgefallen? — Und weiß man schon etwas vom
neuen Preis der Castanha?"
Castanha ist die Paranuß. Überall in diesen Gegenden verwenden die
Gummisammler ihre zwangsläufige Mußezeit während der Regenperiode
zur Ernte der wildwachsenden Nüsse. Über Gummi wurde wenig ge-
redet. Man schimpfte ein wenig über den niedrigen Preis, den die brasilianische und besonders die bolivianische Regierung garantierten.
Um so mehr wurde politisiert. — Darin sind die Südländer wahre
Meister.
„Der jetzige Präsident täte am besten, gleich abzudanken. Sonst reitet
er das Land noch mehr ins Elend hinein!" hieß es. „Der Getulio, das
war ein Kerl!" — Es war auch hier wie wohl überall in der Welt: die
gegenwärtige Regierung ist immer die schlechteste.
Kam aber die Rede auf die internationale Politik, dann richtete sich
eine kräftige Kritik gegen die Vereinigten Staaten.
„Wir haben nun endlich genug von der ewigen Ausplünderung! Diese
Yankees halten uns doch nur für elende Nigger und Indios. Was sind
unsere Länder in ihren Augen anderes als Kolonien?"
Zwar wurden auch für die großen Gegner Nordamerikas keine Sym-
pathien laut. Aber von panamerikanischen Gefühlen war herzlich wenig
zu spüren. In einem neuen Krieg würde kein Südamerikaner seine Haut
riskieren. Darüber schien man sich im klaren. Sogar die Bolivianer, die
sonst nicht gut auf die Brasilianer zu sprechen sind, waren in dem Punkt
mit diesen einig.
Nur ein junger Händler hörte die Polemik an, ohne ein Wort zu äußern.
Als wir später zu zweit dem Landeplatz zuschlenderten, bemerkte er
unvermittelt:
„Haben Sie das gehört, Senhor? Wir Brasilianer sind große Schreier.
Aber eine tüchtige Arbeit bringen wir kaum zustande. Was wir Solides
haben, das brachten uns die Ausländer ins Land und wir machen es mit
einigem Geschick nach. Doch will das niemand zugeben. Glauben Sie
mir: tatsächlich wäre es das Beste für uns, zwanzig Jahre lang eine
Kolonie zu werden. Nur so könnten wir lernen, was Ordnung und Fort-

schritt ist. Aber dann müßte sich natürlich eine Menge Parasiten die Hände mit einer ehrlichen Arbeit schmutzig machen oder verhungern! — Haben Sie übrigens den Kerl gesehen, der am eifrigsten gegen die Yankees hetzte? Der hat alle Ursache zu schimpfen! Als der Krieg anfing, hat er von der amerikanischen Gummiagentur einen großen Vorschuß erhalten. Das Geld der Yankee-Regierung hat er behalten und verjubelt, aber den versprochenen Gummi hat er anderweitig schwarz verkauft."

Wir legten uns wieder in die Hängematten. Die Bootsknechte holten das Brett ein, das als Landungsbrücke diente. Und weiter pustete der Dampfer dem Ufer entlang durch den endlosen Urwald.

Kenner des Amazonasgebietes rühmen den Guaporé als den schönsten Fluß weit und breit und denken dabei wohl vor allem an die Trockenzeit, wenn das blaue Wasser den weiten sandigen Strand spiegelt, wenn die Kaimane und Riesenschildkröten sich sonnen und zahllose Wasservögel die Ufer beleben. Aber auch jetzt, am Ende der Regenzeit, war die Landschaft anziehend und malerisch. Das Wasser wälzte sich nicht trübe und schlammig daher wie das der Flüsse, die von den Anden herunterkommen. Die Ufer waren nicht eingebrochen noch von hohen Böschungen oder dunklen Urwaldmauern abgeschlossen. Langsam stieg der Wald an, vom niedrigen Röhricht und Gebüsch bis zu dem fernen Kranz der Baumriesen, deren Kronen rot und gelb blühten und zusammen mit dem vielfältigen Grün einen herrlichen Anblick boten.

Die Pflanzer und Händler zeigten jedoch wenig Verständnis für diese Pracht. „Sehen Sie", erklärte ein bolivianischer Kolonist, „Sie finden diese Uferlandschaft schön. Aber all dieser Boden taugt nicht zum Pflanzen. Alles ist grober Sand, und darunter liegt Lehm und weiter nichts. Um guten Boden zu finden, muß man schon tiefer ins Innere gehen. Aber auch da ist er niemals so gut wie am Mamoré oder am Beni."

Die Fruchtbarkeit der Ufer vom Mamoré und Beni wurde weithin gerühmt. Seit Urzeiten hatten die Flüsse gleich dem Nil in Ägypten ungeheure Massen von Erde aus dem Hochgebirge mitgerissen und ein weites Becken langsam mit fruchtbarem Schlamm gefüllt. Die Quellen des sanften Guaporé und seiner Nebenflüsse dagegen entspringen in leicht gewelltem Tafelland und in den Savannen von Matto Grosso, Chiquitos und Mojos.

„Warum ziehen denn die Pflanzer nicht einfach an den Mamoré, wenn dort das Gelobte Land ist?"

„Hier sind wir mitten im besten Gummigebiet. Wegen des Gummis und Kautschuks sind wir hierher gekommen. Hier haben wir die notwendigen

Pflanzungen angelegt und unsere Häuser gebaut — oder was wir Häuser nennen. Aber jedem ist heute klar, daß wir den Gummi besser an den Bäumen gelassen hätten. Wer jetzt Reis, Mais, Bohnen und Mandiok hat, ist ein reicher Mann. Man muß ja den ganzen Fluß abklopfen, um ein paar Bananen, ein Ei oder gar ein Ferkel oder ein Huhn zu kaufen. Oft können die Gummisammler und Händler kaum ihre Schulden bezahlen."

Inzwischen war es dunkel geworden. Die Passagiere schaukelten schläfrig in ihren Hängematten. Ein paar Unermüdliche hockten noch beim Kartenspiel. Aber plötzlich entstand große Aufregung. Irgendetwas schien im Dampfkessel nicht zu stimmen. Der Feuerherd glühte hellrot, ebenso der Schornstein. Er spie einen nicht endenwollenden Funkenregen aus und beleuchtete phantastisch die dunklen Fluten des Guaporé und den Urwaldsaum. Vergeblich versuchte der schwarze Heizer die rotglühende Ofentür zu öffnen.

„Die Sicherheitsventile sind verstopft! Sicher fliegt gleich der Kessel in die Luft!"

„Eine gefährliche Geschichte", nickte ein Händler beklommen. „Da ist doch vor ein paar Jahren so ein Ding explodiert. Ein einziger Knall, und dann konnte man die Trümmer des Bootes und die Leichen in einem Umkreis von ein paar hundert Metern zusammensuchen."

Der junge Kapitän schoß kopflos hierhin und dorthin. Endlich ließ er sein Fahrzeug anlegen und an einem Baum vertauen. Das Boot verlassen war unmöglich. Am hoch überschwemmten Ufer konnte man zu leicht von Kaimanen und riesigen Wasserschlangen gefressen oder von Piranhas angefallen werden. So harrten wir der Dinge. — Aber wir flogen nicht in die Luft. Der Ofen kühlte allmählich ab, der Funkenregen hörte auf und der Schiffsmechaniker brachte den Schaden in Ordnung. Bald lagen wir wieder unter Dampf. Der Steward hieß uns die Hängematten wegräumen, damit er den Tisch zum verspäteten Abendessen aufstellen konnte.

In der Nacht zum fünften Reisetag schlummerten wir friedlich. Gegen Morgen mußte wieder einmal Holz geladen werden. Die Bootsknechte scheuchten uns aus dem Schlaf. Sanft stieß mich der diensttuende Steuermann, ein gemütlicher Neger, an:

„Senhor! Es wäre wohl gut, wenn Sie aufstehen würden. Wir sind am Rio Branco."

Nun war ich also angelangt. Irgendwo hier mußte das gewaltige Besitztum des Gummibarons vom Rio Branco, Senhor R., beginnen. Kein Mensch wußte genau, wie groß dieses ungeheure Grundstück war, weder Zaun noch Stein zeigte seine Grenzen.

Im Dämmerlicht entdeckte ich eine geräumige Hütte, ohne Wände und mit Palmblättern gedeckt — ein Pfahlbau, dessen Boden etwa einen Meter über der Erde lag. Ein junger Brasilianer aus dem Staate Pará wohnte hier mit Frau und Kind. Er war sozusagen der Portier des Gummiunternehmens von São Luis. Er mußte kontrollieren, wer in den Fluß ein- und wer hinausfuhr. Er nahm die Post entgegen, die gelegentlich von einem Regierungsboot oder einem vorbeifahrenden Händler für São Luis abgegeben wurde. Kurz und gut, er war der Verbindungsmann zwischen dem tief im Urwald liegenden Gummisammellager São Luis und der Außenwelt.

Im Schein einer Petroleumlampe buchstabierte er das Empfehlungsschreiben, das mir sein Patron mitgegeben hatte.

„*Muito bem*", sagte er. „Wenn es tagt, können Sie Ihr Gepäck ins Haus bringen lassen."

Die Bootsknechte verluden einen Stoß langer Holzscheiter. Es wurde Morgen, bis die Arbeit getan war. Auf einem improvisierten Altar las einer der Missionare die Festmesse. Es war nämlich Christi Himmelfahrt. Dann gab die „Joca" Abfahrtsignal und arbeitete sich weiter mühsam flußaufwärts.

„Werde ich lange auf eine Fahrgelegenheit nach São Luis warten müssen?" wandte ich mich an Amando. So hieß der Hüter des Ortes.

„Sie haben Glück", gähnte er. „Spätestens in einer Woche erwarte ich von droben das Motorboot. Zwar bleibt das Boot hier für den Patron, aber die Mannschaft wird mit dem Schleppkahn zurückrudern."

„Und wie lange brauchen wir den Fluß hinauf?"

„Mehr als zehn Tage wohl kaum bei diesem Wasserstand. Das hängt aber von der ‚Colcha' ab und auch davon, ob der Fluß nun schnell abnimmt. Es hat schon ein paar Tage nicht mehr geregnet."

Von der „Colcha" hatte ich schon oft sprechen hören. Eine feste, schwimmende Schicht von faulendem Holz, Sumpfgras und allerlei Wassergewächsen überwuchert vor allem in der Trockenzeit, häufig aber sogar noch in der Regenperiode, die Nebenflüsse des Guaporé und hält die Boote oft tagelang auf.

Das Warten an der Mündung des Rio Branco wurde zur Qual. Unaufhörlich, Tag und Nacht, mußte ich mich gegen Schwärme von Moskitos
wehren. Ich konnte doch nicht immer unter dem Netz liegen! Und vom
Boden her griffen unermüdlich die hin- und hereilenden Kolonnen kleiner
roter „Feuerameisen" an und hatten bald mein ganzes Gepäck erobert.
„Schauen Sie mein Kleines an", klagte die junge Frau Amando's, „von
oben bis unten ist es zerstochen von Moskitos und der „formiga do
fogo". Aber was wollen wir machen? Auf irgendeine Weise müssen die
Armen ihr Brot verdienen!"
Gar so schwer schien der Amando aber sein Brot doch nicht zu verdienen.
Schaute er nicht gerade nach den Angelschnüren, die er im Flusse ausge-
worfen hatte, so lag er in der Hängematte. Der Patron hatte ihm zu
seiner Hilfe zwei Indianerjungen geschickt, und diese leisteten die ganze
Arbeit für den weißen Mann, der nicht einmal so ganz weiß war. Sie
fällten Bäume und spalteten sie zu Brennholz, das Amando auf eigene
Rechnung an die vorbeifahrenden Dampfer verkaufte. Sie halfen beim
Fangen der Fische, die er gesalzen und an der Sonne getrocknet an die
Passagiere leicht absetzte. Und es war nicht schwer zu erraten, wer wäh-
rend der Trockenperiode Tag für Tag in den umliegenden Estradas die
Gummimilch abzapfen und zu Ballen drehen würde.
„Woher kommen die Jungen?" fragte ich Amando.
„Einer ist ein Makuráp und der größere ein Tupari."
„Ein Tupari? Ich hörte doch, die Tupari seien ein wilder Stamm von Men-
schenfressern!"
„Das schon, aber sie kommen dann und wann nach São Luis, und da ist
dieser Junge nicht mehr zu seinem Stamm zurückgekehrt. Er blieb im
Barracão und man gab im den Namen Jordão. Seit zwei Jahren arbeitet
er hier an der Mündung."
„Könnte ich ihn nicht mitnehmen?" drang ich in Amando. „Als Begleiter
zu seinen Stammesgenossen?"
„Não, não ... das geht auf keinen Fall ... er sagt, ein alter Zauberer
wolle ihn schlachten und auffressen. Er will nicht mehr zurück. Es sind
aber noch vier oder fünf junge Tupari in São Luis. Einer hat sogar die
Reisenden zu seinem Stamm begleitet."
„Reisende?"
„Ja, einen Schriftsteller aus Buenos Aires mit dessen Frau und einer Dok-
torin und einem Studenten. Sie blieben nur kurz hier und fuhren weiter
nach São Luis. Das war Ende Februar, wenn ich mich recht erinnere. Inzwischen sollen sie bis zu den Tupari gezogen sein. Sie werden wohl bald
wieder zurückkommen."

Das mußte der Journalist mit seinen Reisebegleitern sein, von denen mir schon der Missionsbischof in Guajará erzählt hatte.

Endlich kam das Motorboot mit einer kleinen Ladung Paranüsse von der Gummibaracke herunter.

„Ja, zehn Tage werden wir mindestens rechnen müssen", bestätigten mir die Ankömmlinge. „Der Fluß reißt noch sehr stark, und der Batelão ist viel zu schwer für vier Mann."

Am 11. Mai brachen wir auf. Am improvisierten Steuerruder saß ein bolivianischer Gummisammler, der vom Verwalter zum Chef der kleinen Gruppe ernannt worden war. Von den drei Ruderern kam einer aus Perú, der zweite irgendwoher vom Amazonas herauf, und der dritte, der einzige Einheimische, war ein schweigsamer Indianerbursche von Makuráp-Blut.

Verglichen mit den Flüssen Mamoré und Guaporé nimmt sich der Rio Branco nur wie ein größerer Bach aus. In der Regenzeit aber überschwemmt er die Ufer weit in den Wald hinein, bildet links und rechts große Nebenarme und führt so viel Wasser, daß früher, in der großen Gummizeit, die Flußdampfer der Kompanie gefahrlos sogar bis über São Luis hinauf verkehrten.

Langsam glitt der hohe Urwald an uns vorüber. In einschläferndem Rhythmus plätscherten die Ruder; die improvisierten hölzernen Bolzen quietschten. Bald fuhren wir am rechten, bald am linken Ufer entlang, je nach der Strömung. Dann führte uns der Fluß aus dem Wald hinaus in eine riesige, überschwemmte Savanne. Kleine Baumgruppen und die Spitzen des hohen Grases lugten aus dem Wasser und wiesen den Weg, bis wir wieder im Walde untertauchten.

Als die Sonne verschwand, gelangten wir zu einer „pascana", einem Lagerplatz. Nur wenige Stellen eignen sich bei Hochwasser zum Übernachten. Aber die Ruderer kannten sich gut aus, und wo das Auge des Fremden nichts entdeckt hätte, da verriet ihnen ein besonders geformter Baum oder die Art des Gebüsches den Platz, der uns für eine Nacht aufnehmen konnte. Wir spannten unsere Hängematten auf und nahmen ein wenig Reis mit Trockenfleisch und den schwarzen Kaffee zu uns. Die Ruderer waren erschöpft von der Arbeit, und mich hatte die brütende Sonne stark ermüdet. So schlüpften wir bald unter die Moskitonetze.

Es konnte jedoch nur wenig Zeit verstrichen sein, da schreckte mich ein kräftiges Knurren unsanft aus dem Schlaf.

„Ein Jaguar!" weckte ich meine Gefährten mit verhaltener Stimme.

„Onça não", schmunzelte der Bolivianer verschlafen, „Jacaré velho danado!" — kein Jaguar, sondern ein alter Kaiman, ein Krokodil. Vom

Ufer her hatte es uns wohl schon lange zugeschaut. Nun gab es seinem
Groll Ausdruck, weil ihm noch keiner in den Rachen gelaufen war.

Wir hatten kein Kugelgewehr. Aber es bestand keine Gefahr, daß uns der
Unhold aus der Hängematte holen würde. Die Gummisammler kannten
die Gewohnheiten der Tiere ganz genau.

„Nur auf dem Boden zu schlafen ist gefährlich", beruhigte der Peruaner.
„Im letzten Sommer hat ein Kaiman ein Paar angegriffen, das am
Guaporé am Strande schlief. Er packte den Mann und wollte ihn zum
Fluß schleppen. Der erwachte, schrie und versuchte sich frei zu machen.
Wäre ihm seine Frau nicht zu Hilfe gekommen, dann hätte ihn der
Kaiman sicher mitgeschleppt. So riß er nur den Arm aus, und der Mann
kam mit dem Leben davon."

Dem jungen Amazonenser wurde es dennoch ungemütlich.

„Geben Sie mir zwei Patronen mit grobem Schrot", bat er mich. „Wir
wollen den alten Herrn nur ein wenig kitzeln. Dann wird er anders-
wohin schnarchen gehen."

Meine Taschenlampe in der einen, die Flinte in der andern Hand drang er
durch das Gestrüpp zum seichten Ufer. Ich tastete hinter ihm her.

„Sehen Sie, da … da … die drei kleinen Höcker! Das ist der Kopf",
flüsterte der Bursche erregt und legte an. Ein Knall zerriß die Stille und
das Ungetüm verschwand im dunklen Wasser. —

Mit dem Flintenschuß schien der ganze Urwald aufgewacht zu sein. Nacht-
vögel und Fledermäuse schwirrten durch die Luft. Grillen zirpten und
pfiffen wie die Dampfpfeife einer Lokomotive. Im nahen Fluß sprangen
die Fische, und ein Trupp Nachtaffen turnte quiekend und piepsend durch
das Geäst. Matt erleuchteten die Reste des Lagerfeuers das Gebüsch, und
unsere Hängematten und Moskitonetze sahen aus wie Gespensterschiffe,
welche im Dunkeln durch die Luft schwebten.

„Gibt es denn keine Jaguare hier?"

Hin und wieder verriet mir ein Räuspern, daß auch meine Gefährten
noch nicht eingeschlafen waren.

„In der Regenzeit ziehen sie landeinwärts in die Höhe. Was wollen sie
hier? Alles ist doch überschwemmt", gab mir der Bolivianer zur Antwort.
„In der Trockenzeit aber muß man aufpassen. Da ist schon mancher
angefallen worden."

„Unsinn!" widersprach der Amazonenser heftig. „Kein Jaguar greift einen
Menschen an, der unter dem Moskitonetz schläft."

„Dann weißt du es besser! Die Jaguare, die auf Menschenfleisch gehen,
schleppen dich samt deinem Moskitonetz fort. Aber es gehen eben nicht
alle auf Menschenfleisch, Gott sei Dank!"

Ein dumpfes Rollen, wie das Donnern eines fernen Gewitters unterbrach uns.

„Wird es etwa regnen?" Ich horchte besorgt. Wir hatten kein Zelt bei uns, und die Aussicht auf ein Tropengewitter war wenig verlockend.

„Nein, nein, das ist das Hungergebrüll einer Sucurí." — Diese oft über zehn Meter langen Wasserschlangen sind unersättlich. Wildschweine, junge Tapire, Hirsche, Menschen und sogar kleinere Kaimane werden von ihnen verschlungen. —

„Von einem Jaguar angefallen zu werden, würde mir nicht so viel ausmachen. Aber von einer Sucurí zerquetscht werden" — der Peruaner schüttelte sich — „wo einem alle Knochen knacken und man vor Schreck nicht einmal mehr schreien kann, nein, so möchte ich nicht sterben!"

Gegen drei Uhr weckte uns der Bolivianer. „Wir müssen die Morgenfrische ausnützen", mahnte er und fachte das Feuer an. „Am Mittag können wir dann ein wenig ruhen. Die verdammte Hitze kann doch niemand aushalten."

Die Ruderer brummten schläfrig. Erst als ihnen der Duft des heißen Kaffees in die Nase stieg, erhoben sie sich mißmutig.

Wieder fuhren wir stundenlang durch den dunklen Wald. Jede Biegung des Flusses bot denselben Anblick. Ragende Urwaldriesen, schlanke Palmen, ein Gewirr von Lianen und undurchdringliches Dickicht. Über uns klarer Sternenhimmel. Als wir aus dem Walde in die weite Savanne hinausfuhren, suchten die Ruderer das Kreuz des Südens. Eine Sternschnuppe fiel.

„Wünschen Sie sich schnell etwas, Senhor! Wissen Sie nicht, daß alles in Erfüllung geht, was man sich da wünscht?"

Es begann zu tagen. Wir legten am Ufer an und kochten unser Frühstück. Auch über Mittag rasteten wir eine gute Weile, aber die brütende Sonne hatte uns den Hunger vertrieben. Immer weiter ging es die ungeheuren Schleifen des Rio Branco hinauf. Erst spät in der Nacht gelangten wir wieder zu einem trockenen Uferplatz. Als ich über den Bootsrand balancierte, glitt ich aus und plumpste ins Wasser.

„Kommen Sie heraus, schnell!" rief der Bolivianer ungeduldig. „Wissen Sie denn nicht, daß es hier viele Piranhas gibt? Da ist schnell ein Stück weggebissen!"

Im Nu stand ich wieder auf dem Trockenen. Ich kannte diese kleinen Raubfische. Mit ihrem messerscharfen Gebiß zerreißen sie einen Menschen oder ein Tier in wenigen Minuten.

Noch drei Tage ruderten wir so den Fluß hinauf. Ein paar Flußdelphine begleiteten uns, streckten die Nase aus dem Wasser, pusteten in die Luft und tauchten in elegantem Bogen wieder unter. Hier und da entdeckten die scharfen Augen meiner Begleiter den Nasenhöker und die Augenwülste eines Krokodils.

Eine Unmenge von Vögeln tummelte sich auf dem Fluß und auf der überschwemmten Savanne. Wildenten und andere Schwimmfüßler suchten Nahrung. Auf einsamen Bäumen schaukelten sich Störche und kleinere, langschnäbelige Wasservögel, und in jeder Biegung scheuchten wir Waldhühner verschiedener Art auf. Kein Tag verging, ohne daß einer der Ruderer eine oder zwei Wildenten geschossen hätte. So waren wir nicht auf unseren Trockenfisch angewiesen, der bereits von Maden wimmelte.

Brannte die Sonne zu heiß, so ruhten wir im Schatten des Ufers aus, der Sack mit Farinha wurde hervorgezogen und mit Zucker und Wasser ein „chibé" angerührt. Das schmeckt wie Zuckerwasser mit Sägemehl, aber man gewöhnt sich daran. Dazu knabberten wir geröstete Maiskörner und Erdnüsse und knackten Paranüsse.

Meine Gefährten plauderten fast ununterbrochen. Auch der Bolivianer und der Peruaner sprachen portugiesisch, beinahe besser als spanisch, denn sie arbeiteten schon lange Jahre in Brasilien. Und wo immer Junggesellen sich unterhalten, kommt man über kurz oder lang zu einem unausweichlichen und unerschöpflichen Thema: dem Weib. Auf unserem Kahn war es nicht anders. Die Ruderer warfen sich ihre Abenteuer vor, tauschten Erfahrungen aus, und die bewegte Vergangenheit sowie der derzeitige Lebenswandel der raren Frauen im Gummiwald wurden wenig respektvoll und wenig diskret erörtert.

„He, Peruano, gib es nur zu! Du bist hinter der kleinen Justina her. Oder für wen holst du jeden Samstag ein Fläschchen Parfüm aus dem Laden?"

„Es gibt ja schon lange kein Parfüm mehr in São Luis. Und überhaupt ist die Justina ein Luder. Ihr Alter will ja nur Geschäfte mit ihr machen. Diese verdammten Indianer sind schon schlauer geworden als wir selber. Mir soll's nicht gehen wie dem Velardo!"

Die Burschen brachen in ein schallendes Gelächter aus. Auch der junge Indianer grinste.

„Und wie ging es denn dem Velardo?"

„Oh, der hat dem Vater der Justina ein Gewehr gegeben zum Tausch für seine Tochter. Aber kaum hatte der Indianer das Gewehr, da lief die Tochter dem Velardo wieder davon. Jetzt hat er weder Gewehr noch Weib. Und der Indianer lacht sich den Buckel voll. Er wird seine Tochter wohl bald wieder einem Dummen anbieten."

„Die Regierung mischt sich doch heute in alles ein. Sie könnte doch auch jedem Patron befehlen, für die Arbeiter ein Bordell zu halten. Dann brauchten wir nicht den Weibern der Nachbarn nachzulaufen oder mit einem Indianer um die häßliche Tochter zu feilschen. In den großen Städten gibt es ja auch Bordelle, der beste Beweis, daß das nichts Unmoralisches ist."

„Das würde auch nichts nützen! Wie lange meinst du, daß die Mädchen im Bordell wären? Keine vierzehn Tage! Dann hätte jede ihren Liebhaber, — und die andern, die leer ausgehen...?"

„Das beste wäre, jeder hätte seine eigene Frau! Aber welches Mädchen geht denn zu einem armen Seringueiro in den Wald, um mit Jaguaren und Wildschweinen zu hausen? Die Mädchen wollen in der Stadt oder in ihrem Dorf bleiben, jede Woche ins Kino gehen und Eis lutschen. Will man sie fortholen, muß es mindestens nach Rio de Janeiro sein. Schon Manaos ist ihnen zu wenig. Und nun gar mit einem Gummisammler in den Urwald? Das ist ja zum Lachen!"

Am fünften Tage unserer Ruderfahrt erreichten wir eine menschliche Ansiedlung: *Morro Pelado*, „Kahler Hügel"; drei Pfahlbauhütten von Indianern, die zum Arbeiterbestand des Gummiunternehmens gehörten.

Wir sprangen an Land. Neben einem Zimmermannsschuppen und einer primitiven Zuckerrohrpresse dampfte auf einem Bratgestell das Fleisch eines frisch erlegten Tapirs.

„*Bôa tarde!*" grüßte uns Alfredo, der Chef und legte die Haue aus der Hand. Er war eben dabei, einen Schleppkahn seines Herrn auszubessern. Mehrere Frauen saßen am Boden. Zögernd kamen sie heran und gaben mir die Hand. Alfredo wies geringschätzig auf eines der Weiber.

„Das ist meine Frau ... eine Indianerin. Meine Eltern waren auch Indianer, aber ich bin ein zivilisierter Caboclo."

Alfredo warf sich in die Brust. Er war ein Indianer vom Rio Mequens oder Corumbiara, hatte aber vor Jahren in Guajará den Tischlerberuf erlernt.

„Ich habe schon in Guajará und in Bolivien gearbeitet", fuhr er selbstbewußt fort, „da habe ich auch spanisch gelernt."

Lesen oder gar schreiben konnte er jedoch nicht. Noch schlimmer war es um sein Haus bestellt: das schmutzigste und unordentlichste, das ich auf der ganzen Reise zu sehen bekam. In wirrem Durcheinander lagen, standen und hingen in seiner Wohnküche Pfeile, Bogen, Flinten, zerlumpte Kleider, Körbe, Vogelfedern, leere Büchsen aller Größen, Kalebassen, Wildschweinhäute, ein Jaguarfell, irdene Töpfe und Schalen, importierte Emailteller, frisches und getrocknetes Fleisch, auf dem sich die Fliegen tummelten, Mandiokwurzeln, Papayafrüchte, Bananen, ein Häufchen Erdnüsse, Gummischuhe, ein verbeulter Nachttopf, Eierschalen und Fischgräten, ein alter Handkoffer, ein Wassereimer, trübe Ölflaschen. Und unter all dem übelriechenden Wirrwarr entdeckte ich auch noch mein eigenes Eßbesteck und meine Teller, die der fürsorgliche Indianerbursche schon für die bevorstehende Mahlzeit herbeigebracht hatte.

Wir blieben über Sonntag in Morro Pelado. Die Hälfte des Weges war geschafft, die Ruderer hatten einen Ruhetag und die reichhaltigere Nahrung redlich verdient.

„Die Caboclos leiden nie Hunger", kaute der Bolivianer, „die haben immer etwas Gutes zu beißen auf ihren Feldern. Nur wir Weißen sind faule Luder. Wir warten, bis man uns Farinha aus Pará und Konserven aus Rio de Janeiro oder gar aus Nordamerika bringt."

„Ganz gemütliche Kerle scheinen diese Indianer zu sein!" Ich wehrte einen Schwarm Fliegen von meinem Teller.

„Gemütlich sind sie nicht immer", belehrte mich der Bolivianer. „Schauen Sie zum Beispiel den Esteban an, den mit dem dicken Bauch und dem freundlichen Grinsen. Das hübsche junge Weib dort drüben mit dem geblümten roten Kleid ist seine Frau. Das Kleidchen ist von einem Landsmann von mir, und mein Landsmann ist tot."

„Wie ging denn das zu?"

„Oh, ganz einfach. Mein Landsmann lief der Frau des Esteban nach und entführte sie in seine Colocação. Der Esteban sagte nichts. Wir glaubten schon, er habe seine Frau vergessen. Dann aber trat er eines Tages mit Pfeil und Bogen in die Hütte meines Landsmannes. Dieser hatte nicht Zeit, sein Gewehr zu laden. Er lief zur Türe hinaus und wollte fliehen. Esteban hob den Bogen und schoß ihm einen Pfeil in den Rücken. Mein Landsmann stürzte. Esteban jagte ihm noch zwei Pfeile durch den Leib, holte seine Frau aus der Hütte und nahm sie wieder mit sich. Was sollten wir tun? Wir zogen dem Toten die Pfeile heraus und begruben ihn."

Am Montag stießen wir mit unserem Kahn von Morro Pelado ab. Wieder begann das eintönige Rudern.

„Dort oben kommt ein Ubá!" fuhr der Steuermann plötzlich auf. Flußabwärts näherte sich uns ein langer Einbaum. Es war die Reisegesellschaft, die ich noch tief drin bei den „Wilden" vermutet hatte, der Journalist und seine Frau mit ihren zwei Begleitern sowie einem Indianer von São Luis, den sie als Führer mitgenommen hatten.

Beide Boote legten an. Wir begrüßten uns, und die Reisenden erzählten von ihrer Wanderung durch die Urwälder am oberen Rio Branco. Sie waren wirklich bis zu den Tupari gekommen und hatten von dort dreißig Träger mitgebracht. Die arbeiteten jetzt in São Luis und wußten schon, daß noch ein „doutor" zu ihnen kommen wollte.

Nach einer Stunde verabschiedeten wir uns. Der Einbaum verschwand den
Fluß hinunter und wir ruderten weiter der Strömung entgegen. Zu beiden
Seiten hoher Urwald, Tag für Tag. Wiederholt passierten wir Siedlungen
von Gummisammlern. Überall rüstete man sich für die Erntezeit.
Dann, am Nachmittag des 21. Mai, sichteten wir endlich unser Ziel. Am
Ufer des Flusses lagen ein paar kleine Einbäume. Eine Holztreppe aus
schweren Bohlen führte die hohe Böschung hinauf. Darüber erhob sich ein
großes Gebäude, mit rötlichem Lehm notdürftig verstrichen und mit
Palmblättern gedeckt. Das war das Verwaltungshaus von São Luis, dem
Zentrum des Gummiunternehmens vom Rio Branco.

Erste Begrüßung der nackten Männer

Ich erklomm die Stufen. Oben stand ein stämmiger junger Mann, etwa
in meinem Alter, mit welligem blondem Haar und energischen blauen
Augen.
„Guten Tag, Herr Angele!" ich begrüßte ihn auf deutsch und wir schüt-
telten uns kräftig die Hände.
„Willkommen! Wir erwarten Sie seit langem. Ihr Brief und die Empfeh-
lung vom Patron kamen bereits vor drei Wochen an. Ich dachte schon,
Sie seien verloren gegangen."
Angele winkte den Ruderern, die mit meinem Gepäck vom Flusse her-
aufkeuchten.
„Sie haben gewiß einen Mordshunger mitgebracht", wandte er sich mir
wieder zu. „Die Köchin wird gleich etwas zurecht machen. Aber sie
müssen mit dem wenigen vorlieb nehmen, was da ist. Wir leben augen-
blicklich in den sieben mageren Jahren."
Wir stiegen drei Stufen hinauf und traten in das Verwaltungsgebäude.
„Entschuldigen Sie mich bitte einen Augenblick. Ich will eben in der
Küche nach dem Rechten sehen. Machen Sie es sich doch derweil in der
Hängematte bequem."
Ich hatte Zeit, mich in meiner neuen Umgebung etwas umzuschauen. Eine
große Scheune mit Wänden aus primitivem Fachwerk, das Dach aus
Palmblättern und das Ganze unterteilt durch einige Zwischenwände,
die zwei Kammern, Küche, eine Schreibecke, den Verkaufsladen und ein
paar Lagerräume notdürftig voneinander trennten. Die Wohngemächer
waren mit Dielen aus rohen, gespaltenen Palmstämmen versehen, die
sich unter jedem Schritt auf- und niederbogen. Der Boden der anderen
Räumlichkeiten bestand aus gestampfter Erde. Alle Räume waren nach

dem Dach hin offen, die Fenster mit Drahtgeflecht oder mit einem Stück Tüll vernagelt. Das war der „Barracão", das Verwaltungsgebäude des Gummiunternehmens vom Rio Branco, eines Königreiches, das weiß Gott wieviele tausend Quadratkilometer umfaßte und ein Millionenvermögen an kaum genutztem wildem Gummi, Paranüssen, wertvollen Hölzern und Medizinalpflanzen enthielt.

Die Ruderer stapelten mein Gepäck der Wand entlang auf. Durch die offene Tür begann es verlockend zu duften.

Ich aß in der verrußten Küche, wo eine kleine, mollige Bolivianerin am flackernden Herdfeuer hantierte. Ein Indianerjunge trug das Essen auf, musterte mich kritisch und schälte dann weiter große Wurzelknollen und schnitt sie in Stücke. Am Fenster turnten zwei Papageien, schrien unverständliche Worte und lachten dazu.

Angele erkundigte sich nach seinen Bekannten in Guajará und nach dem Verlauf meiner Reise. Vieles war zu berichten, aber mir lag anderes mehr am Herzen.

„Sind die Tupari noch hier, oder sind sie schon wieder in ihre Wälder verschwunden?"

„Nein, keine Angst, sie sind noch da. Und hoffentlich bleiben sie noch lange", antwortete der Schwabe. „Sie sind eben über den Fluß, Reis ernten. Aber heute abend werden Sie sie kennenlernen."

„Und wie ist mit ihnen auszukommen?"

„Das werden Sie bald selber sehen. Es sind ganz nette Kerle. Und arbeiten tun sie! Wenn die nicht zur rechten Zeit gekommen wären, dann stünde ich schlimm da. Hier gibt es immer zu viel Arbeit und zu wenig Leute!"

„Wieviele Tupari sind denn eigentlich da?"

„Dreißig Mann. Und das scheint auch schon beinahe der ganze Rest des Stammes zu sein. Die Tupari müssen in den letzten Jahren furchtbar abgenommen haben. Aber da wird Ihnen der Senhor Regino bessere Auskunft geben können. Er ist sozusagen der Indianervater von São Luis. Er hat auch selber einmal die Maloca der Tupari besucht. Das ist ein wichtiger Mann für Sie. Wenn Sie mit ihm gut auskommen und mit dem Alfredo, dann kann Ihr Unternehmen nicht mehr schief gehen."

„Und wer ist Alfredo?"

„So eine Art Vorarbeiter unserer Pflanzungen, ein Makuráp-Indianer, der Sohn eines gefürchteten Häuptlings und Zauberers. Man braucht so einen Caboclo, um mit den Indianern umzugehen. Unsereiner schafft das nicht. Aber der Alfredo versteht sich gut mit den Leuten der verschiedenen Stämme. Wir haben hier die Jabutí, die Wayoró, die Arikapú,

die gelegentlich zum Arbeiten herkommen, und jetzt sind die Tupari da.
Alle verstehen ein wenig von der Makuráp-Sprache, das ist sozusagen
die internationale Handels- und Verkehrssprache hier. Genau wie draußen in der Welt das Englische. Portugiesisch verstehen nur die wenigsten
Indianer, und ordentlich sprechen können sie es schon gar nicht."
Noch tausend Fragen lagen mir auf der Zunge. Aber Angele wurde in
einer dringenden Angelegenheit weggerufen.
So begann ich mein Gepäck auszuräumen und sonderte aus, was auf der
Reise feucht und muffig geworden war. Es ging schon gegen Abend, und
die Hitze des Tages machte einer angenehmen Frische Platz, die den ver-
schwitzten Körper zuweilen wohlig erschauern ließ.
Da ging plötzlich die Außentüre auf. Ein nackter Indianer trat herein,
bewaffnet mit Pfeil und Bogen. Vorsichtig schaute er sich um und kam
dann auf mich zu. Ein zweiter kam hinter ihm her und noch einer. Eine
ganze Horde drängte sich durch die Tür und umringte mich.
Das waren die Tupari-Indianer! Seit Wochen war mein einziger Wunsch
gewesen, diesen Urwaldmenschen zu begegnen. Und nun, wo sie vor
mir standen, kam mir alles so unerwartet und schier unfaßbar vor.
Angele hatte den Indianern schon erklären lassen, daß ein „doutor" sie
in ihrer Maloca besuchen wolle. Nun waren sie gekommen, um sich den
Fremdling anzuschauen.
Ein untersetzter stämmiger Kerl mit furchterregend ernstem Gesicht trat
auf mich zu und sah mir gerade in die Augen. Er schlug sich mit der
flachen Hand auf die Brust und sagte in gebrochenem Portugiesisch:
„Aqui capitão!" — „Ich bin der Häuptling!"
Dann legte er seine Hand auf meine Brust und sagte mit fragender
Gebärde: „Aqui?"
Wollte er wissen wie ich heiße?
„Francisco!" antwortete ich ihm und kam mir so dumm vor wie ein
Schulbub beim Examen.
„Pransico ... Pransico ..." versuchte der Häuptling meinen Namen
nachzusprechen.
Ich lachte ihn zustimmend an. Aber er verzog keine Miene. Er schien
keineswegs zum Scherzen aufgelegt, sondern musterte mich mit gerun-
zelter Stirn. Ich versuchte seinem Blick standzuhalten. Mir wurde un-
behaglich zumute.
„Tabaco", sagte nun der Mann kurz und deutete auf mein Gepäck.
„— Wo immer Sie zu Indianern kommen, bieten Sie zu rauchen an!
Das ist erste Pflicht des weißen Mannes!" hatte mich der Missionsbischof von Guajará gemahnt.

Eilig suchte ich in meiner Kiste und reichte dem Indianer ein „Molho"
Tabak, das Buschmesser, Zigarettenpapier und Streichhölzer. Der machte
sich daran, den Tabak in feinen Schichten herunterzuschneiden, zerrieb
die Krümel zwischen den Händen, drehte sich geschickt eine Zigarette
und zündete sie an. Die andern folgten seinem Beispiel.

Ich erholte mich von der ersten Überraschung. Die Kerle hatten mich
ziemlich erschreckt mit ihrem plötzlichen Einbruch. Nun war ich also
endlich „unter wilden Indianern". Einige beguckten mit unverhohlener
Neugier meine Sachen, die zum Teil ausgebreitet am Boden und auf den
Stühlen lagen. Andere traten ohne Furcht auf mich los und einer legte
mir sogar freundschaftlich den Arm um den Nacken und grinste:

„Aqui bom, totó bom!"

... und damit gab er seiner Überzeugung Ausdruck, ich sei ein guter
Kerl. Dann schwatzten sie wieder leise miteinander in einer unverständlichen Sprache, zeigten auf dies und jenes und machten ihre Kommentare,
tuschelten und lachten.

Ich wollte nicht zu viel Neugierde verraten und musterte nur verstohlen
die sonderbaren Gestalten. Es waren etwa zwanzig, die sich zu dem Besuche eingefunden hatten, manche noch junge Burschen, andere zeigten
schon graue Stoppeln am Kinn und auf der Oberlippe. Fast alle waren
klein von Gestalt, einige schlank, nur wenige stark und massiv gebaut.

Der ernste Mann, der sich mir als Häuptling vorgestellt hatte, trug als
einziger eine Hose. Die andern gingen nackt, wenn man von einem
kleinen gelblichen Blatt absah, das den Penis verdeckte. Nasen, Lippen
und Ohrläppchen waren durchbohrt. Durchs Nasenseptum trugen sie ein
bleistiftdickes Rohr oder ein farbiges Stäbchen, das die Nasenlöcher beinahe verschloß und noch breiter erscheinen ließ. In den Lippen steckten
dünne Holzstifte, halb so lang wie Streichhölzer, oder zwei Stachel-
schweinborsten. An den Ohren prangten schmucke Gehänge aus Perl-
mutterstäbchen und Glasperlen.

Einige wenige trugen um den Bauch eine Hüftschnur mit feinen schwarzen Perlen. Alle aber hatten ihre Körper von oben bis unten mit langen
schwarzen Streifen, Wellenlinien und Punkten bemalt. Ein paar junge
Männer hatten solche Zeichnungen auch im Gesicht, nur in feinerer Art
ausgeführt.

Das Haar war glatt und beinahe schwarz. Die Männer trugen es in der
Mitte gescheitelt. Diesem und jenem hing es bis über die Schultern herunter. Die jüngeren hatten einer Art Ponyfrisur den Vorzug gegeben.
Augenbrauen, Bärte oder irgendwelches Körperhaar konnte ich nicht
entdecken.

Inzwischen war die Sonne untergegangen. Aber meine Gäste machten keine Anstalten aufzubrechen. Im Gegenteil. Sie hockten sich auf den Boden oder auf meine Kisten und guckten mich unentwegt an.

Womit sollte ich sie unterhalten? Ich ließ den Blick über mein Gepäck schweifen. — Das Radio?

Ja, warum denn nicht das Radio! Ich packte den Apparat aus, schloß die Batterie an und begann an den Knöpfen zu drehen.

„... se va el caimán, se va el caimán, se va a la Barranquilla ..." tönte es aus dem Kasten. Eine südamerikanische Station war mitten in einer Sendung fröhlicher Tanzmusik — und die Wirkung ließ nicht auf sich warten. Die Indianer gerieten in eine Begeisterung, die ich nicht erwartet hatte. Ein Tuscheln und Diskutieren begann. Aufgeregt scharten sie sich um den Apparat und krochen vor Neugierde beinahe in den Kasten hinein. Dann nahmen sie ihre Waffen und begannen im Takt vor- und rückwärts zu stampfen.

Ich war glücklich und strahlte nicht weniger als die Indianer. Das Radio fand also Gnade.

Erst als es zu dunkeln begann, trollten sich die nackten Besucher. Einer nach dem andern verschwand — sie hatten wohl Hunger.

„Embora!" sagte der stämmige Häuptling — das war ein weiteres der wenigen brasilianischen Wörter, die er gelernt hatte, — es hieß „Los!" — und mit Pfeil und Bogen schritt er gravitätisch zur Tür hinaus.

„Du alter Schwerenöter", sagte ich zu mir, „ob du willst oder nicht, du wirst mich doch zu deinem Stamm mitnehmen. Wenn ich nur wüßte, was hinter deinem todernsten Gesicht vorgeht!"

Ich zündete meine Petroleumlampe an und schlug nach den Moskitos, die das Zimmer mit leisem Summen erfüllten.

Der zunehmende Mond stand hoch am Himmel, als Angele zurückkehrte. Auf einem breit ausgehauenen Weg zogen wir dann durch hohen Urwald zu der kleinen Siedlung, die vor nicht allzu langer Zeit etwa zwei Kilometer vom Fluß entfernt hergerichtet worden war.

„Man muß die Indianer und die Zivilisierten getrennt halten. Sie haben gar keine Ahnung, was für eine üble Gesellschaft die sogenannten ‚civilçados' sind. Gäbe es hier nur die Indianer, das wäre ein anderes Arbeiten. Diese Caboclos sind die besten Leute der Welt, solange sie nicht mit den weißen und schwarzen Halunken zusammenkommen."

Wir traten aus dem Wald auf eine Lichtung. Rechts zog sich eine junge Pflanzung hin, und vor uns erhoben sich im blassen Mondlicht ein paar große Hütten. Davor kauerten die Tupari. Auch ein paar Caboclos standen herum.

Wir stiegen die Stufen zu einem Pfahlbau hoch. Spärlich beleuchtete ein Öllämpchen den Innenraum.

„Bôa noite", grüßte der Verwalter. „Ist Alfredo hier?"

Eine junge Frau erhob sich aus dem Halbdunkel. An ihrer Brust lutschte ein Säugling, der wie ein kleiner Affe aussah.

„Er kommt gleich, er ist schnell baden gegangen", sagte sie in gutem Portugiesisch, „wollen Sie sich nicht setzen?"

„Nein, wir warten draußen", sagte Angele. *„Bôa noite!"*

„Sehen Sie sich diese Frau an", fuhr er auf deutsch fort. „Sie ist eine reinblütige Indianerin, aber sie will keine Indianerin mehr sein, sondern eine ‚civiliçada'. Ihr Mann, der Alfredo, ist genau so. Beide tragen ihr Haar kurz geschnitten und auf der Seite gescheitelt. Sie wollen sich nur mit den besten Stoffen anziehen, jeden Tag so und so vielemal ihr Cafezinho trinken wie die Herren von Guajará, und wehe, wenn ich von ihnen etwas über ihre indianische Vergangenheit erfahren will. Ihre Eltern hausten noch als Wilde, aber sie sprechen von ihnen wie wir etwa von unsern Vorfahren, als diese noch auf den Bäumen herumkletterten. Dabei hat Alfredo noch vor einigen Jahren bei einem großen Massenmorde hier sehr rührig mitgeholfen. Das muß ich Ihnen auch einmal erzählen. Die ganzen Weißen von São Luis haben sie damals kaputtgemacht."

Alfredo hatte sein abkühlendes Bad beendet und kam vom Bächlein herauf. Er unterschied sich kaum von tausenden Bewohnern tropischer Dörfer, und niemand hätte in ihm den Sohn eines berüchtigten Häuptlings vermutet.

„Der Doutor wird mit den Tupari in ihre Maloca ziehen, sobald sie heimkehren", begann der Verwalter.

„Gut", antwortete der Indianer und fixierte mich.

„Was meinen die Tupari dazu?" fragte ich neugierig. Die nackten Indianer hörten unserem Gespräch aus der Ferne zu. Der Häuptling stand abseits und schien entweder sehr mißmutig oder in tiefes Nachdenken versunken. Alfredo wechselte mit ihm ein paar Worte in einer Indianersprache.

„Was sagte der Häuptling?" fragte ich ihn.

„Nichts, Senhor!"

Angele gab Alfredo ein paar Anweisungen für die Arbeit des nächsten Tages. Es ging um die Reisernte und um die Herstellung von Farinha. Die Gummisammler hatten bereits ihre Arbeit aufgenommen, und ihr Bedarf an geschältem Reis und dem gerösteten Mandiokmehl war groß. Wir kehrten zum Barracão zurück.

„Alles nennt mich hier ‚doutor'. Ich bin aber doch gar kein Doktor!"
„Hier wird jeder Doutor genannt, der nicht in Gummigeschäften, sondern zu Studienzwecken oder aus sonst einem unverständlichen Grund
im Urwald herumreist", erwiderte mir Angele.
Im Scheine der Öllampe plauderten wir bis tief in die Nacht hinein und
tranken eine Flasche Wermut, die der Patron seinem Verwalter geschickt
hatte. — Und was haben zwei Europäer sich nicht alles zu erzählen,
wenn sie in der Urwaldnacht zusammenhocken! Man hat sich vorher
nicht gekannt, aber die Begegnung in der Einsamkeit macht die Menschen zu Schicksalsgenossen. Man spürt die Unsicherheit des Daseins und
hat plötzlich das Bedürfnis, sogar langgehütete Geheimnisse mitzuteilen.
Vielleicht lebt dann etwas von uns weiter, wenn der heimtückische Urwald uns nicht mehr loslassen sollte. — Verrat kann es nicht geben, denkt
man, und fühlt sich so fern von der neugierigen und geschwätzigen
Menge. —
Die Erzählungen meines neuen Bekannten führten von seiner Heimatstadt Biberach nach Hamburg und von dort nach Pará und Manaos. Als
Buchhalter des deutschen Handelshauses Koehler war er dann nach Guajará gezogen. Aber der Krieg kam. Brasilien arretierte die deutschen
Kaufleute, steckte sie in Konzentrationslager und konfiszierte ihre Güter.
Angele wich aus in den Urwald und arbeitete als Verwalter eines Barracão am Rio Corumbiara. Seit zwei Jahren saß er nun hier am Rio
Branco und hoffte ein kleines Vermögen zusammenzurackern, um dann
wieder ein zivilisierter Mensch zu werden.
„Die Flasche ist leer und die Lampe geht aus. Morgen muß wieder den
ganzen Tag gearbeitet werden", schloß der Schwabe. „Der Alte weiß
schon, warum er einen Deutschen hierher gesetzt hat. Andere Gummibarone haben während des Krieges Millionen von Cruzeiros verdient.
Der Alte stand damals vor dem Konkurs. Seine Verwalter haben alle
nichts getaugt, und nun soll ich den Karren aus dem Dreck ziehen. Es
geht ja schon besser, aber ich bin krank von dem Kampf."
Uns fröstelte. Die Nacht war empfindlich kühl geworden. Doch die
Moskitos summten unermüdlich weiter. Auch der Tabakqualm hatte sie
nicht vertreiben können. Wir spannten das Netz über meine Hängematte
und Angele wünschte mir angenehme Ruhe.
Am nächsten Tag lernte ich den Senhor Regino kennen. Er war ein
Brasilianer aus dem Staate São Paulo, mit braunem Gesicht und negerhaftem Kraushaar, das anfing grau zu werden. Als Schiffsheizer war er
in seiner Jugend zum Amazonas gekommen, und der Urwald hatte ihm
besser zugesagt als die Städte des Südens. So wurde er schließlich zum

Waldläufer, heiratete eine Indianerin und bekam zwei Kinder mit ihr. Ein Kaufmann war er nicht, sonst hätte er bei seinem Fleiß und seiner Kenntnis des Waldes ein reicher Mann sein können.

Aber einer anderen Eigenschaft wegen war er in São Luis unentbehrlich geworden. Er war der Freund der Indianer. Sie achteten und verehrten ihn wie ihren Vater. Während die Verwalter im Barracão ständig wechselten, war er als Mateiro und Vorarbeiter immer dagewesen und hatte die Indianer gegen die Übergriffe der Weißen geschützt. Er war zu einem der ihren geworden, obgleich er kaum ein Wort einer Indianersprache verstehen konnte.

„Wie lange werden die Tupari noch hier bleiben?" fragte ich ihn besorgt. „Eines schönen Tages werden sie verschwunden sein, und ich sitze hier mit meinem Gepäck."

„Keine Angst", lachte er. „Die Tupari gehen dann fort, wenn ich es ihnen sage. Verlassen Sie sich drauf. Wir haben hier für etwa drei Wochen Arbeit. Es ist noch viel Reis zu ernten. Und das neue Farinha-Haus ist kaum angefangen."

„Und was halten Sie davon, daß ich ganz allein zu den Tupari gehe?"

„Da können Sie ganz unbesorgt sein", meinte Regino. „Vor ein paar Jahren bin ich mit einem Caboclo dort gewesen und sie haben mich ganz vorzüglich empfangen. Sie schlachteten ein paar Hühner und eine Ente. Im übrigen haben sie große Pflanzungen mit Mais, Yuca, Cará, Erdnüssen und auch Bananen. Da braucht man nicht zu hungern. Ich hatte auch noch Kaffee und Zucker bei mir. Wissen Sie, ich trinke nämlich keine Chicha und esse auch die Schweinereien der Indianer nicht, diese Raupen und Engerlinge, Affenfleisch und Schlangen. Pfui Teufel! —

Aber man braucht keine Würmer zu essen, wenn man nicht will", fuhr Herr Regino fort. „Die Tupari wissen schon, daß wir andere Gewohnheiten haben als sie. Sie haben doch schon mehr als einmal Besuch gehabt von Weißen."

„Wie oft eigentlich?" unterbrach ich ihn.

„Oh, das ist bald aufgezählt. Der erste war ein Angestellter des Barracão. Der wurde hingeschickt, als noch kein Zivilisierter einen Tupari gesehen hatte. Man wußte nur, daß sie Freunde der Makuráp waren, die mit den Gummisammlern am Rio Colorado drüben arbeiteten und die jetzt auch mit São Luis verkehren. Er brachte einen ganzen Haufen Tupari mit, aber sie flohen zurück in den Wald.

Dann kam der „doutor alemão", ein deutscher Forscher. Herr Angele weiß seinen Namen. Er ging mit einer ganzen Kolonne von Caboclos und halbwilden Indianern bis zu den Tupari und brachte wieder einen

Trupp von ihnen heraus. Damals zitterte man vor ihnen. Sie seien wilde
Krieger und Menschenfresser, hieß es. Aber man brauchte neue Arbeits-
kräfte. Die andern Stämme starben ja so schnell aus. Der Husten hatte
fast keine Leute mehr übrig gelassen."
„Und seither kommen die Tupari immer von selbst hierher arbeiten?"
„Manchmal kommen sie von selber, aber dann bleiben sie auch wieder
zwei oder drei Jahre fort. Da bin ich auch einmal losgezogen und holte
sie zu einer dringenden Arbeit. Sieben oder acht Tage braucht man bis
zu ihren Malocas. Zuerst zu Tomás Antonio, dann zu weiteren Hütten
der Jabutí und schließlich zu den Arikapú. Die Arikapú wissen immer
den Weg zu den Tupari. Sie führten auch den Pedro, vor etwa drei Jahren war das."
„Pedro?"
„Ja, — haben Sie ihn noch nicht gesehen? Der Vorgänger des Senhor
Eugenio schickte ihn zu den Tupari, um Arbeiter zu holen. Damals bauten wir hier am neuen Barracão. Er sollte jetzt auch den Schriftsteller
aus Buenos Aires dorthin begleiten. Sprechen Sie doch einmal selber mit
ihm. Es ist der Schwarze dort, der die Farinha röstet."
Pedro stand an einer gewaltigen kupfernen Röstpfanne, die wohl an die
zwei Meter Durchmesser hatte, und rührte das grobe, weißliche Mandiok-
mehl mit einer Kelle, so groß wie ein Paddel. Daneben lag ein gewaltiger
Haufen von Mandiokwurzeln. Ringsherum hockten ein paar nackte
Tupari-Burschen und schälten die Wurzeln gemächlich mit stumpfen
Buschmessern. Die geschälten Knollen warfen sie zum Einweichen in
zwei lange Tröge, die bis an den Rand mit Wasser gefüllt waren. An-
dere Burschen drehten an einer Mahl- oder Hackmaschine, deren scharfe
Messer die Knollen zu einem Brei zerkleinerten.
„Sie haben wohl noch nie gesehen, wie die Farinha gemacht wird?" Der
Neger sah meine Neugierde. „Ich kann hier nicht weggehen, sonst
brennt das Zeug an. — Da drüben in der Presse wird der Brei ausge-
drückt. Sehen Sie die Brühe, die herunterläuft? Da ist das Gift drin.
Das muß heraus, sonst kann man die Farinha nicht essen."
„Aber ich habe doch Mandiokknollen gegessen in Mengen, ohne das
Gift herauszudrücken", wandte ich ein.
„Das ist eine andere Art von Mandiok, die Macaxeira. Yuca nennen sie
die Bolivianer. Die ist nicht giftig, aber sie taugt nicht für unsere
Farinha. Sie ist zu süßlich. Wir essen die Yuca gekocht oder gebraten,
aber nicht als Farinha."
Ein paar Tupari brachten in runden Körben neue Wurzelknollen und
schütteten sie auf den großen Haufen.

„Sie kennen die Maloca dieser Indianer?" fragte ich den Neger.

„Oh ja, sehr gut. Vor zwei Jahren war ich dort zusammen mit dem Severino. Haben Sie ihn nicht getroffen am Rio Branco?"

„Nein, nicht daß ich wüßte. Aber wie ist es Ihnen denn ergangen bei den Tupari?"

„Recht gut. Sie haben Respekt vor den Zivilisierten. Aber so ganz geheuer ist uns doch nicht immer gewesen. Ich glaube, sie fressen noch Menschenfleisch. Ich sah da in einer Ecke der Hütte einen Haufen Knochen. Von einem Tapir waren sie nicht, und auch nicht von Wildschweinen. Für Affenknochen waren sie wieder zu groß. Das konnten nur Menschenknochen gewesen sein. Ich bin jedenfalls mit dem geladenen Gewehr im Arm schlafen gegangen. Weiß der Teufel, was einem in einer solchen Maloca passieren kann. Es sind doch schließlich nur Wilde. Und fressen sie einen auf, kräht kein Hahn darnach."

„Den Schriftsteller aus Buenos Aires haben Sie auch dorthin begleitet?"

„Der Verwalter wollte, daß ich ihn begleite. Aber wer soll denn mit einer solchen Gesellschaft reisen?" brummte der Schwarze mißmutig. „Fragen Sie Regino! Die Indianer mußten das schwere Gepäck schleppen, und die Herrschaften hatten nichts mitgebracht, um sie dafür zu bezahlen. Stellen Sie sich vor: dem André haben sie als Trägerlohn eine Schachtel Streichhölzer angeboten, als wäre er ein Wilder. Der hat ihnen ins Gesicht gelacht. Er ist zwar ein Indianer, aber ein tüchtiger Gummisammler und hat mehr Streichhölzer als er brauchen kann. — Und zudem reise ich überhaupt nicht in einer Gesellschaft, wo ein Weib das Kommando führt."

„Dann sind Sie diesmal gar nicht bis zu den Tupari gekommen?" fragte ich weiter.

„Nein, es war mir verleidet. Aber der João Tupari und die Arikapú haben die Reisenden endlich doch zu den Tupari gebracht. Und nun beklagen sich die Indianer. Sie haben den Reisenden haufenweise Pfeile und Bogen und Schmuck und weiß Gott was alles mitgegeben und auch noch das ganze Gepäck hierher geschleppt, aber kaum etwas dafür bekommen. Wundern Sie sich nicht, wenn die Indianer jetzt mißtrauisch geworden sind!"

Nach kurzem Schweigen fuhr er fort: „Übrigens, weiter drin als diese Tupari wohnen, soll es noch einen Teil des Stammes geben, der ganz wild lebt. Und noch weiter weg lebt ein Stamm, die Kuairú, die noch kein Weißer gesehen hat."

Ich ging nun jeden Abend nach der Arbeit oder auch über Mittag zum Indianerweiler und setzte mich zu den Tupari in ihre fensterlose Hütte.

In einem Tuchsäcklein brachte ich immer ein paar Handvoll in Fett gebratene Bananenschnitten mit und verteilte sie an die Indianer. Sie schmeckten ihnen offenbar nicht schlecht.
Einige der nackten Männer schenkten mir kaum Beachtung. Schweigsam schaukelten sie sich in ihren Hängematten oder brieten an den kleinen Lagerfeuern Maiskolben und Yuca-Knollen. Andere jedoch setzten sich zutraulich zu mir und versuchten sich mit ein paar Worten portugiesisch, die sie bei ihren Besuchen in São Luis aufgeschnappt hatten. Doch die Verständigung war schwer. Ich zog ein Notizheft und die Füllfeder aus der Tasche, und da wußten sie, was ich wollte. Ich ahmte den Häuptling nach, wie er mich nach meinem Namen gefragt hatte.
„Aqui, dottó, Francisco", sagte ich und legte meine Hand flach auf die Brust. Dann zeigte ich auf den Indianer, der mir zunächst saß, und fragte:
„Aqui — como chama?"
„Amärawa", bekam ich prompt zu hören. Ich notierte das Wort in mein Heft und versuchte es nachzusprechen. Als es mir gelang, zogen die Indianer die Luft tief und vernehmlich in den Rachen. Das hieß: „Ja, so ist es richtig!"
Ich zeigte auf meinen Kopf. Der Amärawa nahm seinen Kopf in beide Hände und sagte:
„Wápaba ... wápaba ..."
Ich wiederholte, und wieder zogen die Indianer die Luft tief ein zur Bestätigung, daß ich es richtig getroffen hatte. Sie lachten und fanden Spaß an der Beschäftigung.
So ging es weiter: *wápaba-hab*, das Haar; *wamsi*, die Nase; *wäpa*, das Auge; bis hinunter zu den Zehen mit ihren Nägeln.
Nun zog ich meinen Kamm aus der Tasche. Mein Sprachlehrer zögerte keinen Augenblick, nahm mir den Kamm aus der Hand und begann damit sein Haar zu strählen. Das dauerte eine gute Weile, denn er nahm es sehr genau. Wie lange mochte er sich wohl nicht mehr gekämmt haben? Nun holte er das Versäumte gründlich nach.
Aber er war noch nicht zufrieden. Er hielt die offene, leicht gekrümmte Hand vor das Gesicht und guckte aufmerksam hinein.
„Toah mãkal" sagte er und streckte mir die Hand her. Ich begriff, er wollte meinen Spiegel haben, um seine Frisur zu kontrollieren. Ich gab ihm das Spiegelchen, das ich in der Tasche trug. Sorgfältig schaute er sich an und zog den Scheitel gerade. Endlich fand er sich schön genug, verzog den Mund zu breitem Grinsen, reichte mir den Kamm zurück und sagte:

„*Ampä* . . .“ — das hieß Kamm. Dann gab er mir auch das Spiegelchen und sprach mir deutlich vor:

„*Toab* . . .“, — das mußte wohl Spiegel heißen.

So lernte ich die ersten Worte der Tupari-Sprache. Manche Laute waren nicht leicht nachzuahmen und noch schwieriger zu schreiben. Aber die Mühe lohnte sich. —

Etwa acht Tage mochten vergangen sein, da erlebten wir einen großen Schrecken. Es war am Sonntag morgen, und ich döste noch in der Hängematte. In der Nebenkammer, oder besser gesagt im Verschlag, der sich neben meinem Raum befand, sprang der Verwalter mit einem Satz von seiner Pritsche.

„*Não, não!*“ rief er aufgeregt. Ich war sofort auf den Beinen. Was war los? Das ganze Haus wimmelte von nackten Indianern. Ein Überfall? Das war doch nicht möglich.

„Nein, ihr geht nicht fort! Claudio! Schnell, hol den Senhor Regino!“ rief Angele.

Das also war es. Reisefertig standen die Tupari da, mit zusammengerollten Hängematten, den Proviant in geflochtenen Taschen.

Regino war im Nu zur Stelle. Ein heftiges Diskutieren begann. Einer der jungen Indianer verstand gut Portugiesisch. Er führte das Wort.

„Nein, arbeiten nein . . . Tupari fort . . . Nach Maloca . . . Hier ist schlecht . . . Haben Hunger . . .“, so ungefähr argumentierte er.

Regino fuhr dazwischen.

„Ihr geht nicht fort, hört ihr! Die Tupari haben hier noch immer gute Bezahlung bekommen: Äxte, Hosen, Hemden, Salz, Tabak. Erst bauen wir das Farinha-Haus. Bis dahin kommt der Patron mit dem Motor und bringt viele Sachen für euch. Dann könnt ihr gehen.“

„*Mentira!*“ warf der junge Indianer ein und sah sehr böse aus. „Das ist eine Lüge! Der Patron kommt nicht und wir werden umsonst arbeiten!“

Erbitterter Wortwechsel — Angele lief aufgeregt hin und her und warf dann und wann ein Wort dazwischen, um die Versicherungen des Herrn Regino zu bekräftigen. Ich erwartete den Ausgang des Streites nicht weniger gespannt. Wenn die Tupari jetzt wegliefen, was wurde dann aus mir? Ich war für den Abmarsch noch keineswegs vorbereitet.

Schließlich schien man zu einer Einigung zu kommen. Zehn Männer, unter ihnen der Häuptling Waitó, bestanden darauf, gleich nach Hause zu ziehen. Die andern zwanzig wollten noch bleiben und die begonnene Arbeit zu Ende führen.

Nun kam der Häuptling auf mich zu und faßte mich fest ins Auge.

„*Aqui* — Häuptling fort, *maloca* . . .“, sagte er und schaute mich fra-

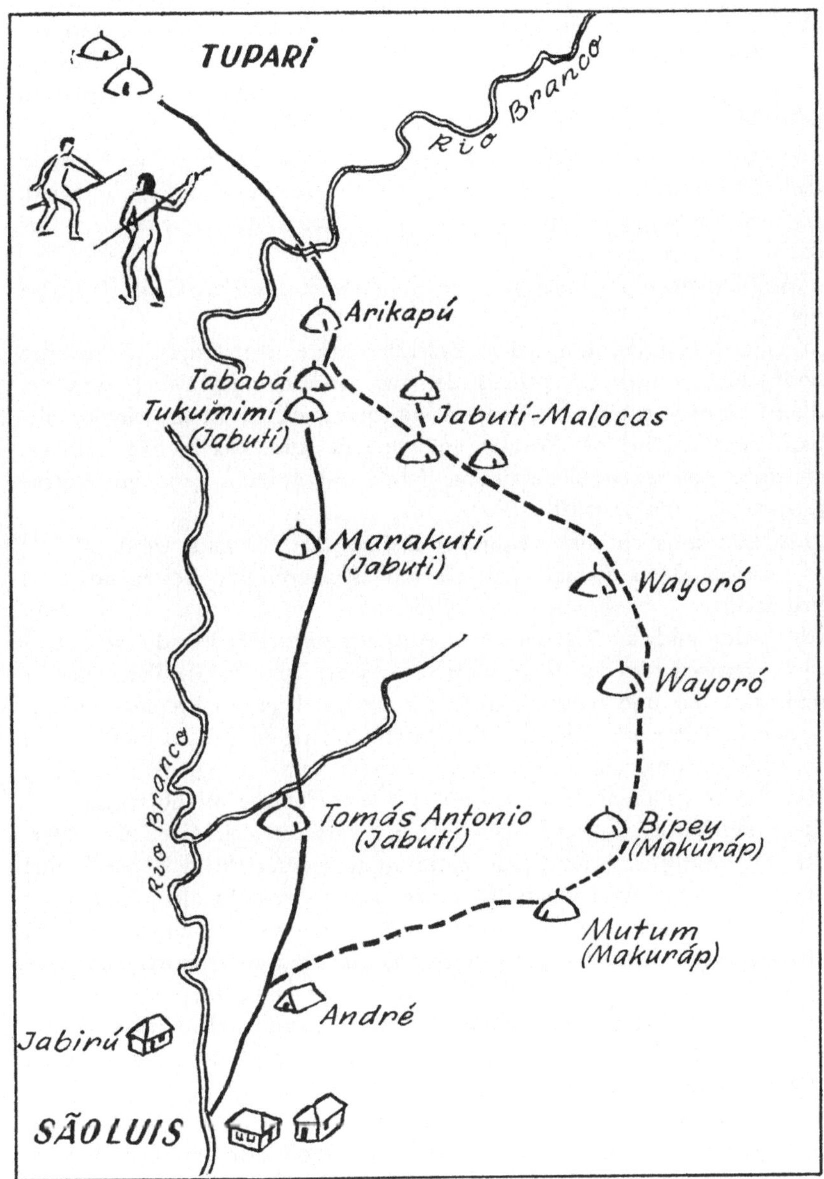

Marschskizze von São Luis zu den Tupari. Als Vorlage diente eine Auf-
zeichnung des Negers Pedro. Die unterbrochene Linie bezeichnet eine
zweite, vom Verfasser nicht begangene Route.

gend an. Würde ich mit ihm ziehen oder mich dem zweiten Trupp anschließen? Ich erklärte mit wenigen Worten und vielen Gesten, daß ich vorerst noch hier bleiben werde, dann aber mit den andern Tupari in seine Maloca käme, um dort viel Chicha zu trinken.

Die zehn Indianer erhielten eine Kleinigkeit als Entlöhnung. Nur für den Häuptling reichte es zu einer Axt. Dann verschwanden sie im Wald, und die Zurückgebliebenen trugen ihre Hängematten wieder zur Caboclo-Siedlung zurück.

„Wie heißt denn der junge Bursche, der so keck das Wort führte?" fragte ich Angele.

„Das war Curumí. Der hat es faustdick hinter den Ohren. Er ist der Sohn eines zweiten Häuptlings, der auch noch hier ist. Der Patron hat diesen Curumí einmal bis Guajará mitgenommen. Er ist der einzige Tupari, der ein Dorf der Weißen gesehen hat. Auch hier in São Luis hat er lange gearbeitet, vielleicht ein Jahr, und versteht ganz gut portugiesisch — wenn er will!"

„Das könnte ja ein ausgezeichneter Dolmetscher für mich werden."

„Versuchen Sie es einmal!" Angele war skeptisch. Wir setzten uns zum Frühstück.

Ich machte mich an Curumí heran, aber umsonst. Der Bursche war störrisch. Entweder verstand er nicht, was man von ihm wollte, oder er mißtraute mir und mochte sich fragen, wozu denn ein Fremder all das wissen und lernen wolle. Es blieb nichts anderes übrig: ich mußte mich an seine Stammesgenossen halten, die zwar kein Portugiesisch konnten, aber um so größeren Eifer zeigten, mir ihre Sprache beizubringen.

Einer der besten Lehrmeister wurde mir mit der Zeit Curumí's Vater, der Häuptling Kuarumä. Ich hatte mich gewundert, daß der kleine Stamm, der auf etwa vierzig Familien zusammengeschmolzen war, zwei Häuptlinge hatte. Aber ich erfuhr, daß er aus zwei Gruppen bestand, und daß jede dieser Gruppen einen eigenen Häuptling hatte. Waitó — so hieß der ernste, würdevolle Häuptling, der schon vorangezogen war — führte die größere Horde an, und Kuarumä die kleinere. Auch begriff ich bald, daß jede dieser Gruppen in einer großen, gemeinsamen Hütte wohnte.

So saß ich eines Tages mit meinen Lehrmeistern in ihrer Behausung um eines der vielen kleinen Feuer. Kuarumä erhob sich von dem improvisierten Hocker und holte von einem Querbalken herunter ein rätselhaftes Etwas, in große grüne Blätter gewickelt und mit Bast umschnürt. *Moqueca* nennen die Brasilianer diese Pakete, in denen Fleisch und andere Speisen auf der offenen Glut gedünstet werden.

Ich schnupperte und riet auf ein Täubchen oder sonst einen gebratenen
Vogel. Was aber kam zum Vorschein? Eine große grüne Eidechse!
Kuarumä lachte, riß der Eidechse ein Bein aus und streckte es mir hin.
Ekel schnürte mir die Kehle zu, aber es blieb mir nichts übrig, als zu-
zugreifen. Die Indianer erhoben sich und traten heran. Würde ich wirk-
lich von der Eidechse essen? Sie wußten wohl, daß die meisten Weißen
solche Bissen verschmähten.
Ich schloß die Augen und führte das Ding zum Mund, biß hinein,
schluckte, und siehe da: das Eidechsenbein schmeckte hervorragend; wie
die Froschschenkel, die wir zu Hause in der Fastenzeit immer mit solchem
Vergnügen verzehrt hatten!
Der Häuptling bot mir ein zweites Stück an.
„Auä-nä?" fragte er befriedigt und gab mir auch den Schwanz.
„Schmeckt's?"
„Auä!" antwortete ich im Brustton der Überzeugung. „Oh ja, ganz aus-
gezeichnet!"
Und noch ein weiteres wichtiges Wort lernte ich bei diesem Mahl: hako,
das ist „die Eidechse".
So mehrte sich mein Sprachschatz von Tag zu Tag. Ich hockte mit den
Indianern in ihrem kleinen Weiler, teilte Tabak aus und knackte mit
ihnen Paranüsse. Die jungen Burschen wurden immer vertraulicher und
die Älteren behandelten mich mit einer Art väterlichen Wohlwollens.
Ich lernte ihre Gesichter unterscheiden und sie bei ihren Namen nennen.
Sie blieben mir nicht mehr schlechthin Indianer, sondern wurden lang-
sam zu Persönlichkeiten, ein jeder mit seiner Eigenart. —
Doch dann fiel eines Tages der übliche Wermutstropfen in den Becher
der Vorfreude auf Urwaldabenteuer.
Ich war dabei, einige Fotos von den Tupari aufzunehmen. Da plötzlich
ließ sich der Film nicht mehr drehen, weder nach vorn noch nach hinten.
Irgend etwas schien locker geworden zu sein, hatte sich losgemacht und
verklemmte nun den ganzen Mechanismus. Alles Drehen, Drücken und
Schütteln nützte nichts. Der Apparat war unbrauchbar geworden. Mir
blieben nur zwei Möglichkeiten: entweder ohne Fotos von diesem ungewöhnlichen Unternehmen heimzukehren, oder die Leica zur Reparatur
nach Bolivien zurückzuschicken. Aber wann würde ich sie wieder bekommen? In einem halben Jahr? Oder vielleicht in einem ganzen? Am
Ende überhaupt nicht mehr! Wer konnte es bei diesen Reiseverhältnissen
voraussagen?
Angele teilte meine Verzweiflung aufrichtig. Ja, als guter Deutscher
fühlte er sich beinahe mitschuldig an dem Versagen eines deutschen

Apparates, den ein bolivianischer Mechaniker nach dem letzten Defekt offenbar nur unzulänglich überholt hatte.

Er riet mir jedoch, die Reise zu den Tupari nicht aufzuschieben. Die Leica wollte er nach La Paz zur Reparatur senden. Irgendwie würden sich dann Mittel und Wege finden, mir den Apparat in die Maloca der Indianer nachbringen zu lassen. Ich würde darüber schon nicht alt und grau werden, versprach er mir.

So fügte ich mich in mein Mißgeschick und bemühte mich weiter um meine zukünftigen Gefährten.

Ein Indianerfest im Gummiwald —

Abschied von der Zivilisation

„Doktor, heute ist großes Fest bei Jabirú drüben. Er hat eine Menge Chicha brauen lassen. Sie kommen doch auch mit?" Regino sah mich erwartungsvoll an. „Das muß man gesehen haben!"

„Wer ist Jabirú?"

„Einer der letzten Aruá. Der Stamm ist fast ausgestorben. Einen Teil unterwarfen die Tupari und fraßen sie nach und nach auf. Nur einer ist am Leben geblieben, der Magere mit dem kranken Arm. Ein anderer Teil des Stammes rettete sich hierher. Aber in ein paar Jahren wird wohl keiner mehr übrig sein. Sie können den Katarrh nicht vertragen, die armen Teufel!"

„Und was treibt dieser Jabirú? Wohnt er weit von hier?"

„Eine halbe Stunde zu Fuß auf der andern Seite des Rio Branco. Wir fahren aber besser mit dem Casco hin, der Pfad ist noch da und dort überschwemmt. Es wird sich bestimmt lohnen! Alle Caboclos der Umgebung kommen, auch die hier auf den Feldern arbeiten."

„Aber das sind doch alles Leute von verschiedenen Stämmen! Vertragen sie sich denn auf so einem Fest?"

„Das ist allerdings eine andere Sache", gab Regino zu. „Unterhalten tun sie sich fast nur auf Makuráp, das verstehen sie ja alle. Manche Makuráp-Männer haben auch Jabutí-Frauen und umgekehrt, und die Aruá wieder sind mit Makuráp-Frauen verheiratet. Das hilft mit zur Verständigung. Aber einer sagt vom andern, er sei ein Giftmischer und habe Verbindung mit den bösen Geistern. Es gibt hier wirklich ein paar schlimme Giftmischer, besonders unter den Jabutí."

„Und trotzdem ein gemeinsames Fest?"

„Ja, da müssen Sie die Caboclos kennen", antwortete Regino. „Gibt es irgendwo Chicha, dann scheint alle Angst und Feindschaft vergessen. Es wäre auch eine Herausforderung, die Einladung zu einem Fest nicht anzunehmen. Und schließlich wird ja nicht jedesmal einer vergiftet."

Es wurde Abend, und wir fuhren zu Jabirú. Neben seiner geräumigen Wohnhütte standen noch mehrere kleine Gebäude. Ringsherum breitete sich eine säuberlich gepflegte Rodung aus, und nach allen Seiten liefen die Pfade in den Wald, auf denen Jabirú und zwei, drei andere Indianer die Gummimilch heranzuschaffen pflegten.

Wir waren nicht die ersten Gäste. Vor dem Haus saßen etwa zwei Dutzend Indianer auf Baumstämmen, die man als Sitzgelegenheit herbeigeschleppt hatte. Alle trugen saubere baumwollene Hemden und Hosen und auf dem Kopf einen farbenfrohen Federschmuck oder einen Reifen aus Palmstroh.

Die Frauen hockten neben ihren Männern auf dem Boden oder standen in Gruppen zusammen und plauderten. Fast jede trug einen Säugling auf dem Arm oder in einer Schlinge, die von ihrer rechten Schulter zur linken Hüfte herunterhing. So kam der Sprößling rittlings auf das Hüftbein der Mutter zu sitzen und wurde von dieser leicht festgehalten ohne zu ermüden.

Als Alfredo, der Häuptlingssohn und Vorarbeiter, auftauchte, war ich überrascht. Er wollte sonst ein Zivilisierter sein und nichts mit dem alten Indianertum zu schaffen haben. Jetzt aber stand er da mit einem Federschmuck, der alle andern weit in den Schatten stellte. Eine wahre Pracht von zart rosafarbenen Storchen- und grellbunten Papageien- und Tukanfedern!

Und seine Frau war heute gleichfalls wieder zur Indianerin geworden. Sie hatte Arme und Beine mit schwarzen Strichen und Wellenlinien bemalt und das Gesicht mit roter Farbe ornamentiert. Nicht weniger phantastisch sah ihr kleiner Säugling aus. Vom Köpflein bis zu den Beinchen war er schwarz angestrichen. Ja, die junge Mutter hatte ihm sogar das noch fehlende Kopfhaar durch schwarzes Harz ersetzt, das den kleinen Schädel bedeckte wie eine Badekappe.

Die Tupari hielten sich abseits, als schämten sie sich ihrer armseligen Nacktheit. Die jüngeren Burschen hatten sich aus gelblichem Palmstroh Kopfringe geflochten und den Körper mit schwarzen Strichen bemalt. Schweigsam standen sie da, gestützt auf ihre Bogen und Pfeilbündel. Einige hielten stattdessen einen Stecken in der Hand; ihre Waffen hatte der Journalist mitgenommen, und einen ordentlichen Bogen macht man nicht von heute auf morgen.

„*Dottó, toma chicha!*" begrüßte uns Jabirú und streckte mir eine Emailtasse entgegen. „Es ist Chicha aus Mais, die macht nicht betrunken!"
Ich probierte: es war zwar vergorene, aber verhältnismäßig harmlose Mais-Chicha. Ich war das trübe, fade Getränk schon längst gewöhnt von meinem Aufenthalt im tropischen Bolivien.
„*Está bom?*" fragte der freundliche Indianer, als ich ihm den leeren Becher zurückgab.
„Es ist gut. Danke!" sagte ich. Befriedigt kehrte er in die Hütte zurück. Der Gast hatte getrunken und gezeigt, daß er seine Chicha zu würdigen wußte, — soweit ein Weißer eben dazu imstande ist.
Die Sonne verschwand hinter den Bäumen. Die Indianer liefen mit gefüllten Kürbisschalen hin und her, und die Gespräche auf dem kleinen Platz wurden lauter.
Aber die Stunde, sich gründlich zu betrinken, war noch nicht gekommen. Die Gastgeber schleppten nunmehr eine Menge gebratener Wildschweine, Rehe, Affen, Waldhühner und anderes Getier aus dem Haus und legten alles vor den herumsitzenden Gästen auf den Boden. Man ließ sich nicht lange bitten. Von allen Seiten krachten die Hiebe der Buschmesser, mit denen die Männer die gebratenen Tiere zerlegten. Auch an Zugemüse fehlte es nicht: in der Asche gebackene Yuca- und Yamswurzeln, in großen Blättern gedünsteter Mais- und Yucabrei und dergleichen.
„Doktor, essen Sie gern Nambú?" Jabirú's Augen glänzten trunken.
„*Está bom*", ermunterte Regino. Und wir aßen zusammen ein Nambú, ein Waldhuhn, dessen Fleisch besonders zart und schmackhaft ist. Als das Bankett zu Ende ging, war es schon dunkel geworden. Die Gastgeber räumten die Reste des Schmauses beiseite. Leises Knacken und Schmatzen verriet, daß die Hunde sich über die Knochen hermachten. Aus dem nächtlichen Walde ertönte kräftiges Tuten.
„Sie stimmen die Instrumente", wandte sich Regino mir zu.
„Instrumente?"
„Ja, Bambusröhren, daran schneiden sie herum, bis sie den rechten Ton haben."
Es dauerte noch geraume Zeit, bis die Musikanten mit ihren Instrumenten zufrieden waren. In der Mitte des kleinen Platzes wurde eine lange Stange in den Boden gesteckt und die zarten, weißlichen Herzblätter einer Palme darangebunden.
Die Gäste hatten sich erneut der Chicha zugewandt. Unaufhörlich eilten die Indianer, die geleerten Kürbisschalen in der großen, schwach erleuchteten Hütte wieder aufzufüllen.
„Hören Sie", fragte Regino, „nun geht's erst richtig los. Da kotzt schon

einer. Das gehört hier zu jedem Fest: trinken, erbrechen, trinken, erbrechen und so weiter bis zum Morgen. Wenn keine Chicha mehr da ist, dann erbrechen sie manchmal in die Schale und trinken dieselbe Chicha zwei-, dreimal."

Zu dem Trunkenen, der sich eben erleichtert hatte, trat eine andere Gestalt und reichte ihm eine große Kalebasse. Er nahm sie in beide Hände und leerte sie mit einem Zug. Die beiden lachten, legten sich die Arme um den Nacken und verschwanden im Haus.

Inzwischen war der Mond aufgegangen. Die Musikanten hatten sich zu einem Kreis versammelt. Hinter ihnen stellten sich die andern Indianer auf. Jeder trug eine Waffe: Jagdflinte, Pfeile und Bogen oder eine lange, zweischneidige Espada aus schwarzem Palmholz. Die freie Hand legten sie auf die Schulter des Vorder- oder Nebenmannes.

Nun setzte in kurzen Stößen die Musik ein. Die Musikanten und Tänzer begannen im Takt der Melodie vorwärts und rückwärts zu schreiten, drei Schritte nach innen, auf die Stange mit den Palmenblättern zu, und drei Schritte zurück nach außen. Beim dritten Schritt nach vorn stampften die Tänzer mit dem rechten Fuß hart auf den Boden. Immerfort wiederholten sie die gleichen Schritte, und ununterbrochen ertönte die Blasmusik. Langsam bewegte sich der Reigen im Kreis herum. Bald schloß sich der Ring, bald schien er sich in faszinierendem Rhythmus aufzulösen.

Schließlich ermüdeten die Bläser und endeten mit einer eigentümlichen Kadenz.

„Hü-uuuuh . . .", brüllten alle und blieben stehen. Neue Chicha wurde herbeigeschafft, Bläser und Tänzer tranken. Tranken und beugten sich dann gelegentlich etwas zur Seite.

Von neuem begann der Tanz. Die Frauen hatten bisher nur mit starren Augen zugeschaut. Nun erhoben sie sich, hängten ihre Säuglinge an die Seite und tanzten mit.

Die Tupari standen noch immer abseits und sahen dem Schauspiel aus der Ferne zu. Dann und wann kam ein Makuráp oder Aruá und bot ihnen eine Schale Chicha zu trinken. Auf die Dauer jedoch konnten die Burschen der Versuchung nicht widerstehen. Sie schlossen sich den Tänzern an, und ihre nackten, in raschem Rhythmus vor- und rückwärts schreitenden Körper ließen das Bild des immer lauter werdenden Festbetriebes noch wilder und ursprünglicher erscheinen. Die Alten aber blieben stehen. Nur wenn ich sie ansprach, versuchten sie zu lächeln. Was mochte sie nur so nachdenklich stimmen?

Ich wurde müde und legte mich in einem der kleinen Nebengebäude in eine Hängematte. Als ich wieder erwachte, war der Mond untergegangen.

Auf dem Platze brannten qualmend Stücke von rohem Gummi, mit denen die Caboclos und die Zivilisierten ihre Hütten beleuchteten, wenn kein Petroleum zu haben war. Das Tanzen, Singen und Musizieren, Trinken und Erbrechen, Lachen und Schreien dauerte noch immer an.

Erst als es tagte und die Sonne die Wipfel der hohen Bäume beschien, wurde der Kreis der Tänzer kleiner. Die Musikanten warfen die Bambustrompeten in die Mitte des Platzes, leerten die letzten Schalen des rohen Bieres und schickten sich an, mit Weibern und Kindern den Heimweg anzutreten.

Im Wohnhaus waren inzwischen die Enten erwacht. Vergnügt schnatterten sie herum und tranken eifrig aus den großen Pfützen erbrochener Chicha, durch welche die letzten Gäste bis zu den Knöcheln wateten.

Übernächtig, mit schweren Augenlidern, fuhren wir zum Barracão von São Luis zurück. In einer scharfen Biegung des Flusses brachten die Ruderer den mit Weibern und Kindern schwer überladenen Einbaum fast zum Kentern. Einen Augenblick schreckten sie aus dem Halbschlaf auf. Als aber die Gefahr vorüber war, brachen sie in trunkenes Lachen aus und ruderten dann in stumpfem Rhythmus weiter. —

Diese drei Wochen, die ich in São Luis verbrachte, gaben mir also einen kleinen Vorgeschmack von dem, was mich bei den Tupari erwartete und gleichzeitig ein Bild, wie sich in einem solchen Kampament das Indianische und die letzten Ausstrahlungen der abendländischen Zivilisation vermischen.

Da waren einerseits die Tupari-Indianer, die in acht Tagereisen durch den Urwald hierher gekommen waren. Vor etwa zwanzig Jahren hatten sie den ersten Weißen gesehen. Damals arbeiteten sie noch mit Steinbeilen und kannten kein Eisen, kein Glas und verstanden nicht, was die weißen Männer von ihnen wollten. Auch heute führten sie nach wie vor ihr eigenes Leben weiter, frei und ungestört.

Die anderen indianischen Arbeiter, die Makuráp, Jabutí, Aruá und wie sie alle hießen, waren hingegen schon größtenteils zu Hörigen der Zivilisierten geworden. Aus dem Amazonas, aus Pará, aus Ceará, aus Rio de Janeiro, von Bolivien und Peru waren Männer gekommen, um hier ihr Glück zu machen. Sie waren Fremde im alten Indianerland. Aber sie beherrschten die Situation ganz und gar. Die Caboclos, die Söhne dieser Wälder, waren die Unterlegenen in einem friedlich aussehenden, aber schonungslosen Kampf.

Doch zurück zu den Tupari! Langsam aber beständig gingen sie ihrer Arbeit nach, schleppten unter Leitung des Senhor Regino schwere Balken und Pfosten herbei, richteten das Gerüst des Farinha-Hauses auf und holten aus dem Wald Berge von Palmblättern, um damit das neue Gebäude zu decken.

Mit alten Hacken und Buschmessern jäteten sie das Unkraut auf einem wüst überwucherten Mandiokfeld, klagten den ganzen Tag über Hunger und die zahllosen Moskitos, die sie in der Nacht nicht schlafen ließen, und beteuerten mir unermüdlich, wie schön es dagegen bei ihnen zu Hause sei: jeden Tag frische Chicha, Erdnüsse, viele Arten schmackhafter Wurzelknollen und zum Jagen zahllose Affen und andere Tiere. Kurzum, das Leben bei den Weißen schien ihnen eine Hölle, die sie nur aushielten, um eine Axt oder ein Buschmesser zu erhalten. Daheim in ihrer Maloca aber war der Himmel auf Erden.

Der Morgen des 13. Juni war kaum angebrochen, da sammelten sich die Tupari im Verwaltungsgebäude. Sie hatten ihre Arbeit vollendet und waren marschbereit. Jeder trug seine Hängematte zusammengerollt um den Kopf gehängt. In der Hand hielten sie einen aus Palmblättern geflochtenen Korb, um darin den erwarteten „Zahltag" zu verstauen. Einige hatten in große Blätter irgendeine kleine Wegzehrung gewickelt oder trugen ein paar Maiskolben an Baststreifen gebunden.

Angele hatte diesem Tag mit Bangen entgegengesehen. Die Indianer waren mit den vorgesehenen Arbeiten zwar langsam, aber doch zu seiner Zufriedenheit fertig geworden. Und nun fand sich auf den leeren Ladengestellen nichts, womit er die mehrwöchige Arbeit einigermaßen gerecht hätte entlohnen können, mochte man den Tagesverdienst auch noch so niedrig ansetzen. Der Patron war noch nicht gekommen, und es bedrückte den ehrlichen Schwaben, die armen Kerle mit leeren Händen fortzuschicken. Aber es blieb nichts anderes übrig. Er verteilte, was im Laden an armseligen Resten aufzutreiben war: ein wenig Tabak und Zigarettenpapier, ein paar Schachteln Streichhölzer und für jeden ein paar Pfund Salz. Nur drei oder vier der Indianer, darunter der Häuptling Kuarumä und sein kecker Sohn Curumí erhielten eine Axt, — das Kostbarste, was man diesen „Wilden" geben konnte.

Mit trüber Miene nahmen die Tupari den schmalen Lohn entgegen, und ich überlegte, wie ich es bei dieser miesen Stimmung wohl am geschicktesten anfinge, mein Gepäck auf die zwanzig Männer zu verteilen. Als ich mich aber nach ihnen umschaute, waren sie wie vom Erdboden verschwunden. Nur drei oder vier standen noch mit traurigen Gesichtern da. *„Embora ... maloca ..."*, *„fort ... Maloca ..."*, sagten sie und zeigten in den Wald. Ihre Gefährten hatten mich samt und sonders sitzen lassen und waren durchgebrannt.

Jetzt war ich ernstlich in der Klemme. Was sollte ich ohne Träger und Führer beginnen? Angele konnte keine Caboclos entbehren und auch keine andern Arbeiter. Alles war mit den Vorbereitungen für die Gummiernte beschäftigt. Du lieber Himmel! Wie elend und verlassen kam ich mir an diesem Sonntagmorgen vor!

„Sie hätten nichts austeilen sollen, bevor jeder seine Last auf dem Rücken hatte!" mischte sich die kleine Köchin ein.

Aber Angele schnitt ihr das Wort ab. Vor dem Barracão scharrten ungeduldig die vier Maulesel. Sie sollten heute Lebensmittel in einige Gummiparzellen bringen, die an meinem Weg lagen.

„Die Tupari werden die erste Nacht bei André schlafen? Nicht wahr?" fragte er Alfredo, der ratlos daneben stand.

„Sim, senhor!"

„Gut, dann laden wir das Gepäck des Doktors auf die Burros. Spätestens bei André holt ihr die Tupari ein."

Erleichtert drückte ich dem hilfsbereiten Verwalter die Hand.

„Viel Glück und auf Wiedersehen", sagte er. Und dann trat ich den Marsch in den Urwald an. Curumí lud sein Bündel auf und trabte hinter mir drein.

„Kommst du wirklich ganz allein in unsere Maloca?" fragte er ungläubig.

„Ja, ganz allein! Warum frägst du?"

Der Bursche runzelte die Stirn, sagte aber weiter nichts.

Beim Massenmörder zu Gast

Schon nach einer halben Stunde holten wir die Tupari ein. Sie hockten auf einer kleinen Lichtung am Wege und schauten mir freundlich entgegen, als wäre nichts geschehen. Offenbar hatten sie damit gerechnet, daß die Maulesel mein Gepäck ein Stück weit schleppen würden, wenn sie sich nur rechtzeitig aus dem Staube machten.

Gemeinsam setzten wir den Marsch fort. Zwei Gummisammler, junge Brasilianer mit kranken, verlebten Gesichtern, schlossen sich an. Sie arbeiteten in einer Colocação, die wir am nächsten Tag erreichen sollten.

„Der Doktor geht also zu den Tupari?" fragten sie mich. „Haben Sie denn keine Angst?"

„Warum Angst? Die Tupari sind doch gute Kerle. Früheren Besuchern haben sie auch nichts getan!"

„Die waren aber nie allein. Bei den Indianern weiß man nie, woran man ist", meinten sie. „Geht man zu zweit oder zu dritt, dann haben sie schon mehr Respekt. Aber so allein ... da werden sie gar zu leicht mit einem fertig!"

— Wir folgten dem schmalen Pfad und schwiegen eine Weile.

„Was wollen Sie eigentlich bei den Indianern?" nahm einer der Gummisammler das Gespräch wieder auf.

„Ihr Leben studieren", antwortete ich.

„Das Leben der Indianer studieren? Was verdienen Sie denn damit?" wollte er wissen.

„Verdienen? Sicher nichts!" gab ich zur Antwort, bemerkte aber gleich, daß ich mich damit in den Augen dieser Leute sehr herabsetzte. Ein Mensch, der sich solchen Strapazen und Gefahren aussetzt, ohne dabei ein Vermögen zu erwerben, mußte schon ein ganz großer Tölpel sein!

„Vielleicht werde ich nachher ein Buch schreiben oder etwas für eine Zeitung", beeilte ich mich deshalb hinzuzufügen. Das leuchtete ihnen ein.

„Bei den Tupari gibt es viele Weiber", begann nun der zweite meiner Begleiter. „Sie werden sehen, wenn Sie zur Maloca kommen, gibt Ihnen der Häuptling gleich eine Frau oder zwei!" Aus seiner Stimme klang unverhohlener Neid.

„Aber Sie müssen sehr vorsichtig sein, die Indianer legen rings um ihre Maloca herum eine Menge von Fußangeln und Fallgruben. Wer sich nicht auskennt und hineinläuft, bleibt drinnen."

Dann wußte er noch vieles zu erzählen von heimtückischen Überfällen, vergifteten Pfeilen, Speisen und Getränken und von den Zaubermitteln der Medizinmänner, der „Doktoren".

„Bist du schon einmal in einer Maloca gewesen?" fragte ich ihn.

„Nein, ich selber nicht, aber einer meiner besten Freunde hat mir erzählt ..."

So wanderten wir durch die bewaldeten Ebenen oder keuchten einen steilen Hügel hinauf.

„Diese Nacht schlafen wir alle zusammen bei André, nicht wahr?" wandte ich mich wieder an die beiden.

„Ja, bei André", bestätigten sie. „Auch die Maulesel werden dort nächtigen."

André! Wie oft hatte ich in São Luis seinen Namen gehört. Es waren gruselige Geschichten, die man von ihm erzählte. Er war der Sohn eines Makuráp und einer Jabutí. Diese beiden Nachbarstämme mochten schon lange vor der Ankunft der Weißen untereinander geheiratet haben. Heute war ihre Verschmelzung weit vorgeschritten. Aber die Mischlinge hielten sehr darauf, als Makuráp zu gelten. Die Jabutí waren zwar stolze Kerle, wie ich noch sehen sollte, am Rio Branco wurden sie jedoch als eine Art zweitrangiger Indianer angesehen. Warum weiß ich nicht.

Ich habe auch nicht erfahren, ob André seine Kindheit in einer freien Maloca verbrachte oder ob er bei den Gummisammlern aufwuchs. Jedenfalls kam er früh nach São Luis und arbeitete dort mit den Weißen.

Damals kaufte Senhor R., ein ehemaliger Beamter des Indianerschutzdienstes, die ungeheuren Wälder des Rio Branco mitsamt dem Barracão São Luis und allem, was dazu gehörte. Er wohnte mit seiner Familie in Guajará und fand kein Gefallen daran, sein weltentlegenes Besitztum selbst zu verwalten, obwohl oder vielleicht gerade weil er sein halbes Leben als Begleiter des berühmten General Rondón auf kühnen Expeditionen im Matto Grosso verbracht hatte. Er begnügte sich vielmehr damit, jedes Jahr einmal mit dem Motorboot nach São Luis zu fahren, Gummiballen, Kautschuk, Paranüsse, Ipeca-Wurzeln, Reis, Erdnüsse und Farinha in großen Schleppkähnen abzuholen und ein paar Kisten und Ballen mit Stoffen, Werkzeugen und allerlei Kleinkram als Entgelt an die Caboclos zu verteilen.

Der erste Verwalter, den Senhor R. nach São Luis setzte, war ein Bolivianer. Der kannte sich in solchen Betrieben aus und glaubte auch zu wissen, wie man mit Indianern umzugehen habe. Das Regiment, das er in São Luis führte, spottet aller Beschreibung. Ich weiß, wie wenig man sich darauf verlassen kann, was in diesen einsamen Gegenden gelangweilte und übertreibungslustige Leute nur allzugern erzählen. Über diesen Sklavenhalter haben mich aber unverdächtige Zeugen von Dingen unterrichtet, derer sie sich selbst schämten.

Früh am Morgen ließ dieser Verwalter die Indianer antreten und verteilte die Arbeit. Wer am Abend sein Pensum nicht erfüllt oder sich sonst irgendwie nicht zur Zufriedenheit aufgeführt hatte, wurde gefesselt, eingesperrt und unbarmherzig ausgepeitscht. Mit ihren Frauen und Töchtern sprang der Bolivianer um, schlimmer als ein Sultan mit seinen Untertanen. Er hatte zwar Frau und Kind. Gleichwohl holte er sich die Indianerinnen, die ihm gefielen, vergnügte sich mit ihnen und übergab sie auch nach Gutdünken seinen weißen und schwarzen Dienstleuten.

Und die Indianer? Die stolzen Rothäute? Sie ließen sich alles gefallen. Der weiße Mann hatte schon gezeigt, daß er der stärkere war. Brachte er nicht die eisernen Werkzeuge, die schönen Stoffe für Hosen, Hemden und Röcke, die Kämme und Spiegel, wohlriechendes Haaröl und feine Seife? War er nicht im Besitz der Feuerwaffen, gegen die Pfeil und Bogen sich ausnahmen wie Kinderspielzeug? Beherrschte er nicht alle Flüsse weit und breit mit seinen Motorbooten und Dampfschiffen? Und wie dreist trat er auf, selbst da, wo er einer großen Überzahl von Indianern gegenüberstand! Sprach nicht der schäbigste unter diesen weißen und schwarzen Fremdlingen mit dem Stolz und der Sicherheit eines Häuptlings?

Nur zu gut verstanden die Weißen, dieses Gefühl der Unterlegenheit der Indianer zu bestärken und auszunutzen. Noch vor nicht allzulanger Zeit war es Brauch unter den Gewalthabern des Amazonas, sich eine eigene Leibwache zu halten, die man „Capangas" nannte. Ohne diese Privatpolizei wäre in der Tat in den Kampamenten der Gummisammler kein Warenlager, kein Geldschrank und keine Frau sicher gewesen. Denn es wimmelte von Abenteurern und entlaufenen Sträflingen, und die Staatspolizei befand sich hunderte von Kilometern entfernt. So suchte jeder Gummibaron aus seiner Belegschaft die verwegensten Burschen und besten Schützen heraus und gab ihnen gegen gute Bezahlung eine neue und vergnügliche Aufgabe: nämlich ihn und seinen Barracão gegen Diebe und Räuber zu schützen. Und gelegentlich wurden diese Büttel auch zu besonderen geheimen Säuberungsaktionen aufgeboten. Immer wieder gab es mißliebige Nachbarn und Konkurrenten, die man sich vom Halse schaffen wollte. Oder ein tüchtiger Gummisammler kam in das Kontor und wollte nach Jahren harter Arbeit sein großes Guthaben einkassieren. Auch er mußte von der Erdoberfläche verschwinden. Dann revoltierten widerspenstige Indianer und wollten sich nicht zur Sklavenarbeit bequemen. An ihnen mußte gelegentlich ein Exempel statuiert werden, mochte dabei auch der eine und andere unter der Peitsche verrecken, wenn nur die rebellischen Genossen wieder Vernunft annahmen.

All das besorgten willig und gern die Capangas. Das war ein offenes Geheimnis am Amazonas und für jeden anständigen Südamerikaner ein Greuel. Dem Verwalter von São Luis aber schwebten die Gewaltherren als leuchtendes Beispiel vor Augen. Auch er bildete sich eine kleine Gruppe von Capangas heran, mit denen er die Bewohner der Branco-Wälder terrorisierte. „Seine" Indianer wollte er dressieren. Gehorsam wie Esel sollten sie arbeiten und zahm wie die Hunde aus seiner Hand fressen. Floh einer der Gepeinigten in die Maloca zurück, dann zogen die Capangas hinter ihm her. Und wo gäbe es nicht Verräter, die aus Angst oder in der Hoffnung auf guten Lohn einen Stammesbruder auslieferten?

Das war das neue Regiment am Rio Branco, wo bisher Weiße und Indianer friedlich miteinander gearbeitet hatten. Aber der Krug geht zum Brunnen bis er bricht.

Eines Tages sollte der junge André gefesselt und bestraft werden. Ich weiß nicht, welches Vergehen man ihm vorwarf. André kannte schon die Knute des Bolivianers.

„Einmal und nicht wieder", dachte er und kniff aus. Der Verwalter lachte.
Er würde den rebellischen Burschen bald erwischen!
Er hatte recht. In einer einsamen Maloca überraschten die Capangas den
flüchtigen André und banden ihn an einen Pfosten. Am nächsten Morgen
wollten sie mit dem Gefangenen den Marsch nach São Luis antreten. Sie
machten kein Hehl daraus, was den jungen Indianer erwartete und lachten bei dem Gedanken, wie er sich unter den Peitschenhieben krümmen
und wie er winseln und stöhnen würde.
Sie waren zu viert, und André konnte ihnen nicht mehr entwischen. Zwei
von ihnen gingen in den Wald, um sich nach Wild umzusehen. Die andern
blieben als Wache zurück. Sie spannten ihre Hängematten auf, der Marsch
hatte sie müde gemacht. Morgen ging die Schinderei von neuem los, und
alles wegen diesem verdammten Caboclo!
Die Müdigkeit übermannte die beiden. Sie schliefen ein.
Ein Indianerjunge hockte in der Hütte. André rief ihn leise heran:
„Schnell! Losbinden!"
Der Junge gehorchte. Kein Erwachsener hätte das gewagt. Die Furcht vor
den Weißen war zu groß. Aber das Kind knüpfte mühsam die Fesseln
auf. Es schaffte es, bevor die bösen Fremdlinge erwachten. André war
frei!
Was nun? Er überlegte nicht lange. Da lag eine Axt am Boden. André
packte sie und betrachtete einen Augenblick die dösenden Schläfer. Dann
holte er zum Schlage aus und spaltete dem nächstliegenden den Schädel.
Sein Genosse war erwacht und starrte auf die Szene. Doch bevor er begriff,
was vor sich ging, stand André neben ihm. Zum zweitenmal sauste die
Axt nieder, und blutüberströmt sank der zweite Scherge in seine Hängematte zurück, ohne einen Laut von sich zu geben.
Noch fehlten die Jäger. André hatte längst gelernt, mit den Feuerwaffen
der Weißen umzugehen. Er war ein ausgezeichneter Schütze. Mit den ge-
ladenen Winchesterbüchsen der Erschlagenen legte er sich auf die Lauer.
Als die Capangas sich ahnungslos der Hütte näherten, krachten zwei
Schüsse, und beide fielen tot zu Boden.
Nun galt es, aufs Ganze zu gehen. Konnte es Frieden und Ruhe geben,
solange der Verwalter im Barracão noch lebte?
André schlich nach São Luis zurück und suchte Bundesgenossen. Allein
schaffte er es nicht, doch fand er willige Helfer. Einer von ihnen war
Alfredo. Auch er hatte die Peitsche des Verwalters schon zu spüren bekommen. Zu dritt pirschten sie sich in den Barracão. Sie brauchten nicht
erst die Nacht abzuwarten. Der Bolivianer und seine Leute hielten Mittags-
ruhe. In der drückenden Hitze war an arbeiten nicht zu denken. Die

Indianer schlichen in das Zimmer des Verwalters. Da lag er schlafend neben seiner Frau. Wieder krachten zwei Schüsse.

Auch die Angestellten, die herbeistürzten, brachen unter den Schüssen der Verschworenen zusammen. Aber erst nachdem sie den wimmernden Säugling aus den Armen der gemordeten Verwaltersfrau gerissen und den Kaimanen zum Fraß lebend in den Fluß geworfen hatten und als in dem Barracão kein Weißer mehr am Leben war, gaben sich die Indianer zufrieden und verzogen sich in eine Maloca. Da warteten sie ruhig ab, was nun weiter geschehen würde.

Nur zwei „Zivilisierte" entkamen dem Blutbad. Mit einem von ihnen habe ich oft geplaudert. Ein alter, halbblinder Neger mit weißem Kraushaar, der heute in São Luis das Gnadenbrot ißt.

„Ein verdammtes Glück habe ich damals gehabt", schmunzelte er mit zahnlosem Mund. „Ich war gerade für ein paar Wochen weiter oben am Fluß in einer Colocação und sammelte mit einem Camarada Paranüsse. Da kommt eines Tages ein Caboclo aus São Luis und erzählt, der André habe den Verwalter und alle Civiliçados umgebracht. Wir lachten. ‚Gerüchte', sagten wir, ‚wir kennen dieses Indianergeschwätz!'

Der Caboclo war beleidigt. ‚Es ist wahr', sagte er, ‚und wenn der Fluß an dem Tage nicht so hoch gegangen wäre, dann wäret ihr zwei jetzt auch tot. André wollte auch euch kaputtmachen. Aber die Strömung war zu stark, um heraufzukommen.'

Zuerst glaubten wir dem Caboclo kein Wort. Dann fuhren wir endlich doch nach São Luis, um zu sehen, was da los war. Aber dort gab es keinen Verwalter mehr und überhaupt keine Civiliçados. Etwa ein Dutzend Leute hatten die Teufel umgebracht. Das fuhr uns gewaltig in die Glieder. Und wie vom Satan gehetzt ruderten wir zur Mündung. Nach ein paar Tagen kam der Postdampfer. Wir schickten einen Brief an den Patron in Guajará und suchten Arbeit an einem andern Ort."

In Guajará überlegte man sich, was in einem solchen Falle zu tun sei. Sollte das ganze einträgliche Branco-Gebiet seinem Besitzer verloren gehen und den Mördern überlassen werden? Konnte das nicht der Beginn einer landesweiten Rebellion der Indianer sein? Die Feinde des staatlichen Indianerschutzdienstes und der Missionäre triumphierten. Da hatte man den Dank der lieben, guten Indianer, die der General Rondón und seine sentimentalen Freunde beschützen und verzärteln wollten! riefen sie. „Gemeine, hinterlistige Bestien sind diese Wilden", sagten sie, „da hilft nur ein Mittel: die Kugel!"

Dem Besitzer von São Luis mochte allerdings schwanen, daß in seinem fernen Reiche manches vor sich gegangen war, wovon er nichts wußte.

Der Kommissar in Guajará ordnete eine Polizeitruppe ab. Aber niemand wagte den Schreckensort zu betreten. Zu viele Weiße waren den Pfeilen der Indianer schon erlegen, und die Caboclos am Rio Branco wußten gar mit Gewehren umzugehen.

Da entsann man sich des Senhor Regino. Viele Jahre hatte er in São Luis gearbeitet. Aber mit dem neuen Verwalter war er nicht zurechtgekommen und hatte an einem andern Flusse sein Auskommen gesucht. An ihn wandte man sich. Denn man wußte ihn gut Freund mit den Indianern. Nur er konnte den Frieden vermitteln.

Ganz allein landete Regino in São Luis. Die Polizeikommission kam vorsichtig hinten drein, bis an die Zähne bewaffnet.

Wie die Verhandlungen vor sich gingen, habe ich nicht erfahren. Der Friede wurde aber geschlossen und die Indianer nicht bestraft. Man begnügte sich mit dem Versprechen, „sie würden es nicht wieder tun".

Sie taten es auch nicht wieder. Denn jetzt war in São Luis die Zeit vorbei, wo mit der Peitsche geknallt und Capangas ausgeschickt wurden.

Das war die Geschichte André's, bei dem wir übernachten wollten. Ich war gespannt, ihn kennen zu lernen und fragte meine Begleiter, was für ein Mensch dieser Massenmörder sei.

„Er ist ein guter Caboclo", antworteten sie. „Immer hat er viel zu essen, wenn man in seine Hütte kommt. Und ein guter Gummisammler ist er auch. Er hat mit seinem Bruder den meisten Gummi abgeliefert im letzten Fábrico."

Wir kamen an einen kleinen Bach und balancierten über den Baumstamm, der als Brücke darüber gefällt worden war. Das Ufer und der Pfad, der uns weiterführte, waren stark ausgetreten.

„Hier holen André's Frauen das Wasser", erklärten die Brasilianer.

Bald gelangten wir zu einer kleinen Lichtung. Vor uns erhob sich eine große Hütte, deren Palmblätterdach bis auf den Boden reichte. Ein paar Tupari standen wartend davor. Ich sollte als erster eintreten.

Ich schlüpfte durch die niedrige Tür. Es dauerte jedoch eine gute Weile, bis sich meine Augen an das Halbdunkel gewöhnt hatten. Dann unterschied ich einen nackten Mann, der auf einem Schemel saß.

„Das ist André", raunte mir ein junger Tupari zu. Ich trat zu dem Mann und streckte ihm die Hand hin.

„*Bôa tarde*", grüßte ich. Er gab mir die Hand, sagte aber kein Wort und sah mich nicht an.

„Ein sonderbarer Geselle", dachte ich, „ist er wütend über unsern Besuch, oder er ist wohl immer so schlechter Laune?"

Ich schaute mich weiter um und entdeckte tief im Innern drei nackte
Weiber. Eine schaukelte sich in der Hängematte und hielt einen Säugling
im Arm. Die beiden andern hockten an kleinen Feuern und rührten in
irdenen Kochtöpfen. Sie schienen uns nicht zu bemerken.
Es war das erstemal, daß ich einen Blick in das Familienleben nackter
Indianer werfen konnte, und meine Neugierde war dementsprechend.
Nach einer Weile erhob sich André plötzlich und verschwand. Bald tauchte
er wieder auf. Er hatte eine Hose angezogen.
„Kommst du von São Luis?" fragte er nun auf portugiesisch und faßte
mich scharf ins Auge.
„Von São Luis", bestätigte ich ihm.
„Ist der Alemão dort?" fragte er weiter.
„Er ist noch dort", erwiderte ich, „aber er fährt bald nach Guajará, um
Waren zu holen. Der Patron ist noch nicht angekommen."
„Es ist gut, daß der Alemão nach Guajará fährt", fuhr der Indianer
ernsthaft fort. „Wir haben keine Kleider und nichts mehr. Hast du keine
Hemden mitgebracht?"
„Hemden?" sagte ich. „Nein, Hemden leider nicht."
„Aber Nadeln und Faden?" fragte André. Sein Gesicht verriet, daß ihn
eine abschlägige Antwort nicht erstaunt hätte.
„Nadeln und Faden habe ich. Ich werde sie nachher auspacken."
„Und kleine Spiegel?" Seine mongolischen Augen forschten weiter in
meinem Gesicht. „Meine Frauen haben keine Spiegel", drängte er.
„Spiegelchen habe ich auch, ich werde dir zwei geben."
— André schien sehr zufrieden. War das der Massenmörder, vor dem
die Polizei des ganzen Distriktes gezittert hatte?
Nun holte er zwei kleine Schemel herbei. Wir setzten uns und plauderten
über dieses und jenes. Die schlechte Stimmung schien meinem seltsamen
Gastgeber plötzlich vergangen zu sein. Ein Indianer in Hemd und Hose
trat in die Hütte mit einer Flinte in der Hand. André rief ihn herbei.
„Grüße den Senhor!" befahl er in herrischem Ton. — „Das ist mein
Bruder", wandte er sich dann zu mir. Eine der drei Frauen erhob sich,
holte ein Kleid und schlüpfte hinein.
Noch ein Indianer erschien, völlig nackt, von dem kleinen Penisblatt
abgesehen. Er grüßte mich nicht, schien mich überhaupt nicht zu bemerken
und setzte sich auf einen Schemel. Die nackte Frau mit dem Säugling
kroch aus der Hängematte und hockte sich vor mich auf den Boden.
„Das ist ein Doktor", sagte André leise. „Er ist von einer Jabutí-Maloca
herübergekommen. Mein Kind ist sehr krank."
Er war wieder ganz ernst geworden und sah aufmerksam zu der kleinen

Gruppe hinüber. Der Zauberdoktor begann seltsame Gebärden auszuführen. Er fuhr mit beiden Armen in der Luft herum, strich mit den Händen über das Kleine, dann wieder über seinen eigenen Leib, hauchte und fauchte dazu und saugte am Körper des kleinen Patienten. Dann winkte er André.

„Bleib hier und rühr dich nicht", befahl mir dieser barsch, erhob sich und setzte sich neben seine Frau, die mit bewegungslosem Gesicht zum Säugling auf ihren nackten Schenkeln niederschaute. Der Zauberer führte nun die gleichen magischen Bewegungen auch über dem Körper des Vaters aus. André ließ alles mit starrer Miene über sich ergehen.

Dann kam er zu mir zurück. Er war wieder freundlicher.

„Hast du eine Medizin für mein Kind?" fragte er mich.

„Was fehlt ihm denn?"

Es folgte eine lange Erklärung, aus der ich aber nicht im geringsten klug wurde. Schließlich gab ich ihm Aspirin. André kannte die Tabletten und ihre Dosierung.

„Was sind das für Wurzeln, die da über der Tür hängen?" fragte ich ihn. Sein Gesicht verfinsterte sich.

„Das ist das Gift, das mir ein Jabutí in der Chicha zu trinken gab", antwortete er. „Er wollte mich umbringen. Lange Zeit hatte ich furchtbares Bauchweh. Dann hat mir dieser Zauberer die Wurzeln aus dem Bauch geholt ... so ...", er ahmte das Saugen des Zauberers nach. „Jetzt bin ich beinahe wieder gesund. Ohne den Doktor wäre ich gestorben."

Er stand auf und ging zu einem Koffer, der auf einem Gestell lag. Mit einer Brieftasche in der Hand kam er zurück und faltete ein Stück Papier auseinander. Mit lauerndem Blick reichte er mir den Zettel. Es war ein Schreiben des Verwalters von São Luis, daß André so und so viel Kilo Gummi abgeliefert hatte und nach Abzug der ausgehändigten Waren noch ein Saldo von 1200 Cruzeiros zugut hatte.

André war Analphabet. Ich las ihm den Text vor. Er strahlte, faltete den Schein wieder zusammen und steckte ihn in die Brieftasche zurück. Dann klaubte er zwei Photos hervor. Der Journalist S. aus Buenos Aires hatte sie gemacht, an Ort und Stelle entwickelt und kopiert. Eines der Bilder zeigte André im Federschmuck, das andere die Frau des Journalisten, soweit ersichtlich, splitternackt in einer Hängematte. Sie selbst habe es André zum Andenken hinterlassen, erzählte er mir.

Es war Abend geworden. Wir traten vor die Hütte. Auf dem kleinen Platz hockten die Tupari. Sie waren auf André's Felder gegangen und hatten Maiskolben und Papaya-Früchte gebracht. Der Tropeiro war mit den Mauleseln gekommen und trug mein Gepäck in die Hütte.

...n Tage Ruderfahrt vom Rio Guaporé nach São Luis.

...tes Zusammentreffen mit den nackten Tupari. Bei den Weißen hoffen sie eine ... oder ein Messer zu verdienen.

Einer der letzten Arikapú.

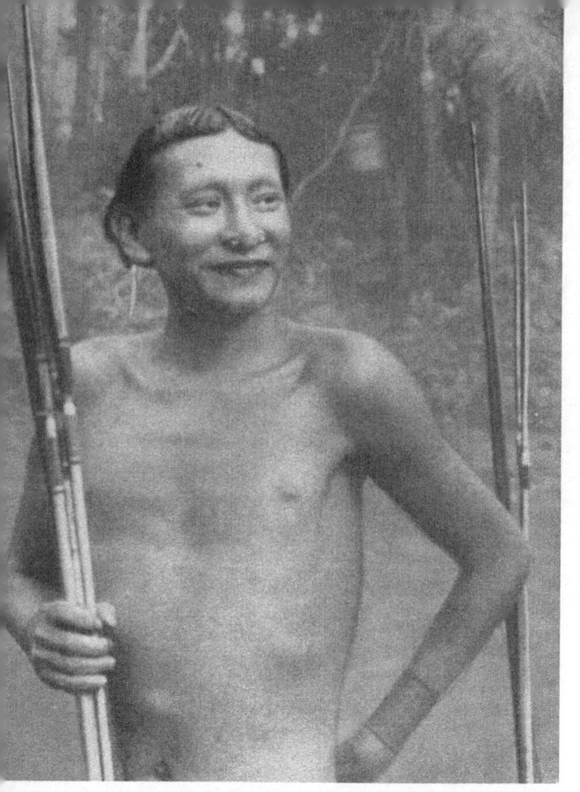

Junge Jabutí-Indianer. Tagela wandern wir durch das Jag gebiet ihres Stammes.

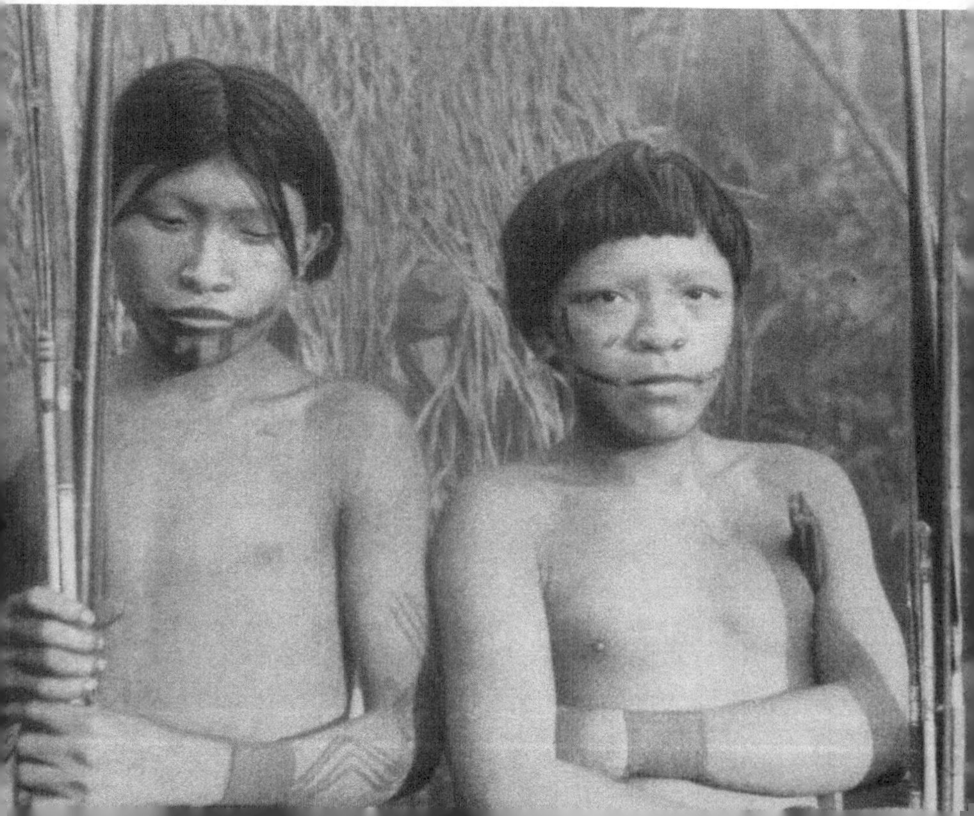

Ein eifriges Treiben begann. André und sein Bruder holten eine unglaubliche Menge von Wildpret herbei. Volle Töpfe wurden in die Mitte des Platzes gestellt und geheimnisvolle Moquecas daneben gelegt. Aufmerksam schauten die Tupari und die Gummisammler zu.

„Alle Welt sagt, der André sei ein miserabler Kerl und gebe seinen Gästen nichts zu essen", sagte André. Ein klassisches ‚fishing for compliments'! Die Gummiarbeiter, die ihn schon lange kannten, beteuerten ihm auch prompt, er sei ein besonders tüchtiger Arbeiter und Jäger und der gastfreundlichste Mann weit und breit.

André strahlte. Er brachte ein Schemelchen herbei und lud mich zum Sitzen ein. Mit der zuvorkommenden Geste eines weltgewandten Gastgebers stellte er einen irdenen Teller vor mich hin und sagte:

„Hier iß . . . ich werde dann den Rest essen."

Der Teller war bis an den Rand gefüllt mit dicken, goldgelb gebratenen Würmern. Sie sahen aus wie die Engerlinge von Maikäfern.

„Guten Appetit", dachte ich, „aber einmal werde ich doch den Anfang machen müssen", streckte die Hand nach dem Teller und tat, als wäre ich in meinem Leben an nichts anderes gewöhnt gewesen. Eben wollte ich einen der Engerlinge vorsichtig anfassen, da fuhr ich erschreckt zurück. Der Wurm begann sich zu bewegen. Er reckte sich und streckte sich und zog sich wieder zusammen wie die Harmonika eines temperamentvollen Spielers.

Da packte mich ein Ekel, den keine Willensanstrengung und auch nicht das Beispiel der Indianer und Gummisammler überwinden konnte.

„Ich mag die Engerlinge auch lieber, wenn sie gut gebraten sind", grinste einer der Brasilianer. „Aber man kann sie auch lebendig essen, wenn es sein muß. Sie schmecken wie reinste Butter."

Mich schüttelte es. André war zutiefst enttäuscht, faßte sich jedoch bald und brachte mir den Oberschenkel eines Wildschweins. Die Engerlinge aß er dann selber.

Als die Nacht hereinbrach, spannten wir in der geräumigen Hütte unsere Hängematten auf.

„Es ist nicht recht, daß du zwei Frauen hast und wir guten Freunde und Nachbarn nicht einmal eine", versuchte einer der Gummisammler mit André zu scherzen. Doch seine Stimme verriet, daß es ihm ernster war, als er zugeben wollte. Die Augen des Indianers blitzten auf. Er gab jedoch keine Erwiderung, sondern lächelte nur überlegen.

Keiner würde wagen, seine Weiber anzutasten. Die Schlächterei vor Jahren war doch zu manchem gut gewesen!

Von André's Behausung führte uns ein Saumpfad noch einen halben Tag weiter in den Tropenwald hinein zur Colocação der beiden Brasilianer. Die größere der armseligen Hütten diente als Wohn- und Schlafraum. Unter einem rußgeschwärzten Schutzdach fachten die Ankömmlinge schnell ein Feuer an.

Hier mußten die Maulesel umkehren. Der Saumpfad hörte auf, und der traurige Augenblick kam, wo ich mein Gepäck auf die Rücken der Indianer laden mußte. Ich sollte die Sachen so aufteilen, daß keiner zu viel zu tragen bekäme, versuchte mir Kuarumä klarzumachen.

Mit seiner Hilfe ging ich ans Werk. Die Bündel wurden mit einem Baststreifen umschnürt, dessen Ende in eine Schlinge auslief. Diese Schlinge legten sich die Indianer um die Stirne, so daß die Hauptlast von den Nackenmuskeln getragen wurde. Jedes Bündel wurde wohl zwanzigmal aufgehoben und geprüft, ob es auch ja nicht zu schwer sei für den langen Weg. Auf keinen traf es mehr als acht oder neun Kilo, die meisten noch viel weniger. Dennoch zogen die Indianer Gesichter, als würden sie zur Galeerenstrafe verurteilt. Am liebsten hätten sie auch noch den Radioapparat in zwei oder drei Stücke zerlegt, damit er nicht zu schwer am Kopfe hinge.

Die Sonne hatte den Zenith schon überschritten, als wir uns endlich auf den Weg machten.

„Auf Wiedersehen. Und laßt's euch gut gehen", drückte ich den beiden Gummisammlern und dem Mauleseltreiber zum Abschied die Hand.

„Adeus, doutor, bôa viajem!" — „Adieu, Doktor, gute Reise!" riefen mir die letzten Vertreter der zivilisierten Welt nach. Und dann war ich allein mit den nackten Indianern.

Erst folgten wir einer säuberlich und breit ausgehauenen Estrada der Gummisammler, die von einem Gummibaum zum andern führte. Die Rinde dieser Bäume trug tiefe Rillen in V-Form eingegraben. Noch klebten daran die Reste der weißlichen Milch vom letzten Jahr. Am Boden lagen vereinzelt rostige Blechtassen, in denen während des Fábrico der Gummisaft aufgefangen wird.

Dann drangen wir auf einem kaum sichtbaren Pfad in die Wildnis ein. Mit glücklichem und doch etwas bangem Gefühl wurde mir bewußt, daß ich eine neue Welt betrat. Zum erstenmal im Leben ging ich wirklich in die ‚Fremde'. Und ich wußte nicht, ob und wann ich wieder zurückkehren würde. Tausend Fragen stürzten auf mich ein, während ich über Baum-

strünke, kriechende Schlinggewächse und versteckte Steine stolperte.
Sicher werden die Tupari mich vorerst gut aufnehmen, sagte ich mir.
Aber was für Gesichter werden sie machen, wenn sie merken, daß ich
nicht nur zu einem kurzen Besuch komme, sondern monatelang bei ihnen
bleiben will? Wird es möglich sein, zu den fernen Kuairú vorzustoßen?
Und ist etwas Wahres dran, daß die Indianer einem gern gesehenen Gast
eine Frau aufnötigen und ihn nicht mehr weglassen?
Wie mag es wohl einem einzelnen Weißen ergehen während der wilden
Trinkgelage? Und was stimmt an dem Gerede, die Tupari seien zu Hause
leidenschaftliche Menschenfresser und Mörder?
Aber bedurfte es denn blutrünstiger Mörder und Menschenfresser? Was
geschah mit mir, wenn mich ein tückisches Fieber befiel? Oder wenn
ich eine Blinddarmentzündung oder auch nur ein dummes Zahnweh
bekäme?
Und die Einsamkeit! Vor mir lagen Monate — ich wußte nicht wieviele
— die ich mutterseelenallein mit den nackten Indianern verbringen sollte.
Wohl hatte ich schon mehrere Seiten meines Notizbuches mit den Wör-
tern ihrer sonderbaren Sprache vollgeschrieben. Aber bis zu einer Verständigung war noch ein weiter Weg. Kann aber ein Mensch, der nicht
zum Eremiten geboren ist, monatelang ohne Unterhaltung mit seines-
gleichen leben? Wird mich in der Einsamkeit nicht endlich doch der
Tropenkoller befallen? Wie mancher Weiße, der eben noch gesund und
munter schien, hat sich in einem plötzlichen Tropendelirium an den
Baum gehängt oder eine Kugel durch den Kopf geschossen!
Ich dachte an einen jungen Spanier, der seinerzeit in den bolivianischen
Chinawäldern einer meiner nächsten Nachbarn gewesen war. Er ver-
waltete dort ein Kampament. Nur selten war er allein. Fast täglich bekam er Besuch von seinen Arbeitern und vorüberziehenden Maultier-
treibern. Und doch erdrückte ihn die Einsamkeit. Der Urwald mit
seinem Düster und seinen tausend geheimnisvollen Geräuschen begann
ihn zu erschrecken. Visionen von wilden Tieren und verborgenen Feinden
ängstigten ihn Tag und Nacht. Da wollte er aus der Wildnis fliehen und
in das nächste Dorf zurückkehren, das kaum drei Tage entfernt lag. Aber
er fand den Weg aus dem Wald nicht mehr. Eines Tages schnitt er sich
mit dem Küchenmesser die Kehle durch, und als er am Verbluten war,
erhängte er sich an einem Pfosten seiner Hütte.
Mit solchen Gedanken lief ich hinter meinem Vordermann her. Hügelauf
und hügelab durch waldige Ebenen, in kleine Schluchten hinunter und
dann wieder hinauf.
Nach etwa zwei Stunden gelangten wir an einen Bach. Ich setzte mich

hin, zog Schuhe und Strümpfe aus, um so durch das Wasser zu waten.

„Não, aqui dormir!" — „Nein, hier schlafen!" erklärten mir die Indianer, die neben ihren Bündeln auf dem feuchten Waldboden saßen. Mir schien, wir hätten noch ein Stück marschieren können. Aber ich merkte wohl: hier hatte ich nichts zu befehlen.

Wir spannten die Hängematten auf. Unser Schlafsaal war der Urwald. „Es wird nicht regnen", versicherte mir Curumí, der Häuptlingssohn. Ich hatte kein Zelt, und eine Schutzhütte zu bauen wäre unnütze Arbeit gewesen. Über uns wölbte sich das dichte Blätterdach des Waldes. Nur hier und dort guckte der blaue Himmel hindurch. Wenn es doch regnen sollte, rollte man eben die Hängematte zusammen und duckte sich unter einen schützenden Baumstamm, bis das Wetter vorüberging.

Meine Gefährten sammelten Reisig und trockenes Holz. Bald flackerte neben jeder Hängematte ein kleines Feuer. Vom Magen her begann sich ein Schwächegefühl in meinem Körper auszubreiten. Ich hatte Hunger.

„Werden wir kochen?" fragte ich Curumí und deutete auf meinen Aluminiumtopf.

Der junge Indianer schaute mich verwundert an.

„Kochen?" fragte er. „Wir haben doch nichts zum Kochen."

Curumí hatte recht. Wir besaßen nichts, um ein Abendessen zu bereiten. Ich hatte mein Gepäck aufs Notwendigste beschränkt und nur eine winzige Notration mitgenommen. Wo zwanzig Indianer etwas zu beißen finden, so hatte ich gedacht, da würde auch ich nicht verhungern.

— Verhungern tat ich zwar nicht auf dieser Reise. Aber hin und wieder hat mir doch der Magen geknurrt. —

„Wo ist die Farinha?" fragte Curumí. Mit Farinha und Zucker wollte er einen Chibé anrühren. Ich knabberte an den trockenen Maiskörnern und Bananenschnitten aus meinem Proviantsäcklein. Ein junger Indianer knackte mir mit seinen kräftigen Zähnen ein paar Paránüsse. Langsam wurde es finster. Ich hüllte mich in meine Decken. Die Nacht war frisch und ließ starken Tau erwarten.

Die beiden Tupari neben mir drehten sich in ihren Hängematten und schürten das Feuer, das ihre nackten Körper beleuchtete.

„Soldado-nä-än?" fragte mich einer der jungen Burschen und schaute forschend herüber. Ich verstand ihn nicht, merkte mir aber seine Frage genau. Erst viel später begriff ich, was meinen kleinen Nachbarn beschäftigte. Er fragte, ob ich ein „Soldat" sei. Die Tupari hatten in São Luis Schreckliches über die Soldaten erzählen hören. Soldaten und Polizisten waren für sie ein Stamm von wilden Kerlen, die an nichts anderes dachten als an Raub, Mord und Totschlag.

68

Als ich am Morgen erwachte, waren meine Begleiter schon munter. Sie kauerten dicht an ihren kleinen Feuern und warteten, bis die Maiskolben, die sie auf die Glut gelegt hatten, gar wurden.

„*Oka, kiora!* — Los, gehen wir!" — „*Waitó hägäd togä!* — Die Maloca von Waitó ist noch weit!"

Im Gänsemarsch folgten wir dem überwucherten Waldpfad. Ich hielt mich in der Mitte des Zuges. „Gehen Sie nie voraus und bleiben Sie nie zurück!" hatte mich einer der Gummisammler gewarnt. Er wußte wohl warum. Er hatte sich selbst einmal im Wald verloren, war drei Tage lang im Dickicht umhergeirrt und hatte drei Nächte vor Angst, Hunger und Kälte zitternd in den Ästen der Bäume zugebracht. Dann fand er endlich den Jagdpfad wieder und schleppte sich erschöpft in seine Hütte zurück. —

Plötzlich krachten zwei Schüsse.

„*Macaco preto*", bedeutete mein Hintermann. „Schwarze Affen!"

Curumí und Yübä waren mit den Flinten vorausgegangen. In São Luis hatten sie damit umzugehen gelernt. Beim nächsten Halt zeigten sie uns die Beute: jeder hatte einen schwarzen Affen erlegt.

„*E mulher* — es sind Frauen", sagte Cumurí. Die Tupari kennen nur ein Wort für ‚Frau' und ‚Tierweibchen'.

Meine Begleiter setzten sich an den Rand des Pfades. Zwei Burschen suchten dürre Palmblätter zusammen und hängten die toten Äffinnen bäuchlings an ein waagerecht niedergebogenes Bäumchen. Darunter schichteten sie die trockenen Blätter und zündeten sie an. Das Feuer loderte hoch auf und versengte die langen schwarzen Haare der erlegten Tiere.

Aber dann — mir lief es kalt über den Rücken — aus dem Qualm drang klägliches Schreien und Piepsen. Die Indianer lachten und schauten belustigt in die Flammen. Ein winziges Äfflein kroch an der versengten Leiche seiner Mutter herum und suchte verzweifelt Hilfe aus der Todesnot. Aber die Äffin hing stumm und reglos über der Glut. Ihr Gesicht verzog sich in der Hitze scheußlich zur Fratze.

Da hörte das Junge auf zu schreien. Es klammerte sich noch wie schutzsuchend an den Leib der toten Mutter, aber es regte sich nicht mehr. Rauch und Hitze hatten es endlich erstickt.

Die Burschen zerrten die Affen herab, schnitten ihnen die Bäuche auf und weideten sie aus. Die Därme wuschen sie nicht, sondern streiften nur den Kot heraus und packten sie in große Blätter. Dann banden sie den Tieren die Beine und den Schwanz hinter dem Nacken zusammen, bogen ihnen mit Gewalt die steif ausgestreckten Arme, schnürten sie gegen die Brust und versahen die Bündel mit einer Tragschleife.

„Hier, nimm!" sagte Curumí kurz und reichte mir seinen Affen. Sein

Gepäck war schwer von Dingen, die er in São Luis ergattert hatte. Ich
dagegen trug nur einen kleinen Sack mit etwas Mundvorrat. So schwang
ich den Affen auf den Rücken, streifte die Tragschleife über den Kopf
vorn um die Stirn und machte mich auf.

Etwa jede Stunde legten die Indianer eine Marschpause ein und ruhten
aus auf einem Fleckchen, das nicht vom Dickicht überwachsen war. Gegenseitig lasen wir uns die Zecken ab, die sich überall am Körper festgebissen
hatten. Gelegentlich verlangte einer das Buschmesser, um einen Dorn aus
seiner Fußsohle herauszuschneiden. Andere halfen sich mit der Spitze
eines Bambuspfeiles oder mit dem langschäftigen Zahnmesser.

„Potsiä", klagten sie und legten beide Hände auf den Kopf, der das
ganze Gewicht ihres Gepäcks zu tragen hatte. Die Indianer hatten noch
nicht entdeckt, daß man eine Last viel leichter trägt, wenn man sie an
zwei Schleifen über die Schultern hängt wie einen Rucksack.

Weiter ging es durch den Wald. Der Pfad führte im Zickzack bergauf und
bergab. Hin und wieder durchquerten wir kleine Bäche. Konnte ich nicht
von Stein zu Stein springend das andere Ufer erreichen, zog ich zum
Waten Schuhe und Socken aus. Drüben warteten meine Gefährten immer
höflich, bis ich wieder reisefertig angezogen war.

Am frühen Nachmittag wurde der Pfad breiter. Wir kamen an kleinen
Feuerstellen und Bratrosten vorüber. Nicht lange währte es, da tat sich
der Wald auf zu einer Lichtung. Vor uns erhob sich eine große, runde
Hütte.

„Das ist die Maloca von Tomás Antonio", sagte Curumí. Tomás Antonio
war der Häuptling der ersten Gruppe der Jabutí-Indianer, derselbe Zauberer, der einst den Missionsbischof von Guajará hatte vergiften wollen,
um sich das Gegengeschenk für das Gewehr zu ersparen.

Eine Meute kleiner, gelbweißer Hunde stürzte sich auf uns und bellte
zornig. Aber kein Mensch erschien. Die Maloca schien ausgestorben. Nur
ein paar Hühner stimmten gackernd in das Gekläff ein.

Wir traten durch die niedere Tür, die mit Palmblättern halb zugestellt
war. Vorerst sah ich in dem fensterlosen Raum nichts. Langsam gewöhn-
ten sich meine Augen an das Halbdunkel. In der Mitte der Hütte erhob
sich eine Mattenwand und verdeckte einen Teil des Raumes. Davor stand
eine Reihe mächtiger Tonbehälter, mit dem spitz zulaufenden Ende in die
Erde gegraben. Der gewölbten Dachwand entlang, waren die Hängematten der Bewohner aufgeknüpft. Kleine Feuer glommen und warfen
ihr Licht auf drei nackte Indianerinnen, die uns neugierig anstarrten.

„Tomás Antonio", sagte ein Tupari und deutete auf die andere Seite. Da
lag in einer Hängematte reglos ein menschlicher Körper.

Von André hatte ich schon erfahren, daß Tomás Antonio sehr krank
war. So trat ich zu ihm und bot ihm ein „*Bôa tarde*" und fragte, wie
es ihm ging.
„*Como vai?*"
Aber statt einer Antwort stöhnte der Kranke nur. Seine Hand lag
knöchern und kalt in der meinen. Ich machte Anstalten, mich zu setzen.
Noch rechtzeitig zog eine Indianerin ihren irdenen Kochtopf, den ich im
Dunkeln für einen Holzblock gehalten hatte, unter mir weg und schob mir
einen niedrigen Schemel hin.
Tomás Antonio war zweifellos schon vor Jahrzehnten mit den Weißen be-
kannt geworden und ich dachte, er spräche geläufig portugiesisch. Aber
ich hatte mich getäuscht. In einer Sprache, die ich nicht verstand — wahr-
scheinlich Jabutí oder Makuráp — doch mit unmißverständlichen Zeichen
schilderte er seine Schmerzen.
Plötzlich richtete er sich stöhnend in der Hängematte auf.
„*Aqui doutor?*" fragte er. Ob ich ein Doktor sei? Er hob seine bis auf die
Knochen abgemagerten Beine aus der Matte und streckte sie mir entgegen.
Mit brüsker Gebärde forderte er mich auf, meine Heilkunst zu erproben.
Bei André hatte ich den Zauberzeremonien eines Medizinmannes bei-
gewohnt, und ich verstand wohl, was der Alte wollte. Ich sollte an ihm
denselben Hokuspokus vollziehen, hauchen und fauchen und spucken, die
Arme verwerfen und vielleicht noch gar an seinem Bauche saugen. Aber
dazu spürte ich wenig Lust. Auch war ich mir über Art und Ursache der
Krankheit keineswegs im klaren. Vom Kopf bis zu den Füßen schien ihm
alles weh zu tun.
„Ein paar Aspirin und Atebrin können auf keinen Fall schaden", dachte
ich und holte die Tabletten aus meinem Gepäck, das die Indianer inzwischen am Eingang der Hütte zusammengelegt hatten.
Der Kranke war nicht zufrieden. Mit mürrischer Miene nahm er die
Tabletten aber dennoch entgegen.
„*Amanhã*", sagte er. Morgen werde er sie schlucken. Das mochte glauben
wer wollte. Aber er sah in den verachteten Pillen doch einen Beweis
meines guten Willens. Auf sein Geheiß brachte mir eines der nackten
Weiber einen Teller gekochter Yuca und zwei Orangen.
Gegen Abend kehrten die anderen Hausgenossen von der Jagd und Feldarbeit zurück. Ein junger Mann sprach gebrochen aber verständlich portugiesisch.
„Ich habe lange in São Luis gearbeitet", erzählte er voller Stolz. Offenbar hatte ihm aber das freie Leben in der Maloca doch besser gefallen
als die geregelte Arbeit im Barracão.

Alles in allem mochten etwa zehn Familien in der Hütte wohnen. Ich verteilte an die Männer etwas Tabak, Zigarettenpapier und Streichhölzer. Sie schienen erfreut. Ja, meine Freigebigkeit schien die Leute sogar zu überraschen und erwarb mir schnell Freunde. Eines der alten Weiber, das inzwischen ein rotes Kleid übergestreift hatte, legte mir vertraulich den Arm um den Nacken, versetzte mir einen freundschaftlichen Stoß in die Rippen und schwatzte auf mich ein.

„Was sagt sie?" fragte ich einen der jungen Männer.

„Du sollst hierbleiben und nicht zu den Tupari ziehen", lachte er. „Dort werden dich die Jaguare fressen, meint sie."

Inzwischen hatten die Tupari von einem nahen Felde Yuca- und Yamsknollen geholt und ihre Jagdbeute kochen lassen.

„Totó, Affen essen!" mahnten sie mich.

Die Affen waren samt der angekohlten Haut und den Resten versengter Haare zu den Knollen in den Kochtopf gewandert und sahen nicht sehr appetitlich aus. Aber es war Abend geworden. Man sah nicht mehr so genau, was man in den Fingern hielt, und überdies hatte ich Hunger.

Wir spannten die Hängematten auf. Das Moskitonetz hatte ich seit São Luis nicht wieder ausgepackt. Die nächtlichen Plagegeister waren weit weg am Rio Branco zurückgeblieben. Im Innern gab es keine Moskitos. Tagsüber nur stachen die kleinen *Piums* und *Borrachudos*. In der Nacht aber hatte man Ruhe.

Ich war schon am Einschlafen, als mich plötzlich ein Fauchen hinter meinem Rücken aufschreckte. Der alte Dickbauch Tadjurú, einer meiner Reisegefährten, entpuppte sich als Zauberer. Vor ihm hockte im Scheine eines sanft flackernden Feuers eine uralte runzlige Indianerin, die ich bei Tag nicht bemerkt hatte. Mit ergeben gesenktem Kopf schaute sie reglos auf den Boden. Ihre braunen Brüste hingen wie leere faltige Lederbeutel traurig über die mageren Rippen herunter. Die Greisin stöhnte zum Steinerweichen.

Tadjurú kauerte auf seinen Fersen. Gewichtig strichen seine Hände über den Körper der Patientin, fuhren in der Luft herum und schienen dann wieder etwas aus seinen eigenen Gliedern herauszuholen, um es in die Frau hineinzuzaubern. Endlich beugte er sich über die reglose Kranke und saugte ihr schlürfend am Genick. In kauernder Stellung rutschte er zur Tür und koderte und spuckte von sich, was er aus dem Körper der Kranken gesogen hatte. Wenigstens eine halbe Stunde dauerte diese Prozedur, und ununterbrochen ächzte und jammerte die Alte.

Lange fand ich keinen Schlaf. Mein Nacken war vom ungewohnten Affentransport steif geworden und schmerzte. In regelmäßigen Abständen hustete der kranke Häuptling. Die sieche Greisin stöhnte laut und andauernd. Endlich erbrach sie sich und wurde ruhig.

Am andern Morgen rüsteten meine Leute schon früh zum Aufbruch. Ein Jabutí brachte jedem eine Schale Chicha. Ich kaute an einem zarten Maiskolben, den Tomás Antonio durch seine Schwester schicken ließ. Yübä, der meine Flinte trug, steckte mir einen halben Affenarm zu. Er hatte ihn für mein Morgenessen aufbewahrt.

Keinen der Indianer sah ich vom kranken Häuptling und Gastgeber Abschied nehmen. Jetzt erst fiel mir auf, daß auch tags zuvor kein Tupari den Hausherrn begrüßt hatte. Kranke schienen für fremde Besucher nicht zu existieren, mochten sie auch noch so großes Ansehen genießen. Fürchten sich vielleicht die Gesunden vor dem bösen Wesen, das die Krankheiten bringt?

Wieder zogen wir durch das Waldesdickicht, hügelauf und hügelab. Über einen breiten Bach war ein Urwaldriese so geschickt gefällt, daß sein Wipfel an das andere Ufer reichte. Wir balancierten hinüber. Nur ein paar ältere Indianer zogen es vor, bis an die Brust durch das ziemlich reißende Wasser zu waten. Ihre Lasten hielten sie dabei auf dem Kopf mit beiden Händen fest.

Es war gegen Mittag, als die Kolonne plötzlich stockte. Ein nackter Indianer kam uns entgegen, Pfeil und Bogen in der Hand, ein Buschmesser unter den Arm geklemmt. Er stieß ein wildes Geschrei aus.

„Das ist Maracutí" flüsterte mein Vordermann. Ein lebhaftes Gespräch begann. Maracutí war Häuptling der Maloca, die wir als nächste erreichen sollten. Wir befanden uns sicher schon in der Nähe seiner Jagdgründe, und der stolze Ton seiner Sprache zeigte, daß er sich dessen wohl bewußt war.

Aber die Tupari achteten die Autorität des Gebieters dieser Wälder, durch die sie als Fremdlinge und Gäste zogen, und antworteten auf seine hochfahrende Rede nur leise und bescheiden.

Ich hatte gehofft, die Nacht in der Hütte des Maracutí zu verbringen. Aber wir schafften es nicht. In der Nähe eines kleinen Baches spannten wir die Hängematten an die Bäume. Das Wetter war herrlich und ließ keinen Regen befürchten. Einer der Jäger erlegte einen Pfeifaffen. Wir hatten den ganzen Tag nichts gejagt.

Ein kleiner Affe für fünfundzwanzig Mägen! Wir rührten wieder zwei Töpfe voll Chibé an aus Wasser, Farinha und Zucker. Dazu knackten wir Paránüsse, von denen meine Begleiter in ihren Tragtaschen unerschöpfliche Mengen mitzuschleppen schienen.

Wir hatten uns schon zur Ruhe begeben. Da begann neben mir wieder das Hauchen und Fauchen, das mir nun schon vertraut klang. Ich drehte mich in der Hängematte um. Wer war wohl der neue Patient des alten Tadjurú? Er selbst war es, — Kranker und Arzt zugleich! Vom langen Marsch schmerzten ihm die Füße. Einen zweiten Medizinmann gab es offenbar nicht bei der Gruppe. Was blieb ihm da übrig, als selber an seinen armen Gliedern die magischen Beschwörungen auszuführen?

Am nächsten Tag wurde die Müdigkeit allgemein. Die Marschpausen häuften sich. Alles klagte über den langen Weg, die vielen Dornen und die schmerzenden Füße, Waden und Rücken und über die schwere Last, an der ich doch bei Gott nur geringe Schuld trug.

Kurz nach Mittag erreichten wir eine kleine Erdnußpflanzung. Meine Begleiter warfen ihr Gepäck zu Boden und stürzten sich auf die niedrigen Sträucher, als wären sie am Verhungern. Hastig rissen sie die Pflanzen heraus und knackten die Nüsse. Die unreifen stopften sie in den Mund, ohne die anhaftende Erde abzuwischen.

Mißtrauisch probierte auch ich von den rohen Erdnüssen, die ich bisher nur geröstet gegessen hatte. Sie schmeckten ganz gut. Aber den Enthusiasmus meiner Begleiter konnte ich doch nicht recht verstehen. Erst im Laufe der nächsten Monate sah ich, wie wichtig diesen Indianern die Erdnüsse sind und wie elend sie sich fühlen, wenn sie sie eine Zeit entbehren müssen.

Ein paar hundert Meter weiter stießen wir auf Maracutí's Maloca. Sie war viel kleiner als die Behausung des Tomás Antonio, hatte aber dieselbe Form einer Kuppel mit runder Grundfläche.

In der Hütte trafen wir niemanden. Erst nach einer Weile erschienen ein älterer Mann und ein Knabe, die ich schon in São Luis kennengelernt hatte. Dort waren sie noch in Hemd und Hose herumgelaufen. Hier begnügten sie sich wieder mit dem Penisblatt und einer Hüftschnur aus feinen Perlen.

Der Alte schob die Matte von einem Chicha-Mörser, rührte den Inhalt mit einer langstieligen Kelle um und schöpfte jedem von uns eine mächtige Schale frischer Mais-Chicha heraus. Die Tupari erwarteten die Portion mit stummer Andacht, ohne sich ihren Durst und die heiße Begierde anmerken zu lassen.

Es war Mittag, und die Sonne brannte auf den kleinen Platz vor der Hütte. Wir ruhten noch ein wenig. Wozu sich außer Atem laufen?

„*Oka!*" hieß es endlich. „Gehen wir!"

„*Oka wägo*", lachte mich einer der Burschen an.

„*Oka wägo*", nickte ich. Das hieß „Gehen wir heimzu!" Und es machte den Tupari unglaublichen Spaß, daß ich ihre ferne Maloca wie sie als „mein Zuhause" bezeichnete.

Nach kurzem Marsch tauchten wieder kleinere Pflanzungen auf. Und schließlich kamen wir zu einer runden Hütte. Sie mochte für zwei oder drei Familien berechnet sein. Der Hausherr hieß Tucumimí. Er und seine Familie gehörten zum Stamm der Jabutí.

Man hatte uns nicht erwartet. Die ganze Einwohnerschaft war nackt. Nun aber suchte ein junger Mann eiligst nach einer Hose und einem Hemd. Ein großes, hageres Mädchen drehte ruhig die schwere Keule des Chicha-Mahlstockes, ohne sich nach uns umzusehen.

Es war noch früh am Tag, und wir hatten uns eben erst bei Maracutí gut ausgeruht. Aber der Anblick des Chicha brauenden Mädchens genügte meiner Gesellschaft zu dem Entschluß, keinen Schritt weiter zu gehen. Die Tupari rollten bereits ihre Hängematten auf und spannten sie unter das kleine viereckige Dach, welches sich vor Tucumimí's Hütte erhob.

Der junge Mann in Hemd und Hose aber schien anderer Meinung. Er ging von einem zum anderen und erklärte den Tupari, bei seinem Nachbarn Tababá gebe es eine Menge Chicha, Yuca, Mais und Tapirfleisch. Er dagegen habe nichts zu essen noch zu trinken.

Es war verständlich, daß man in dieser kleinen Hütte über unseren Besuch nicht sehr erfreut war. Wo in der Welt dürfen denn bei einer kleinen Gemeinschaft von zwei oder drei Familien plötzlich mehr als zwanzig ungeladene Gäste erscheinen und eine kostenlose Bewirtung mit Speis und Trank verlangen?

Auf meine Gefährten machten aber die Bitten und Beschwörungen des jungen Mannes wenig Eindruck. Sie streckten sich in ihren Hängematten, drehten dem Hauswirt den Rücken zu und zeigten ihm deutlich, daß sie von seinen schäbigen Erklärungen gar nicht überzeugt waren. Kam ein fremder Indianer zu den Tupari, so erhielt er reichlich zu essen und zu trinken. Jetzt waren sie, die Tupari, nach Jahren wieder einmal unterwegs und erwarteten die gleiche Gastfreundschaft. Hinausschmeißen ließ man sich nicht!

Endlich besannen sie sich aber doch eines besseren. Sie mochten die Hoffnungslosigkeit der Lage eingesehen zu haben, rollten die Hängematten wieder zusammen und nahmen ihre Bündel auf den Rücken. Der junge Mann lief hocherfreut voran und führte uns zu der Behausung des Tababá.

Mehrere Kinder, die vor der viereckigen Hütte spielten, nahmen schreiend Reißaus. Hunde kläfften und umkreisten uns in vorsichtiger Entfernung. Unter der Tür trat ein älterer Mann von kleinem Wuchs mit verhutzeltem, gutmütigem Gesicht hervor. Ein Heinzelmann oder Zwerg aus unseren Märchenbüchern! Nur war er nackt und trug keinen Bart.

Wir begrüßten uns. Noch zwei, drei Indianer kamen herzu und gaben

mir die Hand. Dann traten wir in die Hütte. Ein paar Frauen saßen auf
dem Boden und kochten oder spannen. Sie würdigten uns keines Blickes.
Aber daran war ich schon gewöhnt.
Der junge Mann aus Tucumimí's Hütte hatte nicht gelogen. Tababá's
Chicha-Häfen waren randvoll, als stünde ein großes Fest bevor. Und auf
dem Bratrost schmorte das Fleisch eines riesigen Tapirs. Wir waren im
rechten Augenblick gekommen!
Ich hätte mich mit dem Hausherrn gern angefreundet. Aber unsere Unterhaltung fiel armselig aus. Mit jedem Tag entfernten wir uns weiter von
der Zivilisation, und die Portugiesisch-Brocken wurden rar.
„Jabutí no prego" *), tuschelten die Tupari verächtlich. Wie häßlich ist
doch diese Jabutí-Sprache!"
Nur Kuarumä schien mit dem Idiom dieser Nachbarn gut vertraut zu
sein, und eifrig plauderte er mit Tababá. Jedes Wort oder jeden halben
Satz, den Tababá sagte, sprach er rasch nach. Ich glaube kaum, daß er
alles verstand, was der Alte ihm erzählte. Aber auf diese Weise lernen
wohl die Indianer die so verschiedenartigen Sprachen ihrer Nachbarn.
Zuerst ahmen sie die Worte nach, ohne ihren Sinn zu verstehen, üben die
Aussprache und gewöhnen sich an den fremdartigen Klang. Dann be-
greifen sie allmählich, was einzelne Wörter oder Sätze bedeuten. Und so
eignen sie sich langsam die fremde Sprache an, ohne Grammatik und ohne
Wörterbuch, wie wir als Kinder unsere Muttersprache.
Seit Tagen hatten wir uns nicht mehr so vollessen können wie an diesem
Abend bei Tababá. Meist waren wir ohne Frühstück aufgebrochen oder
hatten den knurrenden Magen vergeblich mit trockenen Maiskörnern und
einigen Paranüssen zu besänftigen versucht. Heute spannten wir unsere
Hängematten satt und zufrieden auf, die einen in der Hütte, und wer da
keinen Platz mehr fand, im nahen Wald.
Auch am nächsten Tag war die Gastfreundschaft Tababá's noch nicht er-
schöpft. Seine Leute verteilten an meine Begleiter ganze Bündel von frisch
geschnitzten Pfeilen und eine Menge Bambusrohr.
„Gibt es denn bei eurer Maloca kein solches Rohr?" fragte ich.
„Es gibt schon", antwortete mir Curumí. „Aber das Rohr hier ist dick
und hart. Bei uns ist es dünner und taugt nicht für große Pfeile."
Nun verstand ich auch, warum der alte Walätä schon von São Luis her
ein langes Stück roten Holzes mit sich schleppte. „Wirf das doch in den
Wald!" hatte ich ihn unterwegs einmal aufgefordert. „Wegwerfen? Du
bist wohl nicht bei Sinnen!" hatte sein erstauntes Gesicht gesagt. Offen-

---

*) Verstümmeltes Portugiesisch für „O jabutí não presta"

bar war Holz für einen guten Bogen nicht auf Schritt und Tritt zu finden.

Es ging weiter. Mein Säckchen war schwer geworden von geröstetem Mais, gekochter Yuca, dem gebratenen Tapirherzen, großen und kleinen Fleischstücken und einer mächtigen Papaya-Frucht. Alles Gastgeschenke des alten Tababá.

Wir ruhten häufig aus und schwelgten in dem reichlichen Proviant, der im Magen bekanntlich leichter zu tragen ist als auf dem Rücken.

Gegen Mittag erreichten wir die Maloca der Arikapú-Indianer.

Kein Mensch war zu sehen. Über den kleinen Platz strolchten ein paar Hunde und Hühner, und auf einem Pfahl hockte faul ein großer Papagei und sonnte sein buntes Gefieder.

Wir warteten nicht lange in der brütenden Sonne, sondern traten ein. Aber nur ein altes Weib mit welken Brüsten und griesgrämiger Miene hockte im schwach erhellten Raum. Aus bräunlichem Lehm setzte sie Stück um Stück an die schwabbeligen Ränder eines neuen Chicha-Hafens, der jeden Augenblick zusammenzufallen drohte.

Meine Begleiter legten das Gepäck ab und richteten an die Töpferin ein paar Fragen. Sie antwortete unfreundlich und sah kaum von ihrer Arbeit auf.

„Es ist niemand zu Hause. Der Häuptling Aihé ist für ein paar Tage auf die Jagd gegangen."

Wir warteten und warteten. Niemand kam, um uns Chicha oder sonst eine Erfrischung anzubieten. Meine Begleiter wurden immer ernster und schweigsamer.

Da geschah etwas, das mir jäh wieder ins Bewußtsein rief, daß ich die Zivilisation und ihre Gebräuche weit hinter mir gelassen hatte und mich in einer Welt befand, in der andere Sitten herrschten und ein anderes Denken die Menschen bewegte. Der Häuptling Kuarumä erhob sich, Pfeil und Bogen in der Hand. In seinem wilden Gesicht erinnerte nichts mehr an das gewohnte, gutmütige Grinsen. Mit ernster Miene hockten und kauerten seine Stammesgenossen am Eingang der Hütte. Kuarumä kehrte ihnen den Rücken und hub an zu einer erzürnten Ansprache, hinein in die halbdunkle Behausung.

Er sprach auf Tupari, das hörte ich wohl. Aber den Wortlaut und den Sinn seiner zornigen Rede konnte ich nicht verstehen. „Úapü...üapä...", war das einzige Wort, das ich auffing und das er unzählige Male wiederholte: „Chicha ... Chicha ..."

Kuarumä sprach lange und heftig. Dann herrschte Totenstille. Neben mir saß Curumí.

„Was sagt dein Papa? Warum ist er böse?"

„Er ist nicht böse. Die Arikapú sind böse mit uns. Sie haben für uns keine Chicha gemacht."

Aus dem Dunkel des Hauses tauchten zwei junge Männer auf und setzten sich zu uns, als wäre nichts geschehen. Leise plauderten sie mit den Tupari. Einer verschwand wieder und kam mit einer Kürbisschale voll dicker Chicha zurück. Aber es traf auf jeden der durstigen Wanderer nur einen kleinen Schluck. Ein junges Weib röstete in aller Eile einige Erdnüsse und Maiskörner.

Das war alles. Gejagt hatten wir an dem Tag auch nichts. Die Malocas der Jabutí und der Arikapú standen zu dicht beieinander und das Wild zu beiden Seiten des Verbindungspfades war verscheucht.

Die Stimmung war nicht rosig. So fiel uns am andern Morgen der Abschied nicht schwer. Die Sonne war noch nicht sichtbar, aber am Waldrande ließ sie eine mit Blüten übersäte Baumkrone in herrlichem Rosa erstrahlen. Da standen meine Tupari reisefertig. Die Arikapú hatten wegen ihrer armseligen Gastfreundschaft wohl Gewissensbisse bekommen und schenkten ihnen ein Bündel Pfeile.

Eine kurze Strecke Weges, dann stießen wir auf die Spuren niedergebrannter Hütten.

„Morreu . . . morreu . . . morreu — starb . . . starb . . . starb . . .", erklärte Kuarumä in gebrochenem Portugiesisch. Hier waren viele Arikapú plötzlich gestorben. Die Überlebenden hatten den Ort verlassen und die Hütte niedergebrannt.

Am Mittag überquerten wir einen größeren Bach. Von beiden Seiten waren riesige Bäume darüber gefällt worden, und von Ast zu Ast hatte man Stecken und Lianen gebunden. Das improvisierte Geländer war aber schon halb verfault.

„Rio Branco", erklärten die Indianer. Das mußte der Oberlauf des Flusses sein, den ich vor Wochen nach São Luis heraufgerudert war.

Der Pfad wurde schlechter denn je. Oft schienen meine Begleiter für einen Augenblick die Orientierung zu verlieren. Aber unermüdlich ging es weiter durch das Gestrüpp, manchmal auf allen Vieren. Mein Hemd hing in Fetzen, und mein Rücken troff von Blut — allerdings nicht von meinem eigenen. Die Jäger hatten Glück gehabt und unterwegs fünf Affen geschossen. Einen davon hatten sie wieder mir aufgeladen.

Erst spät am Abend machten wir Halt, spannten die Hängematten zwischen den Bäumen auf und fachten Feuer an. Ein halber Affe kam in meinen Topf, dessen blankes Aluminium die Tupari immer wieder mit Entzücken betrachteten und betasteten. Der Rest kam später auf in aller Eile aus grünen Stecken und Lianen zusammengebundene Bratgestelle.

„*Äräd ... ärad-no : kiägo!*" — „Übermorgen sind wir zu Hause!" versuchte ich mich in meinem frisch erlernten Tupari.

„Nein", antwortete mein Nachbar. „Nicht übermorgen ... morgen sind wir zu Hause!" Und er zeigte mit der Hand nach dem halben westlichen Himmel. „Wenn morgen die Sonne dort steht, dann kommen wir zu Waitó's Maloca."

Und je näher wir den heimatlichen Hütten kamen, umso weniger schienen die Indianer Müdigkeit und schmerzende Füße zu spüren. Kaum graute der Tag, da rollten wir unsere Hängematten zusammen, machten unsere Bündel zurecht und marschierten los. Immer wieder passierten wir verlassene Pflanzungen und niedergebrannte Malocas. Das Gestrüpp war schier undurchdringlich. Wir mußten auf Händen und Füßen kriechen.

„*Morreu ... morreu ... morreu ...*" — „Starb ... starb ... starb ...", klagte jeweils Kuarumä mit trauriger Miene.

Aber es war keine Zeit, sich langen Meditationen hinzugeben. Die Indianer liefen, als ob sie gestohlen hätten. Nur hin und wieder blieben sie stehen und überlegten, in welcher Richtung wir gehen sollten. Von den verbrannten Hütten und verlassenen Pflanzungen führten die alten Jagdpfade nach allen Seiten. Überwucherte Wege kreuzten sie. Bald zogen wir gegen Osten, dann gegen Süden. Schließlich folgten wir einem Pfad, der immer breiter und besser ausgetreten wurde.

Es mochte etwa vier Uhr sein, da traten wir auf eine weite, von zahllosen schwerbehangenen Papaya-Bäumen bestandene Lichtung. Wir konnten nicht mehr weit von der Maloca der Tupari sein. —

Meine Begleiter hockten an einem Bächlein nieder und begannen sich zu waschen. Sie forderten mich auf, dasselbe zu tun, und ließen meinen Kamm und den Taschenspiegel die Runde machen. Es schien ihnen viel daran zu liegen, sauber und ordentlich nach Hause zu kommen.

Wer die Schilderung phantasiebegabter Reisender gelesen hat, stellt sich eine solche Wanderung durch den Urwald wohl bedeutend abenteuerlicher vor; vor allem denkt man sich den Busch voll von giftigen Schlangen und anderem Ungetier, das von allen Seiten zischt und züngelt und nur darauf wartet, den harmlosen Reisenden heimtückisch zu überfallen.

Tatsächlich aber sahen wir an diesem letzten Marschtag die erste Schlange. Wir hatten uns zu kurzer Pause niedergelassen. Da hörte ich plötzlich einen Schrei. Der dicke Curumí sprang wie elektrisiert in die Höhe. Ein Zweiter, der neben mir auf einem modernden Baumstamm hockte, warf die Füße in die Luft, andere machten einen Satz zur Seite. Zwischen unseren Beinen hindurch wand sich blitzschnell eine etwa anderthalb Meter lange Schlange.

Auch auf jagdbares Wild waren wir erstaunlich selten gestoßen. Einzig
die paar Affen mußten unseren Unterhalt bestreiten. Zwar sahen wir
überall die Spuren von Tapiren, Agutís, Pacas, Wildschweinen und Gürtel-
tieren, und einmal hörten wir sogar das wilde Bellen eines Nabelschweines.
Aber leider war es im Dickicht verschwunden, bevor ihm einer der
Schützen eine Kugel oder einen Pfeil nachschicken konnte.
Selbst Jaguarspuren hatten wir wiederholt entdeckt, besonders an den
kleinen Wasserläufen. Aber die sechs Kugeln, die ich für dieses gefährliche
Raubtier bereit hielt, steckten noch unverschossen in der Trommel meines
Revolvers. —
Nur wenige hundert Meter fehlten noch — auf breitem Wege stapften
wir voran. Dann feuerte Yübä aus meiner Flinte zwei Schüsse ab.
Zur Antwort krähten ein paar Hähne. Und das ist im Urwald das un-
trügliche und tröstliche Zeichen der Nähe menschlicher Wohnstätten.
Der Wald öffnete sich zu einer breiten Lichtung. Mitten darauf erhoben
sich die Kuppeln zweier mächtiger Hütten: das waren die Behausungen
der Tupari-Indianer.

Der Empfang bei den Tupari

Wenn eine Expedition auf einen Indianerstamm stößt oder unverhofft in
ein Dorf von „Wilden" eindringt, so gibt es einen Aufruhr, als hätte
man in einen Ameisenhaufen oder in ein Wespennest gestochen. Die Männer greifen zu Pfeil und Bogen und stürzen kampfbereit vor die Hütten.
Frauen und Kinder erheben ein Angstgeheul, flüchten entsetzt in die
dunkelsten Winkel ihrer Behausungen oder retten sich in das nahe Dickicht.
Ist aber das Nahen der Fremden beizeiten bemerkt worden, dann raffen
die erschreckten Eingeborenen all ihr Hab und Gut zusammen, fliehen in
den Busch und hinterlassen nur die rauchenden Herdfeuer als Zeichen
ihres überstürzten Auszuges. Weiß man denn, was die unbekannten Männer im Schilde führen? Wozu dringen sie in diese Einsamkeit ein? Was
kann sie anderes hergeführt haben als die Lust zu morden und zu rauben?
Von solchem Durcheinander war nichts zu spüren, als unser Trupp bei den
Malocas der Tupari anlangte. Meine Begleiter erwartete man wohl schon
lange mit Sehnsucht, und mich, den fremden Gast, nahm man mit in
Kauf. Die Männer, die schon vor drei Wochen nach Hause zurückgekehrt
waren, mochten erzählt haben, ich sei ein harmloser Bursche, von dem
nichts zu befürchten war, der im Gegenteil sogar manches begehrenswerte
Geschenk mitbrachte.

Nach achttägigem Marsch tauchen vor uns zwei riesige runde Hütten auf:
die „Maloca" der Tupari-Indianer.

Waitó, der Häuptling und Ober
zauberer, ist selten müßig.

Feierabend. Mann, Frauen, Kinder
Nachbarinnen plaudern zusammen
über die Ereignisse des Tages.

Unentschlossen blieb ich vor den Hütten stehen. In welcher der beiden sollte ich mich einrichten? Kuarumä, das Oberhaupt des kleineren Hauses, kannte ich viel besser als den ernsten Waitó, der uns in São Luis so ungeduldig verlassen hatte. Mit Kuarumä würde ich mich vertragen, das war sicher. Auch hätte ich dort seinen Sohn Curumí zur Hand. Der führte sich zwar nach wie vor widerborstig auf. Aber vielleicht würde er sich doch endlich zu Dolmetscherdiensten bequemen, wenn ich mit meinen wenigen Brocken Tupari und der Zeichensprache nicht weiterkam.

Meine Gefährten indessen zerbrachen sich über meine Quartierfrage nicht den Kopf. Sie führten mich in das große Haus Waitó's, legten mein Gepäck am Eingang auf den Boden und trollten sich, ohne noch ein Wort zu sagen.

Da stand ich nun. Nackte Indianer tauchten aus dem dunklen Hintergrund der Hütte auf und verschwanden wieder. Weiber und Kinder guckten mich verstohlen von der Seite an, ohne Angst, ohne sichtbare Neugierde. Und ich fühlte beinahe etwas wie Enttäuschung, bei dieser Gesellschaft nicht das geringste Aufsehen zu erregen.

Waitó's Behausung war bedeutend größer als die Hütten der Jabutí und Arikapú, in denen wir unterwegs eingekehrt waren. Auch nachdem sich meine Augen an das Halbdunkel gewöhnt hatten, konnte ich kaum hinüber zur Rückwand sehen, obwohl keinerlei Zwischenwände den Blick behinderten. Der kreisrunde, annähernd halbkugelig gewölbte Raum erinnerte an ein Zirkuszelt. In der Mitte stand ein Pfosten, der sich oben im Dunkel des Gewölbes verlor. Dünne Gewölbesparren, aus rohen, überschlanken Bäumen geschnitten und mit dem unteren Ende in den Boden gegraben, liefen von allen Seiten zum Scheitelpunkt der Kuppel und vereinigten sich mit der Spitze des Mittelpfostens. In angemessener Höhe waren waagerechte, der Rundung der Dachwand angepaßte Hilfsbalken angebracht und hielten, von mehreren schief in den Boden gerammten Pfosten gestützt, dieses sonderbare Gewölbe in der gewünschten halbkugeligen Form.

Weiter oben, wo diese Stützvorrichtungen nicht mehr hinreichten, hatten allerdings die dünnen Sparren dem Gewicht des Palmblätterbelages nachgegeben. An zwei Stellen war die Kuppel eingebrochen, und so sah die Hütte arg verbeult und auf den ersten Blick dem Einstürzen nahe aus. Überall ließen kleine Lücken die Sonnenstrahlen durch das Dach dringen, und wie ein solches Haus die lange Regenzeit über standhalten und seine Bewohner trocken bewahren konnte, blieb mir vorläufig ein Rätsel.

Doch ich spürte keine Lust, mich gerade jetzt mit den Fragen der Indianerarchitektur zu beschäftigen. Ich hatte Hunger und Durst. Und etwa zwanzig mächtige Chicha-Häfen, die in weitem Kreis rund um den zentralen Stützpfosten standen, zogen meine Blicke magisch an.

Wo mag nur Waitó stecken? Ich überlegte, ob ich vielleicht aufs Geratewohl in der finsteren Riesenhütte nach ihm suchen sollte. Da kam ein alter Indianer auf mich zu. Er grinste mich mit zugekniffenen Augen an und legte mir zutraulich den Arm um den Nacken.

„Ätsa-nä-än?" fragte er.

Später erfuhr ich, daß dies die übliche Begrüßungsformel ist. *„Ätsa-nä-än?"* fragt der Tupari einen Gast. „Bist du gekommen?" Und der Ankömmling hat zu antworten: *„Otsa on!* — Ja, ich bin gekommen!" — *„Poarä!* — Es ist gut!" erwidert dann der andere. Und das freundschaftliche Gespräch kann beginnen.

Aber, wie gesagt, das lernte ich erst später. Bisher hatten mir die Indianer zum Gruß immer die Hand gegeben und zu meinem Leidwesen sich überhaupt beflissen, mir gegenüber die Manieren der Weißen nachzuahmen.

„Wo ist Waitó?" fragte ich den Alten.

„Peixe pequenino", antwortete er. „Kleine Fischlein", und er zeigte in den Wald.

Also fischen gegangen war der Häuptling. Ich ließ den Alten stehen und ging in das Nachbarhaus hinüber. Aber keinen meiner Reisegefährten konnte ich erspähen. Sie mochten sich im Innern der Hütte in ihre Hängematten zurückgezogen haben.

Gleich neben der Tür legte eine junge Frau ihren Säugling ab und trat auf mich zu. Obwohl ich kein Riese bin, reichte sie mir nur bis an die Brust. Aber sie sah recht keck drein und machte sich offenbar gar nichts aus ihrer Nacktheit. Sie gab mir die Hand, und es war, als lächelte sie mir schelmisch zu. Dann machte sie wieder kehrt, nahm den Säugling aus der Hängematte und legte ihn an die Brust.

Niemand kümmerte sich um mich, und ich trat auf den Platz hinaus. Ein Indianer hatte sich auf einem kleinen Hocker niedergelassen und bastelte an einem Pfeil herum. Er schaute auf, und beinahe wäre ich erschreckt zurückgefahren: ein rohes, narbiges Gesicht mit schielenden Augen, von wildem Zottelhaar umrahmt! — Wenn die Gerüchte von dem menschenfressenden Zauberer stimmen, dann muß dies sein Henkersknecht sein, schoß es mir durch den Sinn. Aber ich reichte ihm höflich die Hand und grüßte ihn:

„Bôa tarde!"

In der flüchtigen Weise von Leuten, denen das Händeschütteln ungewohnt ist, faßte er meine Hand, wortlos — und dann widmete er sich wieder seiner Arbeit.

Etwas beklommen begab ich mich zurück in Waitó's Haus. Hier erwarteten mich zwei Indianer. In irdenen Tellern brachten sie mir zu essen. Ein Junge stellte einen zierlich geschnitzten Hocker vor mich hin, halb freundlich, halb mißtrauisch. Ich ließ mich nieder und machte mich hinter die gekochten Knollen und das saftig gebratene Fleisch. Es mochte von einem Agutí- oder Paca-Hasen stammen.

Während ich gemächlich kaute, ließ ich meinen Blick durch die Hütte wandern. Zu gern wäre ich tiefer in das Halbdunkel gedrungen, um ganz aus der Nähe zu sehen, was die Indianer und ihre Frauen und Kinder trieben. Aber ich wollte die Leute nicht durch taktlose Neugier verstimmen. Die Tupari lagen in ihren Hängematten, die der Dachwand entlang an den Sparren und Stützpfosten befestigt waren. Einige Frauen kauerten neben ihren Herdfeuern, zupften Baumwolle oder spannen.

Wieviele Leute mögen wohl in dieser Hütte hausen? Vierzig Familien waren im ganzen vom Stamm übriggeblieben, hatte man mir erzählt. Da die Nachbarhütte bedeutend kleiner war, mußten hier etwa dreißig Familien wohnen. Also mehr als hundert Menschen! Und doch kein Gedränge und kein Gewimmel. Jeder wußte offenbar, wohin er gehörte, keiner stand dem andern im Wege. Der ganze mittlere Teil der Hütte schien zudem von niemandem bewohnt. Um den großen Kreis der Chicha-Häfen herum führte ein breiter Gang, und erst von diesem aus zogen sich schmalere Durchgänge hin zu den Lagerstätten der Indianer, die sich der gewölbten Wand entlang aneinander reihten.

Ich hatte fertig gegessen. Die beiden Tupari nahmen ihre Schalen mit breitem Lächeln entgegen, und ich wagte mich durch die Hütte hinüber zu einer kleinen Nebentür, die hinaus zum Waldrand führte. Der „Hinterhof" war von eigentümlichen runden, nach oben spitz zulaufenden Hühnerhütten bestanden. Rechts erhob sich ein Schutzdach, kaum zu einem Viertel gedeckt, und linker Hand führte ein breiter Weg in den Wald.

Ein paar Indianerinnen tauchten auf, volle Wassertöpfe auf der nackten Schulter. Flüchtig schauten sie mich an und traten dann an mir vorbei in die Hütte.

Da kam auch der Häuptling. Mit festem Schritt stapfte er den Weg herauf. In der Linken hielt er Pfeil und Bogen, das Buschmesser trug er unter den rechten Arm geklemmt, und auf seinem Rücken baumelte an einer Bastschleife eine mäßig große Moqueca. Darin steckten wohl die „peixe pequenino", die kleinen Fische, die er in einem nahen Bach gefangen hatte.

„Bôa tarde!" rief er schon von weitem. Er schien mit meiner Ankunft recht zufrieden zu sein.

„*Bôa tarde*", lachte er, drückte und schüttelte mir kräftig die Hand. Er hatte schon bemerkt, daß die Weißen eine grüßende Hand nicht nur lahm anfassen.

Froh über den freundlichen Empfang wollte ich ein Gespräch versuchen. Aber da war Waitó auch schon wieder verschwunden. Verwundert folgte ich ihm ein paar Schritte in die Hütte. Da sah ich, wie der würdige Häuptling sich hastig bemühte, in eine Hose zu schlüpfen. Mit einiger Schwierigkeit knüpfte er sie zu. Aber dann das Hemd! In der Eile verfehlte er die Öffnungen der Ärmel und fuhr eine Weile aufgeregt mit seinen Armen in dem ungewohnten Kleidungsstück herum, bis er es endlich ordnungsgemäß auf dem Leibe trug. Verlegen strich er das Khaki glatt und schaute zu mir herüber. Es war ihm unangenehm, daß er sich vor meinen Augen so ungeschickt gezeigt hatte.

Noch war seine Toilette aber nicht beendet. Aus einem Versteck im Dachgewölbe zog er einen alten Filz hervor und drückte ihn auf sein langes schwarzes Haar. Sicher war das der Hut, von dem mir der gastfreundliche Massenmörder André schon erzählt hatte, er habe ihn dem heimkehrenden Waitó geschenkt.

Aha! Waitó schien eine feste Vorstellung zu haben, was er als Häuptling sich und dem fremden Gaste schuldig war. Er hatte die Weißen oft genug besucht, um zu wissen, daß man sich nicht nackt begrüßt. Jetzt, angetan mit Hemd und Hose und mit dem alten Filzhut auf dem Kopf, begrüßte er mich ein zweitesmal.

„*Bôa tarde!*" wünschte er mir freundlich und tätschelte meinen Rücken, ganz so, wie er es in São Luis gesehen hatte. Ich beeilte mich, seinen Gruß zu erwidern. Aber ich machte wohl nicht das freundliche Gesicht, das der Häuptling erwartet hatte.

Denn trotz doppeltem Willkomm begann ich mich zu ärgern. Warum waren diese freien Urwaldindianer so bemüht, das Gehaben der weißen Eindringlinge nachzuahmen? Würde Waitó auch mich immer wie einen Fremden behandeln? — oder würde er mich eines Tages als einen der Seinen betrachten und mit mir verkehren wie er es gewohnt war in seiner Welt? —

Waitó nahm sich tatkräftig meiner an. Am Hauptdurchgang, wenige Schritte von der Türöffnung entfernt, spannten wir meine Hängematte auf und legten das Gepäck daneben auf eine Unterlage von langen Holzscheitern und Rindenstücken. Dann ließ Waitó meine Reisegefährten kommen und hieß sie auspacken, was sie auf dem langen Weg in ihren Taschen für mich getragen hatten. Indianer lassen es oft gern darauf ankommen, ob ein Weißer sich aller seiner Habseligkeiten erinnert. Sagt er dem Träger nichts, dann „verwahrt" dieser die Sachen so lange, bis der Fremde sie zurückfordert. Und sicher hegt er dabei die Hoffnung, der Weiße werde im Laufe der Zeit dies und jenes vergessen. Der Häuptling aber wollte nicht den geringsten Verdacht aufkommen lassen, es könnte mir in seiner Maloca und von seinen Leuten etwas gestohlen werden.

Nun baumelte meine Hängematte unter dem großen Vorratsgestell, das sich in etwa zwei Meter Höhe wie eine breite Galerie ringsum der Dachwand entlangzog, und ich wußte, wo für die nächsten Wochen mein Zuhause sein würde. Nach meinen Nachbarn brauchte ich mich nicht lange umzuschauen. Von allen Seiten kamen sie zutraulich herbei und brachten mir zu essen: kleine Fische, etwa so groß wie Sardinen, ein Stück Agutí-Hase, Bohnenmus von violetter Farbe und Yuca-Knollen, Bananen, Papaya-Früchte und auch ein paar gedünstete Engerlinge.

Die Sonne neigte sich dem Waldrande zu. Langsam wurde es lebendig auf dem kleinen Platz, der sich zwischen den beiden großen Rundhäusern und einigen kleinen Vorratshütten und Hühnerställen ausdehnte. Pfeile und Bogen wurden zu Pyramiden aufgestellt, so daß der Hof bald wie ein kleines Heerlager aussah. Die Männer holten ihre Hocker heraus. Frauen schleppten irdene Töpfe und Schalen herbei und setzten sich mit den Kindern zu ihren Männern.

Ein Indianer bot mir höflich seinen geschnitzten Schemel an, und der Häuptling Waitó, noch immer in Hemd, Hose und Hut, hieß mich an seiner Seite Platz nehmen. Ich breitete die guten Sachen, die man mir gebracht hatte, auf dem Boden aus und griff wacker zu. Ringsherum schmatzten und plauderten die Indianer. Dann und wann erhob sich einer, um dem Nachbarn von seinen Leckerbissen anzubieten. Zwischen den Schmausenden trieben sich Hunde, Hühner und auch ein paar Enten herum und versuchten, einen Bissen zu erhaschen.

Erst als die Dämmerung sich über die Siedlung senkte, erhoben sich die Indianer. Die Männer griffen nach ihren Hockern und Pfeilen und Bogen. Die Frauen nahmen ihre Töpfe und die Kinder. Alles verschwand in der Hütte.

Die Nacht brach herein. Über dem Waldrand stieg langsam der Mond auf. Die Indianer lagen in den Netzen und schürten ihre kleinen Feuer, die ein mattes Licht ausstreuten.

Ich ging auf den Platz hinaus. Sonderbar, wie der Mondschein eine Landschaft verwandelt! Riesigen weißlichen Heustöcken gleich erhoben sich die zwei Hütten vor der dunklen Wand des nahen Waldes. Gegen Westen war der Blick freier. An den kleinen Platz schloß sich ein breiter Streifen dichten Gebüsches an, und erst in einiger Entfernung reckten die

Urwaldriesen ihre Äste wie gestikulierende Arme zum Himmel. Dort im Westen, vielleicht zweihundert Kilometer entfernt, wohnten die nächsten Weißen. Und in den anderen Himmelsrichtungen? Hausten da wirklich noch wilde Stämme, die nichts von Europäern wußten? Würde es möglich sein, zu ihnen vorzustoßen und neue, unerhörte Entdeckungen zu machen?

Im fahlen Mondlicht kam ein Indianer auf mich zu. Es war Curumí.

„Du hast heute sehr wenig gegessen", scherzte er. „So wirst du nie einen dicken Bauch bekommen."

Er schwieg eine Weile.

„Wir wollen Musik hören", befahl er dann plötzlich und zeigte in die Hütte, wo mein Gepäck lag. Ich holte den Radioapparat hervor und baute ihn auf dem Platz auf. Und nun durchbrachen die seltsamen Stimmen und Melodien der fernen Zivilisation die Stille der Urwaldnacht. Aus den Hütten der Indianer quoll es förmlich hervor. Jung und alt strömte auf den mondbeschienenen Hof und drängte sich um den Wunderkasten, lauschte, strich, klopfte und tastete über den schwarzen Bezug, versuchte, durch die Ritzen zu spähen und bestürmte mich dann mit einer Flut von Fragen.

„Kadarä napä hoowäd? — Apó napä hodanna? — Kirä-nä harä? — Apó i-poadka?" —

Wie bitte? Nein, ich verstehe euch leider nicht. Ich kann mir aber denken, was ihr gern wissen möchtet. Und vielleicht kann ich euch später sogar einmal erklären, woher die Stimmen kommen. —

Spät, sehr spät übermannte die Müdigkeit die aufmerksamen Hörer. Ich steckte den Apparat wieder in den Sack und kroch in meine Hängematte.

Kurz nach Mitternacht fuhr ich plötzlich auf. Träumte ich? Draußen vor der Hütte hielt ein Mann mit großem Pathos eine gewichtige Rede. Ich hielt den Atem an, rührte mich nicht und versuchte zu lauschen. Aber ich konnte nur zwei Worte verstehen: *ärämirä* und *üdka*. Das hieß „Weib" und „Tabak". Worüber mochte der nächtliche Redner so erbost sein? Weib und Tabak rief er mehrere Male leidenschaftlich.

Endlich schloß er seine Ansprache mit einem dreifachen feierlichen *„Mänsi ... mänsi ... mänsi ..."*. Dann herrschte wieder Stille.

Lange konnte ich nicht mehr einschlafen. Ich lauschte dem Gezirp der zahllosen Grillen und dem Lärmen der Urwaldtiere. Fledermäuse geisterten durch die Hütte. Auf allen Seiten war ein hundertfaches Nagen und Beißen hungriger Laufkäfer zu hören, und von piepsenden, hin und her huschenden Mäusen schienen Legionen in dieser Maloca zu hausen. Dann und wann drehte ein Indianer sich in der Hängematte, beugte sich zu den erlöschenden Scheitern hinunter, fachte das Feuer durch kräftiges Blasen an und streckte sich erneut zum Schlafe aus. Endlich nickte auch ich wieder ein.

Es war heller Morgen, als ich erwachte. Ringsherum herrschte bereits emsiges Treiben. Noch während ich schlief, hatten die Frauen große Mengen Maiskolben vom Vorratslager heruntergeholt. Nun trugen sie vom Bächlein in kugeligen Tonkrügen Wasser herauf, wuschen die Chicha-Häfen aus und füllten große Kochgefäße mit Wasser und Maiskörnern.
Ich rieb mir verschlafen die Augen, schwang mich aus der Hängematte und faltete meine Decken zusammen.
„*Bom dia*", ertönte eine Stimme hinter mir. Der Häuptling Waitó wünschte mir einen guten Tag. Er gab mir die Hand und wollte mich wieder umarmen und auf den Rücken klopfen. Diesmal aber zeigte ich ihm nur ein erstauntes Gesicht. Und der intelligente Waitó begriff schnell, daß ich von ihm keine brasilianische Manier erlernen wollte. Bald erfuhr ich denn auch, wie sich die Tupari guten Tag sagen.
„*Äpaka-nä-än?*" fragt man. „Bist du wach geworden?" — Und die Antwort lautet: „*Wäpaka on!* — Ich bin wach geworden!" „*Poarä!* — Es ist gut!" lächelt dann der erste. Und so wurde ich nun in der Folge monatelang von den Indianern begrüßt, wenn sie beim Aufstehen an meiner Hängematte vorbeikamen.
Aber zurück zu Waitó!
„Hier — ich Häuptling — arbeiten — Baum schneiden", erklärte er mir und schaute mich an, als frage er um Erlaubnis, ob er Wald roden gehen dürfe.
„*Está bom*", sagte ich. Und der Häuptling kehrte zu seinem Lager zurück, das sich etwa dreißig Meter weiter auf der anderen Seite der Hütte befand. Dann kam Curumí und holte mich zum Frühstück ins Nachbarhaus. Wir verspeisten zusammen mit seinem Vater Kuarumä ein Mutum-Huhn, das er tags zuvor erlegt hatte. Die Frauen und Kinder warfen zuweilen einen schnellen Blick herüber. Alle waren nackt und trugen nur den üblichen Schmuck der Tupari: Nasen- und Lippenstiftchen, Ohrgehänge, Halsketten, Armringe und baumwollene Bänder am Handgelenk und an den Beinen. Aus einiger Entfernung hörte man das Krachen stürzender Bäume. Waitó rodete mit seinen Leuten ein Stück Urwald für neue Pflanzungen.

Ich setzte mich wieder in meine Hängematte. Das Licht, das durch die Türöffnung hereinfiel, reichte gerade für ein paar Tagebuchnotizen. Ringsherum ging die Arbeit weiter. Die Frauen schütteten den ersten gekochten Mais in einen hölzernen Mörser. Dieser mächtige Mahlstock, aus einem etwa anderthalb Meter langen Holzblock gearbeitet, stand mit seinem Fuß im Boden und reichte bis zu den Brüsten der schweißtriefenden Köchinnen hinauf. Die Mörserkeule lief oben in einen handlichen Stiel aus, war im übrigen aber so dick, daß ein Mann sie nur mit Mühe tragen konnte. Als die Maiskörner den Mörser beinahe bis zum Rande füllten, ergriffen mehrere Frauen die Keule am Stiel und drehten sie im Kreis herum. Langsam zerquetschte der walzenförmige Kopf den Mais zu einem gelblichen Brei.

Wieder bot man mir reichlich zu essen an. Ich fragte mich, ob dieses Schlemmerleben so weitergehen würde, aß was herunterging und verstaute das übrige auf dem Vorratsgestell über meiner Hängematte und auf dem nahen Holzstoß.

Am nächsten Morgen aber hatte ich schon Gelegenheit, einmal selbst als Gastgeber zu fungieren. Der junge Moam hatte mit meiner Flinte einen Affen erlegt und noch in der Nacht auf dem Rost gebraten. Nun mußte ich das Biest feierlich aus der Hütte auf den Vorplatz hinaustragen und mit eigener Hand zerlegen. Glücklicherweise half mir dabei Moam, der Jäger. Dann wies mich der Häuptling an, wen ich herbeiwinken sollte, um ihm ein Stück Affenfleisch anzubieten: ein halbes Bein, einen halben Vorderarm, ein paar Rippen oder ein Stück vom Schwanz. Den Kopf mit dem Hirn reservierte er für seine Frauen, und ein gutes Stück hieß er mich für mein Mittag- und Abendessen zurückbehalten.

Gleich nach dem Schmaus wollte ich mich wieder hinter das Tagebuch hocken. Ich war immer bemüht, meine Eindrücke sofort niederzuschreiben, denn es stand zu befürchten, daß mir nach kurzer Zeit schon vieles zu gewohnt und alltäglich erscheinen würde, um es aufzuzeichnen. Kaum schaukelte ich jedoch mit Notizbuch und Füllfeder in der Hängematte, da stand auch schon der Häuptling vor mir, Pfeil und Bogen in der Hand und eine Axt über der Schulter. Kurz und bündig und mit dem ernsten Gesicht, das ich an ihm nun schon kannte und beinahe fürchtete, forderte er mich auf, mit ihm Wald roden zu gehen.

„Embora, trabalhar, cortar paul"

Nun wußte ich zwar, daß ich früher oder später an die Arbeit heranmußte. Darauf hatte mich schon der Senhor Regino in São Luis vorbereitet. Aber ich wollte das Unvermeidliche so lang wie möglich hinausschieben. Also spielte ich den Schwerhörigen. Waitó wiederholte seine

Aufforderung. Seine Miene verfinsterte sich zusehends. Da bedeutete ich ihm, ich wolle heute meine schmutzige Wäsche waschen gehen. Er schien damit zufrieden und ließ mich für diesmal in Ruhe.
In der Tat zog ich mit meinen Hemden und der Khakihose zu dem kleinen Bach hinunter, der mit Ästen, Laub und Dreck etwa knietief gestaut war. Hier schöpften die Frauen das Wasser zum Kochen, und hier pflegte sich auch groß und klein zu waschen und zu erfrischen.
Von der Rodung drang das Krachen der stürzenden Bäume herüber und begleitete meine neue Beschäftigung: Einseifen, Reiben, Klopfen, Drücken und Auswinden und wieder Einseifen, Reiben, Klopfen, Drücken ...
Ein paar Indianerinnen kamen, um weiter oben am Bach ihre Krüge zu füllen. Sie guckten mir eine Weile zu, kicherten und verschwanden wieder mit geschulterten Töpfen.
Als ich müde von der ungewohnten Arbeit in die Hütte zurückkehrte, sah ich mich plötzlich von einer Schar nackter Weiber umringt. Eifrig redeten sie auf mich ein mit unverständlichen Worten. Dann aber streckten sie mir ihre bunten, aus verschiedenen Samen hergestellten Halsketten mit deutlichen Gebärden entgegen und sahen mich fragend an.
Darum also geht es, meine Damen! Ihr wollt die Abwesenheit eurer Männer zu einem kleinen Tauschgeschäft benützen! Ich konnte nicht widerstehen und kramte aus meinem Gepäck ein paar Spiegelchen, Kämme und Nadeln hervor. Aber da tauchten plötzlich zwei Männer auf. Mit geschulterter Axt kehrten sie von der Rodungsarbeit zurück. Und wie eine Schar aufgescheuchter Spatzen stoben die Frauen auseinander. —
In dieser Nacht schreckte mich wieder eine feierliche Rede aus dem Schlaf. Ich kniff mich in den Arm, um sicher zu sein, daß ich nicht träumte. Angestrengt lauschte ich dem Schwall der erregten Worte, konnte aber nur ein einziges verstehen: *„karampod“* — das heißt „alter Mann“. Die Stimme schien dieselbe zu sein, die ich schon letzte Nacht vernommen hatte. Sie mußte einem Mann in gesetzten Jahren gehören, und der gewaltige Ernst, mit dem er seinen Gefühlen Luft machte, ließ mich erschauern. Wenn er zum Höhepunkt seiner Deklamation kam und ein Wort dreimal mit steigender Leidenschaft ausstieß, lief es mir wahrhaftig kalt den Rücken hinunter. Und doch hatte ich keinen Anlaß anzunehmen, daß ich an seinem Zorne schuld sei.
Wieder fragte ich am Morgen Curumí, was die nächtliche Rede des geheimnisvollen Unbekannten bedeute. Aber der bockbeinige Bursche wollte noch immer nicht mit der Sprache herausrücken.
„Não sei — ich weiß nicht“, brummte er mißmutig.
Auch gestern hatte ich Moam meine Flinte geliehen, und der junge Bur-

sche wußte offenbar damit umzugehen. Wie tags zuvor trug ich einen gebratenen Affen samt gekochten Yuca-Wurzeln und etwas Mais auf den Platz und hatte die Ehre, den Schmaus zu verteilen. Dann setzte ich mich wieder in die Hängematte und widmete mich meinem Tagebuch. Und wieder erschien der Häuptling mit Pfeil und Bogen und mit der Axt. Er blieb bei mir stehen und befahl kurz:

„Los! Arbeiten! Baum fällen!"

Selbst ein Taubstummer hätte die deutlichen Gebärden verstehen müssen. Aber ich tat so, als begriffe ich nicht.

„Los! Arbeiten! Ganz kleine Bäume fällen!" wiederholte er todernst und zeigte mit der Hand, daß ich nur ganz dünne Bäumchen umhacken sollte. Ich machte immer noch keine Miene aufzustehen, sondern schrieb ruhig weiter und schaute Waitó zwischenherein nur verwundert an.

Das war natürlich eine große Unverschämtheit meinem Gastgeber gegenüber. Es reizte mich aber zu erfahren, wie weit ich es wohl treiben dürfte.

Da schwoll dem Häuptling die Zornesader. Mit erbostem Gesicht wandte er sich ab und ging in die Hütte zurück. Nach kurzer Zeit erschien er wieder und verließ das Haus, ohne mich eines Blickes zu würdigen. Doch schon tauchte der stämmige Iad neben mir auf. Er war noch ein junger Kerl, schien aber bei seinen Stammesgenossen ein besonderes Ansehen zu genießen. Erst nach Wochen erfuhr ich, daß er der einzige Bruder Waitó's war und als eine Art Unterhäuptling galt.

Iad stellte sich vor meiner Hängematte auf und schwatzte so lange in gebrochenem Portugiesisch und beredter Zeichensprache auf mich ein, bis ich schließlich mein Buschmesser hervorholte und folgsam hinter ihm hertrottete. Wir überquerten den kleinen Bach. Von weitem hörte man Axthiebe und den dumpfen Fall der Bäume, jeweils begleitet von einem Freudengeheul der Indianer. Auf einem breit ausgetretenen Pfad gelangten wir schnell zu der Rodung.

Dort war in den letzten Wochen tüchtig gearbeitet worden. Ich schätzte den geschlagenen Wald auf etwa zwei Hektar. An die dreißig Männer waren eifrig bei der Arbeit. Jeder schwang eine eiserne Axt, die zum Teil schon stark abgenützt war. Iad rief den Häuptling. Der empfing mich, den angehenden Holzhacker, mit strahlender Miene.

„Ganz kleine Bäume fällen", wiederholte er, und sein Gesicht versprach tröstlich, daß man mich mit der Arbeit nicht zu Tode schinden wolle. Dann gab er seinem kleinen Sohn Konkwad einige Anweisungen, die ich aber nicht verstand.

Der etwa zwölfjährige Knirps maß mich mit keckem Blick und machte eine einladende Handbewegung:

90

„*Oka küpora!*" sagte er und ging mir mit einer Gruppe von etwa einem Dutzend Jungen voran. Die kleinsten von ihnen mochten acht, die größten vielleicht vierzehn Jahre alt sein.

Ich wurde also dem Knaben-Detachement zugeteilt! Mit Buschmessern sollten wir die kleineren Bäume umschlagen. Nach uns kamen die Männer und fällten mit ihren Äxten die dicken Stämme, unter denen sich mächtige Urwaldriesen befanden.

Waitó's Junge zeigte auf einen etwa fünfzehn Zentimeter dicken Baum.

„*Hään pora, hään pora . . .!*" befahl er mir eifrig. Ich zog jedoch erst einmal Schreibheft und Bleistift heraus und notierte „*Hään pora . . .* — Hau diesen um . . .", mußte das wohl heißen. Und dann packte ich die ungewohnte Arbeit an. Es blieb nicht bei dem einen Baum. Kaum lag er am Boden, da zeigte Konkwad mir einen anderen, dickeren. Aber auch er selber und seine Kameraden blieben nicht müßig, sondern schlugen mit ihren Buschmessern drein, daß es eine Freude war.

Meine Finger begannen zu schmerzen. Bald konnte ich das Buschmesser kaum noch halten. Auf der Handfläche und an den Fingern bildeten sich Blasen, und ich war jedesmal froh, wenn die Männer uns herüberriefen, wir sollten uns aus dem Staube machen, ein Baumriese sei dem Umstürzen nahe. Aber wenn dann der mächtige Stamm mit ungeheurem Bersten und Prasseln und unter Jubelgeschrei zu Boden gekracht war, ging die Arbeit weiter. Es war ärgerlich genug: die Jungen brachten ihre Bäume mit einem hübschen keilförmigen Schnitt zum Stürzen, denn ihre Hiebe saßen sicher an der Stelle, wo sie hinschlagen wollten. Dabei mußte mancher der Knirpse sein Messer noch mit beiden Händchen halten, weil der Griff zu dick war. Mein Schnitt dagegen war zerhackt und unregelmäßig, und ich brauchte wenigstens die doppelte Zeit wie meine kleinen Kollegen.

Endlich schienen auch die Buben genug zu haben. Wir verzogen uns in das Dickicht hinein, und nun verwandelte sich der Wald in eine große Turnhalle. Die kleinen Kerle kletterten an dicken Lianen hoch wie Affen und schaukelten und schwangen sich hin und her. Andere wieder zogen und zerrten an den starken Ranken und versuchten, ihre Freunde herunterzureißen. Alles schrie und lachte wie auf einem Schulplatz während der Pause. Von fern tönten die Axthiebe der Männer. Aber das Jungvolk schien nicht mehr ans Roden zu denken.

Gegen Mittag kam Waitó zu uns herüber. Er fragte seinen Sprößling nach meiner Arbeit. Der Junge rapportierte ihm getreulich. Mit sichtlicher Freude ahmte er meine ungeschickten Hiebe nach und grinste mitleidig zu mir herüber. Der Alte lachte gutmütig, gerade so als dächte er: „Was nicht ist, kann noch werden."

Es war an der Zeit heimzukehren. In dem kleinen Bächlein nahmen wir noch ein Bad, und zu Hause brachte der Häuptling jedem eine Kürbisschale unvergorener dicker Mais-Chicha. Die Indianer gossen sie hinunter ohne abzusetzen. Die Frauen schleppten derweil unermüdlich riesige Mengen Yuca- und Yamsknollen heran und häuften sie am Hauptdurchgang neben meiner Hängematte auf.

Vorläufig verschonte man mich mit weiterer Arbeit und ich verbrachte den Nachmittag hauptsächlich damit, ein paar kleinen Kindern Kopf, Arme und Beine oder den Hinterteil zu waschen, alte Krusten aufzuweichen und die wohl von den vielen Insektenstichen herrührenden schwärenden Wunden mit Mercuriochrom-Lösung zu bestreichen. Ein mißtrauischer Papa roch an der roten Tinktur und fragte, ob das Blut sei. Schließlich erlaubte er aber doch, daß ich sein Töchterchen damit anstrich. Und ich war selbst recht gespannt, ob ich aus meinen Versuchen als guter Medizinmann hervorgehen würde.

In der folgenden Nacht war es nicht die Brandrede eines erzürnten Indianers, die mich um den Schlaf brachte, sondern das emsige Schnattern und Kichern einer Schar Frauen. Wahrhaftig, schon um zwei Uhr morgens waren sie daran, im Scheine eines Harzlichtes den großen Haufen Yams- und Yucaknollen zu schälen und zu zerstückeln.

Der Tag brach kaum an, da holte mich der kleine Häuptlingssohn zum Holzfällen. Ich widersetzte mich nicht mehr. Zwar schmerzten mir noch Hand und Arm vom Vortag her. Aber gutwillige Mitarbeit war doch wohl der beste Weg, um das Vertrauen des Häuptlings und seiner Leute zu gewinnen. Zudem lernte ich von den Buben am ehesten die Stammessprache. Sie verstanden kein Wort portugiesisch und kamen also gar nicht erst in Versuchung, wie die Alten mit fünf oder zehn elenden Brocken portugiesisch mir alles und jedes sagen zu wollen. So schlug ich denn mit wunden Fingern drein, und die Buben erteilten mir bereitwillig Sprachunterricht.

„*Kadarä hoowäd?* — Was ist das?" — „*Ä-purpä-nä-hään?* — Ist das dein Buschmesser?" ...

Am Nachmittag meldete ich mich freiwillig zur Arbeit, obwohl der Häuptling erklärte, ich dürfe nun ruhig daheim bleiben, ich sei gewiß müde. Mein Eifer lohnte sich. Statt Bäume zu fällen kam ich eben zur rechten Zeit, um beim Honigschlecken mitzumachen. Einer der Stämme hatte ein Bienennest geborgen, und nun leckten und schleckten die Indianer und verzehrten die Waben mitsamt den Maden. Dann entdeckten sie in einer Palme noch ein paar fette Engerlinge. Auch mir streckte ein junger Bursche drei dieser krabbelnden Dinger entgegen. Ich lehnte das höfliche Anerbieten jedoch ab. Er schaute verblüfft, biß dann rasch den sich verzweifelt krümmenden Würmern den Kopf ab, schlürfte den dickflüssigen, gelblichen Inhalt heraus und kaute schließlich auch die zähe Haut mit sichtlichem Vergnügen.

Früher als am Vortag verließen wir die Rodung. In der Maloca herrschte Hochbetrieb. Was der Häuptling von einem bevorstehenden großen Trinkgelage erzählt hatte, schien ernst zu gelten. Die Stärkewurzeln waren schon in den Kochtöpfen und Mahlstöcken verschwunden. Jetzt holten die Weiber Mais von der Hürde herunter, entfernten die Schale und körnten die Kolben ab. Auch Erdnüsse wurden geschält und zu den Maiskörnern und den kochenden Wurzelknollen geworfen. Unterdessen kauten die Frauen unermüdlich gerösteten Mais und gekochte Knollen, spuckten die gut mit Speichel durchsetzte Masse in eine Kürbisschale und mischten sie unter die Brühe.

Der Anblick der Chicha brauenden Frauen versetzte die jungen Männer in Begeisterung. Sie stimmten eine rhythmische Melodie an und reihten sich zum Tanz. Und auch die Buben hielt es nicht länger. Mit kleinen Pfeilen und Bogen oder einem sauber geschabten Stab bewaffnet traten sie zuerst zu Waitó, der sich am Rande des Platzes an einem Feuer wärmte. Von ihm ließen sie sich eine Strophe vorsingen. Dann summten sie nach, um zu sehen, ob sie es auch richtig begriffen hatten. Waitó nickte zustimmend, und nun stellten die Bürschchen sich vor der Hütte in drei Reihen auf und begannen laut zu singen. Im Takt gingen sie drei Schritte vorwärts, drei Schritte zurück. Dazu klatschten sie mit dem rechten Fuß immer kräftig auf den Boden.

Der Mond stieg über den Waldrand und warf einen silbrigen Schimmer auf die Lichtung.

„Pransico ... Pransico ...", rief mich der kleine Konkwad. „Oka, kiäka!" Er packte mich an der Hand und zerrte mich mit in die Reihe der Tänzer — vor und zurück, vor und zurück ...

Und nun hinein in die dunkle Hütte! Wie entsetzt die Frauen hochfahren, wie sie sich ereifern und schützend vor ihre Chicha-Häfen stellen! Aber schließlich lachen auch sie über den Übermut der ausgelassenen Bande, und keine nimmt uns den Radau übel! —

Noch einen Tag lang sollten wir tüchtig Bäume fällen. Knaben und Männer zogen zur Rodung. Und nachdem ein Junge mein Buschmesser an einem schon stark abgewetzten Sandstein geschliffen hatte, folgte auch ich. Aber viel Lust zur Arbeit schien niemand mehr zu haben. Immer seltener hörte man Axtschläge, und schließlich widmeten sich alle Tupari nur noch — ihrer Toilette!

Mit dem Saft grüner Genipa-Früchte zogen sie sich gegenseitig lange Streifen über den Körper, Arme und Beine und ins Gesicht. Dann hießen sie mich das Hemd ausziehen und unterwarfen mich der gleichen Prozedur. Bald prangte mir auf der Brust ein großes Dreieck, und meinen Rücken zierten breite Striche und Wellenlinien. Auch mein Gesicht blieb nicht verschont. Der farblose Genipa-Saft hat nämlich die Eigentümlichkeit, langsam in die Haut einzudringen und die bemalten Stellen blauschwarz zu färben. Erst nach mehreren Tagen verschwindet die Farbe wieder allmählich.

Während wir „Holzfäller" uns ausgiebig verschönten, hatten die Weiber noch alle Hände voll zu tun. Immer noch mehr Mais und Erdnüsse wurden gekocht und zerquetscht. Vor allem aber galt es, die in zahlreichen bauchigen Gefäßen gärende Brühe zu sieben. Was zu dick war, mußte verdünnt werden. Was zu dünn geraten war, wurde mit dickerer Chicha aufgefüllt. Und die erfahrenen Brauerinnen mixten, probierten und schmatzten.

Chicha, Tanz und Gesang

Ich erwachte mitten in der Nacht. Ein Harzlicht und die vielen kleinen Lagerfeuer erleuchteten schwach das riesige Haus. Dunkle Gestalten huschten hin und her. Von allen Seiten hörte ich halblaute Worte, das Glucksen und Plätschern der Chicha und gieriges Schlucken. Weit weg, wohl unten am Bächlein, erklangen laute Flötentöne. Das mußten die Buben sein. Sie hatten tags zuvor Bambusröhren geschnitten. Ich langte nach der Taschenlampe und schaute auf die Uhr. Es war halb eins.

Als ich gegen Morgen zum zweitenmal aufwachte, besuchte mich der alte Tokürürü, dem man eine Art Häuptlingsrang zuerkannte. Er bot mir eine Kürbisschale mit gegorener Chicha an. Ich roch, trank — und es schmeckte mir ganz gut. Der Alte war zufrieden und zog sich zurück. Aber dann kam ein Indianer nach dem andern, jeder mit einer Schale Chicha, und alle diese Schalen sollte ich leeren.

„Poanä? — Trink, es ist gute Chicha!" drangen sie auf mich ein.

Was, du kannst nicht mehr? fragten ihre erstaunten Mienen. So erbrich doch einfach, dann kannst du weitertrinken! — und sie demonstrierten mir diesen Vorgang sehr anschaulich.

Nun konnte ich unmöglich die Mengen trinken, die sie selber dank lebenslanger Übung ohne Schwierigkeit bewältigten. Ein paar Schluck jedoch mußte ich von allen annehmen. Und es waren viele, die mich be-

wirten kamen. Der Veranstalter des Gelages, also der Mann, der Yuca
und Mais zum Brauen stiftet, stellt nämlich nach Stammesbrauch jedem
Mann der Gruppe einen vollen Hafen zur Verfügung, das heißt so weit
der Vorrat reicht. Denn natürlich will er selbst sich auch zwei, drei Tage
lang gehörig betrinken.
So schöpften die glücklichen Besitzer für sich und ihre Familien von dem
begehrten Trank, bewirteten all ihre Freunde und Verwandten und vor
allem auch die Häuptlinge.
Je höher draußen die Sonne stieg, umso lauter wurde es in der Hütte.
Einige Männer griffen zu einfachen Bambusflöten, stimmten ein paar
monotone Weisen an, fielen dann in eine kleine Tanzmelodie und liefen
im Takt um die Chicha-Krüge herum. Angeheiterte Männer und Weiber
schlossen sich dem Tanz an. Aber es herrschte noch nicht die rechte Stimmung, um einen ordentlichen Reigen aufkommen zu lassen.
Hingegen ergriff die Indianer plötzlich eine sonderbare Kauf- und Tausch-
lust. Von den früheren Besuchern her wußten sie schon, worauf die fremden „Doktoren" erpicht waren. Und nun schleppten sie heran: Pfeile und
Bogen, Halsketten, Ohren- und Nasenschmuck und dergleichen mehr.
Sogar Hängematten brachten sie, von den Frauen selbst gesponnen, ge-
knüpft und gefärbt. Als Bezahlung wollten sie eine Axt oder ein Buschmesser. Schließlich konnte ich den Andrang nicht mehr bewältigen. Die
Enttäuschung war groß, als ich den Markt kurzerhand abbrach, meine
Schachteln und Säcke verschloß und die Indianer „auf Morgen" ver-
tröstete.
Es war aber genug Chicha in den vollen Häfen, um den Ärger zu ertränken. Schon am Mittag lag dieser und jener schwer benebelt in seiner
Hängematte. Männer und Frauen tranken, tranken und tranken, erbrachen
sich, wenn der Magen voll war und begannen von neuem, soffen und
gröhlten in wirrem Durcheinander ihre Stammesweisen und Lieder, die
ihnen die Journalisten aus Buenos Aires beigebracht hatten.
Andere dagegen stimmten die Exzesse trübsinnig. Sie hockten sich zu mir
und klagten ihr Leid. Bei der Einfachheit ihrer Anliegen genügte unser
gemeinsamer Sprachschatz zusammen mit der Zeichensprache. Groß war
vor allem die Mißstimmung über die armselige Bezahlung, die meine
Reisegefährten in São Luis für ihre wochenlange Arbeit erhalten hatten.
Vergeblich versuchte ich die Indianer zu überzeugen, der „Alemão" werde
ihnen Äxte und Buschmesser herschicken, sobald der Senhor R. mit den
Sachen ankomme. Sie konnten einfach nicht verstehen, daß dieser der
verantwortliche Besitzer, Angele aber nur der Angestellte war.
Von der gleichen Art waren die Klagen über „Tiboro" und „Maria", die

Gäste aus Buenos Aires, die vor ein paar Monaten zu Besuch gewesen waren. Zwar wären sie nicht „brabos", das heißt „wild, bösartig" gewesen, sondern hätten im Gegenteil viel gesungen und Allotria gemacht. Aber dann hätten sie Hängematten, Tragnetze, Bogen, Pfeile und vieles andere mitgenommen, ohne es recht zu bezahlen. Sie werden aber, versicherten mir die vertrauensseligen Indianer, in einem Flugzeug wiederkommen, vor ihrer Hütte landen und die Bezahlung bringen: Hemden, Hosen, Flinten, Äxte, Messer, Zucker, Salz und was immer ein Indianerherz sich an Kostbarkeiten vorstellen kann. Viele glaubten fest an die Verheißung dieser wunderbaren Wiederkunft des Journalistenpaares. Aber es gab auch Männer, die lieber den Spatz in der Hand gehabt hätten und nachträglich an den Versprechungen der Reisenden zu zweifeln begannen.

Kuarumä, der Häuptling der Nachbarhütte, hatte gleichfalls von Waitó einen großen Chicha-Topf erhalten und wacker gezecht. Jetzt räsonierte er trübselig gegen die alten Gäste. Sein großer Kummer galt jedoch anderem. Immer wieder kam er auf das erschreckende Massensterben zu sprechen, das seinen Stamm und auch die Nachbarstämme seit dem Eindringen der Weißen in den Rio Branco langsam zu Grunde richtete. Er wurde nicht müde aufzuzählen, wie zahlreich die Tupari gewesen, als er noch ein Knabe war. Dann waren die Fremdlinge gekommen und mit ihnen der Katarrh.

„Koo . . .!" sagte Kuarumä und ahmte den Husten nach, der seine Stammesgenossen umgebracht hatte. Es war offenbar der gewöhnliche Schnupfen, der so übel gehaust hatte. Denn diese für uns meist so harmlose Krankheit stammt aus dem europäisch-asiatischen Kontinent, und durch tausend Infektionen sind wir langsam widerstandsfähig geworden. Die Indianer hingegen griff der Katarrh bei jedem Zusammentreffen mit Weißen mit großer Heftigkeit an und endete wahrscheinlich bei den meisten in tödlicher Bronchitis oder Lungenentzündung.

Husten . . . Tod . . . Husten . . . Tod . . ., lautete Kuarumä's erschütternde Chronik. Schließlich waren vom ganzen Stamm nur zwei Häuser übriggeblieben. Er, Kuarumä, kommandierte noch ganze zehn Familien.

Dann belegte mich Waitó mit Beschlag. Mit einer Ausdauer, die seiner Trinkfestigkeit in keiner Weise nachstand, ließ er es sich angelegen sein, mich von seinem großen Besitz an Yuca, Hualusa- und Yamsknollen, Mais, Bananen, Papaya-Früchten und Tabak zu überzeugen. Und wieviele Arten von schmackhaften Tieren es in den Wäldern der Tupari gab!

Auch von ihren Nachbarn erzählten die Indianer. Da wurden greuliche Dinge berichtet von den *Hamno*, die irgendwo im Nordosten wohnten. Ich fragte die Tupari, ob sie mich dorthin begleiten wollten, aber sie wehrten entsetzt ab. Niemand kenne den Weg, sagten sie. Es gäbe überhaupt keinen Pfad dahin, und die Hamno seien so bösartig, daß keiner von uns lebendig zurückkommen würde.

Ein schwieriger Fall war Curumí. Vor Jahren, noch als Knabe, hatte er das Dorf Guajará besucht. Er verstand etwas portugiesisch, besaß eine schadhafte Flinte und fühlte sich seinen Stammesgenossen unsagbar überlegen. Schon am Morgen des Trinkfestes hatte er erklärt, mit dieser Saufbande wolle er nichts zu tun haben und war auf die Jagd gegangen. Stolz war er mit vier schwarzen Affen heimgekehrt. Am Abend aber hatte er der lockenden Chicha doch nicht widerstehen können. Und nun befand er sich in jenem unglücklichen Stadium der Trunkenheit, in dem man sich den schwärzesten Gedanken über das Dasein hingibt und sich ausmalt, wie alles hätte anders sein können, und wo das konfuse Hirn nach einer radikalen Lösung aller Schwierigkeiten und einem Ende aller Trübsal sucht. Er wolle mich nach dem Dorf der Weißen begleiten, sagte er. Dort müsse ich ihm Kleider, Schuhe, einen Hut und noch vieles andere kaufen. Auch taugten die Frauen seines Stammes nichts, und ich sollte ihm eine große weiße Frau besorgen.

Draußen auf dem nächtlichen Platz hatte sich inzwischen beinahe der ganze Stamm versammelt. Ein Dutzend Bläser reihte sich um eine in den Boden gerammte Stange. In der linken Hand hielten sie die Bambustrompeten, die Rechte lag auf der Schulter des Nebenmannes. Zu einer einfachen Melodie bewegten sie sich mit kleinen seitlichen Schritten im Kreis herum.

Bald schlossen sich weitere Kreise von Tänzern an, ein jeder mit Pfeil und Bogen in der Hand oder mit geschulterter Espada. Den äußersten Ring bildeten die Weiber. Sie hielten sich an den Händen oder faßten sich um Hüften und Nacken.

Im Rhythmus der Musik drehten die Reihen sich langsam im Kreis. Von Zeit zu Zeit traten sie auf der Stelle, machten — immer im gleichen Takt — ein paar kurze Schritte zurück und nahmen dann mit wilden Schreien die langsame Drehung nach rechts wieder auf. Bald bliesen die Musikanten Solo, bald stimmten die Tänzer mit ein. Nach etwa einer Viertelstunde kündete eine eigenartige Kadenz das Ende des Tanzes an. Der Reigen stand still. Die Indianer brüllten ein schauerliches „Huuuuh!" in die dunkle Nacht hinaus, liefen dann nach allen Seiten auseinander, füllten ihre Kürbisschalen und kauerten sich um große Feuer, die an mehreren Stellen loderten.

Wieder huben die Bläser an. Und diesmal mußte auch ich mit. Ein Tupari zog mich einfach in den Kreis der Tänzer. Nachher lud er mich ein, mit ihm in die Hütte zu kommen und seine Chicha zu kosten. Kaum traten wir aber in die schwach erleuchtete Behausung, da packten mich zwei kräftige Arme. Ein schielendes Weib mit hängenden Brüsten lachte mich an:

„Toto! Oka, kiäka, hodanna! — Großpapa, komm tanzen und singen!"
Und ehe ich mich dessen versah, hatten mich zwei Frauen in die Mitte genommen. Sie umklammerten meine Hände und zerrten mich im Tanzschritt hinter einigen Burschen her, die als Vorsänger der Schar von Weibern und Kindern vorangingen. Dieser Gesellschaft war nicht wieder zu entkommen. Vergeblich versuchte ich, hinaus zu den tanzenden Männern zurückzukehren. Auch eine Flucht in die Hängematte wußten die Weiber zu vereiteln. Und es war nicht möglich, mich ihrem sanften Zwang zu widersetzen, ohne grob und unhöflich zu werden.
Meine Tänzerin zur Linken war eine junge Frau. In der Tragschlinge schleppte sie ihren Säugling mit sich. Bald wurde sie schläfrig und verschwand im Dunkel. Die alte Schieläugige zu meiner Rechten dagegen schien unermüdlich. An ihrer linken Seite ging ein kräftiges Mädchen von vielleicht fünfzehn Jahren. Hin und wieder warf mir die Kleine einen verstohlenen Blick zu. In den Pausen begann sie mir verschiedene Worte in ihrer Sprache vorzusagen, und ich versuchte mit mehr oder weniger Erfolg nachzusprechen. Sie lachte herzlich dazu und zeigte zwei Reihen gesunder weißer Zähne.
Die Vorsänger begannen von neuem, und wieder legte mir die Alte den Arm um die Schulter und hieß mich, dasselbe bei ihr zu tun. Da zupfte mich jemand von hinten an der Hand. Die Alte? Nein, die stampfte vom Rhythmus gefangen einher. Aber die Kleine, sollte die etwa . . .? Wahrhaftig, sie suchte meine Hand, streichelte sie und drückte sie mutwillig. Und schon bei der nächsten Runde wußte sie es so einzurichten, daß ich zwischen ihr und der Alten zu tanzen kam. Keck faßte sie mich um den bloßen Oberkörper und legte meinen Arm um ihre Hüfte. Erlosch das schwache Harzlicht für einen Augenblick oder befanden wir uns im dunklen Schatten, dann tastete sie meinen Körper liebkosend ab.
Ganz wohl war mir bei dieser unerwarteten Wendung des Tanzes nicht. Auch die kleine Indianerin schien ein schlechtes Gewissen zu haben. Aber meine Neugierde war erwacht. Und welchem Mann erschiene es nicht reizvoll, die Sympathie eines Mädchens zu finden, selbst im tiefsten Urwald des Matto Grosso? Doch kannte ich die Eifersucht der Indianer. Wußte ich denn, ob die Kleine versprochen, verlobt oder gar verheiratet war? In der Dunkelheit plötzlich einen Pfeil zwischen die Rippen zu bekommen, lockte mich keineswegs.

Endlich wurde die Tanzgesellschaft müde. Die Bläser hatten schon abgebrochen und waren schlafen gegangen. Meine junge Partnerin verschwand plötzlich, und die Frauen hatten nichts mehr dagegen, daß auch ich in die Hängematte kletterte.

Ich erwachte mit schwerem Kopf. Der Festbetrieb hatte bereits wieder begonnen. Zu meinem Kummer bemerkte ich, daß meine Hängematte wohl am ungeeignetsten Platz der Hütte angebracht war. Der geräumige Durchgang, an dem ich wohnte, war der Lieblingsaufenthalt der begeisterten Trinker. Da waren sie in der Nähe der Chicha-Häfen, konnten dem Treiben in der Hütte zuschauen und wurden doch von den Tänzern nicht gestört. Den Männern aus der andern Hütte, die über keinen eigenen Biertopf verfügten, schien es zudem der geeignete Ort, sich von den glücklicheren Stammesgenossen bewirten zu lassen.

So saß ich also im Brennpunkt des Gelages, inmitten einer johlenden Schar, die da trank, sich erbrach und wieder trank. Auch Curumí, der weitgereiste, hatte es aufgegeben, sich von seinen Stammesbrüdern zu distanzieren, soff mit ihnen, gröhlte und lachte.

Plötzlich jedoch wandte er sich mir zu:

„Iad ist wütend auf dich und seine Frau“, sagte er ernst. „Was hast du letzte Nacht mit seiner Frau gemacht?“

Iad? Seine Frau? Nun, die kannte ich doch. Sie saß fast jeden Abend mit ihm zum Essen vor der Hütte draußen. Während des ganzen Festes hatte ich sie nicht gesehen. Was also meinte Curumí?

Ich suchte eine nähere Erklärung aus ihm herauszuholen, aber er hörte mir gar nicht mehr zu.

Kuarumä war heute in ganz großer Stimmung. Er bestand sogar darauf, daß ich seiner Frau eine Kalebasse Chicha in die Nachbarhütte trug. Als ich die leere Schale zurückbrachte, führte er mich durch das Gewirr der Hängematten zu einem alten Weib. Er reichte auch ihr von dem dicklichen Bier. Aber die Alte schien weniger nach Chicha zu dürsten als nach Neuigkeiten. Sie stellte die Schale auf den Boden und begann Kuarumä auszufragen. Der setzte sich in eine Hängematte und schob mir einen Schemel zu. Ich hatte eben Platz genommen, da beugte sich die Alte vor und fuhr mit der Hand über meine Hosen, über die bloße Brust und die Haare. Und über alles schien sie dem Häuptling ihre Meinung zu sagen. Er lachte, und die Alte fuhr mit ihrer sonderbaren Untersuchung fort. Nun tastete sie meine Ohrläppchen, die Nasenlöcher und die Lippen ab und fuhr mir dabei mit ihren Fingern unbekümmert in den Mund und in die Nase hinein. Kuarumä wiegte dazu den Kopf und machte ein ernstes Gesicht.

Da erhob sich die Alte, band von einem verrußten Balken einen kleinen Flaschenkürbis los und kramte eine lange Nadel heraus. Kuarumä zeigte auf die Löcher in seiner Nase, in seinen Lippen und Ohren. Die Alte werde mir jetzt auch schnell solche Löcher machen, erklärte er.
„Nur ruhig", ermunterte er mich. „Es tut nicht weh."
Nun war ich zwar zu großen Opfern bereit, aber diese Zumutung schien mir doch übertrieben. Ich beteuerte dem Häuptling und der Alten, mein Gesicht sei mir ohne Löcher lieber, und außerdem hätte ich große Angst vor der schmerzhaften Operation. Das freundliche Paar blieb anderer Meinung und versicherte mir ein ums andere Mal, ein Mensch ohne Stäbchen in der Nase und in den Lippen und ohne Ohrgehänge sähe aus wie ein Affe. Aber ich ließ mich nicht erweichen. Enttäuscht packte die alte Indianerin ihre rostige Nadel wieder ein und knüpfte den Kürbis an den Balken.
Am späten Abend verlangten die Tupari abermals nach meinem Radio. Andächtig lauschte die trunkene Bande Händels Großem Alleluja. Aber die Müdigkeit war zu stark. Zwei Buben legten sich einfach auf den Boden und schliefen ein, und bald suchten auch die anderen Zuhörer ihre Hängematten auf. Ein paar ganz Unentwegte wandten sich wieder der Chicha zu und krakeelten weiter.
Am dritten Tag wurde mir das Saufgelage zuwider. Um richtig mitzumachen, war mein Magen noch nicht widerstandsfähig genug, und zudem dachte kaum noch jemand ans Kochen. Es war ein Glück, daß wenigstens der Nachbarhäuptling Kuarumä sich meiner erinnerte und ein Hühnchen für mich schlachten ließ.
Kuarumä hatte zwei Frauen, wie es offenbar einem Häuptling zustand. Seine Kinderschar schaute mir beim Essen zu.
Ich dankte Kuarumä, gab aber meiner Verwunderung Ausdruck, daß er eines seiner wenigen Hühner geopfert hatte, wo doch vier Affen auf dem Bratrost seines Sohnes Curumí schmorten.
„Morgen wird der Zauberer Waitó Tabak schnupfen", verkündete Kuarumä gewichtig. Irgendwie schienen die Affen damit zusammenzuhängen. Voll Spannung sah ich dem nächsten Tag entgegen.

Schon lange vor Sonnenaufgang hockte Curumí draußen auf dem Platz. In einer irdenen Schale röstete und zerrieb er eine Handvoll brauner Samen, die wie übergroße Linsen aussahen. Unter das feine Pulver mischte er weißliche Asche. Dann legte er auf den dreieckigen Bratrost ein Häufchen Tabakblätter, ließ sie über der Glut ausdörren und zerrieb sie ebenfalls zu Staub.

In der Hütte leerten einige Männer die letzten säuerlichen Reste der Chicha. Aber schon holten die Frauen wieder Mais und Yamsknollen herbei, um neue Chicha zu brauen. An Waldroden dachte heute niemand. Katerstimmung! Nur hier und da schnitzte jemand an Pfeil und Bogen oder flocht eine große Matte. Die Jungen vergnügten sich auf eigene Weise. Drei kleinen Hunden banden sie die Hälse zusammen, und die armen Tiere erdrosselten sich beinahe, um aus den Schlingen zu entkommen.

Nach einer Weile erschien Waitó mit Pfeil und Bogen.

„Gehen wir! Tabaco!"

Und das war die Einladung zu der Zaubersitzung. Offenbar war Waitó nicht nur der führende Häuptling der Tupari, sondern auch ihr oberster Zauberer. Zum erstenmal seit meiner Ankunft sah ich ihn wieder nackt. Seine Arme und Beine waren mit *Urucú* rot bemalt. Am rechten Handgelenk trug er einen dicken Ring, aus der äußeren Schale einer Paranuß geschnitten, und um die Lenden eine dünne schwarze Perlenschnur.

Curumí, der eine Art Zauberlehrling zu sein schien, hatte inzwischen in der Nachbarhütte einen kleinen Tisch vorbereitet: drei Stecken — etwa anderthalb Spannen lang — in den Boden gerammt und darüber ein breites Brett. Darauf lagen verschiedene Gegenstände, die ich bisher noch nicht gesehen hatte. Waitó nannte mir ihre Namen. Da waren zwei lange, fingerdicke Bambusröhren mit schwarzen, durchlöcherten Spitzen. Zwei dickere Röhren, davon eine mit plump eingekratzten Verzierungen, enthielten die beiden Zauberpulver, die Curumí gemahlen hatte. Ferner lagen da ein kleiner Besen, kunstvoll gebunden aus den Schwanzhaaren eines Riesenameisenbären, und zwei Maisblattzigaretten.

Waitó suchte mir den Verwendungszweck dieser Dinge zu erklären. „Tabak essen . . .", radebrechte er und deutete auf seine Nase. Dann rieb und behauchte er die langen Röhren beinahe zärtlich.

Nach und nach versammelte sich ein gutes Dutzend Männer. Sie hatten ihre Hocker mitgebracht und ließen sich im Halbkreis um den Zaubertisch nieder. Nun hauchte Waitó mit geheimnisvoller Gebärde auch über die Pulverbehälter, schüttete daraus zwei Häufchen auf das Zauberbrett und häufelte sie mit dem kleinen Besen ordentlich zusammen. Die Behälter legte er auf den Boden. Dann hieß er mich Platz nehmen und gab einem jungen Mann, der ein Stirnband aus Jaguarfell trug, eine kurze Anweisung.

„Jatí não, morreu não ...", wandte sich der Häuptling tröstend wieder an mich, halb indianisch, halb portugiesisch. „Es wird nicht weh tun, und du wirst daran nicht sterben."

Ich sollte nämlich bei dem bevorstehenden Zauberschnupfen als Erster an die Reihe kommen. Der junge Mann füllte eine Prise Tabakpulver in die Spitze eines der beiden Schnupfrohre und fuhr damit zu meiner Nase. Ich hielt das eine Nasenloch zu und schloß die Augen. Mit einem kräftigen Atemstoß blies er mir die Ladung in die Nase. Ich atmete tief ein, ganz wie mich Waitó geheißen hatte.

Dann aber verging mir Hören und Sehen. Das Pulver schien Nase und Rachen zu verbrennen. Ich mußte husten, spucken und krampfhaft niesen. Der Zaubertisch, der Häuptling, die Hütte, alles drehte sich. Als ich mich endlich etwas erholte, bemerkte ich zu meinem Schreck, daß der junge Zauberer bereits wieder ungeduldig mit dem Schnupfrohr wartete. Ich schaute Waitó aus meinen vertränten Augen hilflos an. Aber ihn rührten meine Qualen nicht. Unbarmherzig forderte er mich auf, ein zweitesmal zu schnupfen. Wollte ich mich nicht blamieren, so mußte ich noch eine Prise aushalten. Diesmal wurde mir beinahe schwarz vor Augen, und ich sah die Umgebung nur noch wie durch einen Nebel. Aus meiner Nase floß brauner Schleim, und was ich mit krampfhaftem Husten ausspuckte, hatte dieselbe teuflische Farbe. Die Augen brannten mir von dem ätzenden Pulver, und in meinem Magen rumorte es, als sollte ich erbrechen.

Nun ließ es Waitó genug sein. Ich durfte mich zu den andern setzen. Alle lachten mich gutmütig an. Als ich jedoch mein Schnupftuch zog, um mir die Nase zu putzen, schauten sie unwillig. Ich sollte die Nase mit den Fingern schneuzen und den Schleim am Schemel abstreichen, so zeigte mir mein Nachbar, der alte Walätä.

Alle Teilnehmer der Zaubersitzung hatten sich inzwischen ihre Stäbchen aus der Nasenscheidewand gezogen. Vor dem Tischchen saßen Waitó und Kuayó, ein weiterer Zauberer. Dahinter hatten der Dickbauch Tadjurú und der junge Zauberer mit der Jaguarmütze Platz genommen. Wir anderen hockten im Halbkreis dem Zaubertisch und der Türöffnung zugewandt.

Und nun begann die Schnupferei im großen Stil. Die Zauberer bliesen

einem jeden etwa zwanzig Prisen in die Nase. Auch ich bekam noch eine
Portion, hütete mich aber, wieder so stark einzuatmen. Zu meinem Vergnügen sah ich sogar die abgebrühten Alten bei den ersten Prisen schmerz-
lich das Gesicht verziehen.

Schließlich wurden Waitó und Kuayó etwa vierzig Prisen verabfolgt. Die
beiden pusteten und niesten, stöhnten und erbrachen sich. Das Narkotikum
begann zu wirken. Die vier Zauberer drehten sich auf ihren Schemeln der
Türöffnung zu und vollführten eine Reihe von Beschwörungen. Mit der
rechten Hand winkten sie zur Tür hinaus, bliesen und fauchten, holten
unsichtbare Dinge aus der Luft zu sich heran und warfen sie wieder weg.
Dann wieder stießen sie merkwürdige Laute hervor: es hörte sich an als
erstickten sie. Und dabei versuchten sie mit der Hand ein geheimnisvolles
Wesen zu erhaschen, das mir allerdings unsichtbar blieb. Endlich sanken
sie müde auf ihren Hockern zusammen und murmelten unverständliche
Worte.

Eine neue Schnupfrunde begann. Auch diesmal erhielten die Zauberer
viel stärkere Prisen als die übrigen Teilnehmer. Trunken starrten ihre geröteten Augen in die Ferne. Die Gesichter schienen fahl vom verstäubten
Puder.

Wieder kehrten sich Waitó und Kuayó der Türe zu. Waitó rieb sich mit
etwas Weißem die Hände ein, strich davon auch über seinen Kopf und
widmete sich von neuem den magischen Handlungen. Zuerst schien es, als
zöge er etwas aus dem Boden. Dann stand er auf, warf etwas Unsichtbares in die Luft, trat vor die Hütte, kehrte zurück und stellte einen
kleinen Schemel vor sich hin, ohne seine beschwörenden Gestikulationen
auch nur einmal zu unterbrechen. Wieder dem Tischlein zugewandt, ruhte
er eine Weile in völliger Erschöpfung und starrte geistesabwesend vor
sich hin.

Was mochte das alles bedeuten? Ich zerbrach mir vergeblich den Kopf.

Es war schon Nachmittag, als die Zauberer die Schnupfrohre zur letzten
Runde füllten. Wieder mußte auch ich ein paar Prisen nehmen, und die
Indianer hatten ihre helle Freude daran, wie ich jedesmal zusammen-
zuckte, wenn mir das Pulver in die Nase stob.

Am nächsten Morgen kauerte Curumí wieder vor der Hütte und mahlte
und mischte Zauberpulver. Ich zog mit den Männern in den Wald zum
Roden. Aber schon gegen zehn Uhr kehrten wir heim. In Kuarumä's
Maloca war alles für die Zaubersitzung vorbereitet. Außer dem Tischchen
mit Zubehör befanden sich diesmal aber bei der Tür noch vier Töpfe mit
verschiedenen Speisen, und daneben zu einem Haufen geschichtet etwa

ein halbes Dutzend gebratener Affen. Gern hätte ich Waitó gefragt, für wen diese Speisen bestimmt waren. Doch dazu reichten meine Sprachkenntnisse noch nicht aus.

Ich wollte mir auch diese Zeremonie nicht entgehen lassen. Aber nochmals das scheußliche Zauberpulver schnupfen? Ich zog vor, nur den unbeteiligten Zuschauer zu spielen und setzte mich außerhalb des Kreises der Zaubergemeinde in eine Hängematte. Von dort aus konnte ich das Ganze gut überblicken.

Die Sitzung begann wie tags zuvor. Nach der zweiten Schnupfrunde aber erhob sich Waitó, wandte sich gegen die Tür, streckte die rechte Hand aus und sang mit leiser Stimme ein kleines Lied. Es schien, als wolle er damit etwas Überirdisches zum Mahle rufen. Denn nun kauerte er sich vor die vollen Töpfe und die gebratenen Affen, tat, als äße er davon und langte dann mit den Fingern aus jedem Topf ein wenig heraus und streckte es einem unsichtbaren Wesen entgegen. Auch einen der Affen bot er dem geheimnisvollen Gast an, und schließlich schöpfte er aus dem vierten Topf eine Schale Chicha heraus und hielt sie eine geraume Weile in die Luft. Aber Waitó war offenbar noch nicht genügend narkotisiert, um die Zauberhandlung zu einem guten Ende zu bringen. Nochmals ließ er sich ein paar Dutzend Prisen in die Nase blasen und fuhr dann halb bewußtlos mit seinem Gemurmel und den Beschwörungen fort. Mit unendlicher Mühe schien er an einem Wesen zu ziehen, das trotz aller Anstrengung nicht aus dem Boden herauskommen wollte. Aber dann gelang es ihm doch, und er warf jedem Teilnehmer etwas Unsichtbares zu, das diese mit großer Behendigkeit aufzufangen schienen. Alle wirbelten mit den Händen in der Luft herum, schaufelten und ruderten und fuhren mit der Rechten zum Nacken.

Damit war der ernste Teil der Sitzung zu Ende. Die Zauberer atmeten auf wie nach schwerster Arbeit oder einem atemraubenden Schauspiel. Unter halblautem Plaudern und Lachen bliesen die Unterzauberer Tadjurú und Padí den Teilnehmern den Rest des Pulvers in die Nasen. Auch ich entging nicht den sechs Prisen, die Waitó mir zugedacht hatte. Zuletzt verteilte der Oberzauberer die zuvor den Geistern dargebotenen Affen an seine Kollegen, und eine Frau brachte Chicha.

Jemand trug sein krankes Kind herbei, um es von Waitó beschwören zu lassen. Ich wollte mir die Szene genauer ansehen. Aber der Vater des Kleinen forderte mich höflich, jedoch entschieden auf, nicht neugierig zu sein und wieder an meinen Platz zu gehen.

Mit wirrem Kopf kehrte ich in unser Haus zurück. Die Buben erwarteten mich mit ein paar gebratenen Eidechsen, die sie mit ihren kleinen Pfeilen

Wenn Tag und Nacht das Feuer um die mächtigen Kochhäfen nicht mehr ausgeht,
dann weiß man: ein dreitägiges Trinkfest steht bevor.

Kab'ä läßt sich von seiner Frau ein neues Baumwollband um das Bein nähen. Diese mit Urucú-Farbe rot gefärbten Bänder sind ein wichtiger Bestandteil des Alltagsschmuckes. Ein Vorrecht der Männer ist das Tragen langer weißer Samenschnüre, die um die Oberarme gewickelt werden. Halsketten aus bunten Samen und schillernden Perlmutterscheibchen dürfen Männer und Frauen tragen.

o schön wie möglich wollen die Tupari-Frauen zum Tanz gehen. Vor jedem Fest
vidmen sie sich intensiv ihrem „make-up". Glatt soll das Gesicht sein. Augen-
rauen und Schläfenhaare werden mit einem gezwirnten Faden geschickt aus-
erupft. Auch die Wimpern wirken störend. Eine hilfsbereite Freundin beißt sie
orsichtig ab.

Die kleinen Mädchen sind das Ebenbild ihrer Mütter: die Sanftmut und Fröhlic
keit in Person.

Auch die Kleinen brauen einmal Chicha. So lernen sie von Kind auf, an de
Arbeit teilzunehmen und auch Freude daran zu haben.

geschossen hatten. Dazu spendierten sie eine Schale gerösteter Maiskörner. Waitó tauchte auf und gab mir einen der Affen, die bei der Zauberzeremonie unter den Opfergaben gelegen hatten. Ich dankte ihm mit dem üblichen „*Poará!* — Es ist gut!"

Erdnußernte und Schlangenbankett

Mit einbrechender Nacht pflegten sich die Indianer in ihre Hängematten zu legen. So schliefen sie zu dieser Jahreszeit der kurzen Tage meist schon um halb sieben oder sieben Uhr. Dafür waren sie aber mehrere Stunden vor der Morgendämmerung wieder munter. Ja, viele Männer standen bereits gegen vier Uhr auf, und da sie in der Dunkelheit nicht viel unternehmen konnten, zündeten sie vor der Hütte ein großes Feuer an, wärmten daran ihre nackten Körper und plauderten. Die jüngeren Leute dagegen zogen zum Baden an den Bach hinunter, machten einen Mordsspektakel, lärmten, lachten, schrien und tuteten mit langen Kürbistrompeten, ohne sich im geringsten um die müden Schläfer zu kümmern. Auch manche Frau erhob sich früh, spann an der Baumwolle oder wirkte ein Tragnetz beim Schein ihres Herdfeuers oder eines kleinen Harzlichtes. Galt es die Yuca- und Yamsknollen zum Chicha-Brauen herzurichten, dann standen die Häuplingsfrauen und ihre Freundinnen schon nachts um zwei Uhr auf. Nackt, wie sie waren, hockten sie in der kühlen Zugluft des Haupteinganges um einen großen Haufen Wurzelknollen, schälten und stückelten unter lebhaftem Schwatzen und Kichern.
Auch heute weckte mich solch munterer Betrieb. In zwei Tagen sollte wieder ein Trinkgelage stattfinden, — das hatten die Indianer schon angemeldet. Aber die Chicha mußte zuvor wacker verdient werden. Waitó holte mich beim Morgengrauen ab.
„*Oka, hirab iya!*" sagte er. Ich verstand ihn nicht. Nun versuchte er es auf brasilianisch: „*Mudubí ...!*"
Mudubí heißt Erdnüsse. Und da er mit deutlichen Gebärden nachhalf, begriff ich, daß ich mit zur Erdnußernte kommen sollte. Während dieser Einladung setzte Waitó sein ernstes Gesicht auf, das keinen Widerspruch zuließ. Mit Ausnahme der paar Frauen, die bei den Vorbereitungen des Braugeschäftes unabkömmlich waren, zog das ganze Volk auf ein nahes Feld, das von hohem Urwald umgeben war. Die Blätter der vielen Erdnußstauden hingen welk, ein Zeichen, daß die Nüsse im Boden reif zur Ernte waren.
Die Tupari ließen mich nicht lange müßig.

105

„Komm her“, forderte mich mein alter Nachbar Walätä mit freundlichem
Grinsen auf. Er kauerte sich nieder und zeigte mir, wie man mit einem
kleinen Stock die harte Krume etwas auflockert und dann vorsichtig an
der Staude zieht, damit die Erdnüsse nicht von den Wurzeln gerissen werden. Nur wo der Boden sandig war, machte die Ernte keine Mühe. Die
Pflanzen mit den daranhängenden Nüssen wurden zu großen Haufen zu-
sammengeworfen. Um diese herum hockten die Frauen und Mädchen,
pflückten die Nüsse ab und füllten sie in ihre Tragnetze. Ich versuchte
Schritt zu halten, stocherte mit meinem Stock in der Erde, tastete in dem
Wirrwarr von Stengeln, Blättern und Kriechwurzeln nach dem Stämm-
chen der Pflanze, riß und rupfte, bald vorsichtig, bald ungeduldig und
war erstaunt, wenn ich plötzlich nur die Pfahlwurzel in der Hand hielt
und die Nebenwurzeln mit den Nüßchen im Boden blieben.
Die Sonne brannte immer heißer auf das offene Feld, und bald schien es
Waitó, ich hätte genug gearbeitet. Ich durfte aufhören. Er brachte mir
einen in der Asche gebackenen, heißen Hualusa-Knollen, der wie eine gute
Kartoffel schmeckte. Sein Töchterchen, etwa elf oder zwölf Jahre alt, kam
mit ihm. Bisher war es mir scheu ausgewichen. Zum erstenmal trat es jetzt
zaghaft auf mich zu, versuchte ein freundliches Gesicht zu machen und bot
mir ein Stück von einer Bienenwabe an, die voll kleiner Maden war. Sie
hieß mich die Wabe mitsamt den Maden in Honig tunken, den sie mir
in einer Kürbisschale entgegenstreckte.
„Iká! Poarä! — Iß das, es schmeckt gut!“
Ich hatte noch nie Maden gegessen, auch nicht, wenn sie in Honig getaucht
waren. Aber wer hätte da widerstehen können?
Dann führte mich der Häuptling durch seine Pflanzung. Von dem vor
Monaten geernteten Mais standen nur noch die dürren Stauden. In einer
Ecke wuchsen ein paar Ar Zuckerrohr. Quer durch die Rodung liefen
mehrere Reihen von Baumwoll-, Bananen- und Tabakpflanzen. Der größte
Teil des Feldes aber war mit Erdnüssen bepflanzt.
*„Aqui, capitão Waitó, milho tem muito, mudubi tem muito, macaxeira
tem muito, tabaco tem muito ...“,* erklärte Waitó stolz in gebrochenem
Brasilianisch. „Ich, der Häuptling Waitó, habe viel Mais, viele Erdnüsse,
viel Yuca, viel Tabak ...“
Zwischen mächtigen verkohlten Baumstämmen gab er mir eine lange
Schilderung, die ihm viel Spaß zu machen schien. An dieser Stelle hatte
vor wenigen Monaten ein riesiger Jaguar eine Frau und einen Jungen
überfallen. Die andern Tupari waren auf ihr Geschrei herbeigelaufen.
Auch er, Waitó. Er hatte das Untier erschießen wollen, aber alle Pfeile
waren fehlgegangen. Da hatte man ihm eine Axt gereicht, und mit zwei

Hieben hatte er dem Jaguar den Kopf eingeschlagen. Die Bestie hinterließ an den Gliedern der Angefallenen tiefe Bißwunden und Kratzer. Der Alten aber hatte der Jaguar einen Finger abgebissen. Und in ihrer Angst, so erzählte Waitó mit gutmütigem Spott, hatte sie rings um sich her den Boden verunreinigt.

Auch an den folgenden Tagen gingen wir auf das Feld. Die Erdnüsse der Tupari waren viel größer als die kleinen Dinger, die wir in Europa bekommen oder die ich bisher in Südamerika gesehen hatte. Zwar schmeckten sie nicht so fein wie die kleineren Arten, gesotten aber waren sie ein herrliches und ausgiebiges Gericht. Ich verstand recht gut, daß die Tupari glaubten, ohne Erdnüsse überhaupt nicht leben zu können und sie sogar den Paranüssen vorzogen.

Nach ein paar harten Arbeitstagen meinte der Häuptling mir eine kleine Abwechslung schuldig zu sein und lud mich auf die Jagd. Die Indianer trugen Pfeile und Bogen. Nur Iad, Waitó's Bruder, kam ohne Waffe, verlangte aber gleich meine Flinte. Bei den Weißen hatte er gelernt, mit Feuerwaffen umzugehen. Ich mochte ihm die Bitte nicht abschlagen und wurde so zum bloßen Zuschauer bei dem Unternehmen. Wir erlegten ein paar Affen. Und dann ging es wieder an die Erdnußernte.

Die Männer flochten große Matten und Körbe, um die Ernte zu verstauen. Ich mußte mit den Häuptlingsfrauen die Nüsse in die Körbe füllen und auf die Vorratshürde hinaufreichen. Ein guter Teil wurde für den Nachbarhäuptling Kuarumä ausgesondert. Sicher hatte er beim Anlegen der Pflanzung mitgeholfen und erhielt nun seinen rechtmäßigen Anteil. —

Wir hatten die Ernte eingebracht und ruhten vor der Hütte. Die Sonne neigte sich schon dem Horizonte zu. Da verkündete mir der Häuptling mit feierlicher Miene, jetzt würden wir alle zusammen Erdnüsse essen. Wir setzten uns auf unsere Hocker. Die Weiber brachten die Erdnüsse heraus, die sie untertags gekocht hatten, und bald standen etwa vierzig volle Töpfe um uns herum. Die Häuptlingsfrauen stopften Waitó und mir mit den Händen ein Häufchen Erdnußbrei in den Mund. Der Häuptling ließ es sich lachend gefallen, und mir blieb auch nichts anderes übrig. Dann trug Waitó jedem der Männer einen Topf zu. Sie aßen ein wenig daraus und zogen ringsum, um einander je einen Löffel Brei abzugeben. Auch ich hatte auf diese Weise bald einen Haufen Erdnüsse auf meinem Teller. Die leeren Kochtöpfe stellten die Indianer wieder vor Waitó hin.

Darauf begannen die Jäger ihre Beute auszuteilen. Trotz der Rodungs- und Erntearbeit hatten fast alle im Walde irgendetwas ergattern können und für diese feierliche Stunde aufbewahrt: kleine Fische, Engerlinge, Affen, Gürteltiere, Agutí- und Paca-Hasen. Jedermann verteilte, was er

hatte, und erhielt wieder andere Leckerbissen als Gegengeschenk. Kuarumä, der Nachbarhäuptling, und der alte Tokürürü waren etwas angeheitert. Arm in Arm tanzten sie auf dem Platz herum und sangen einen ständig wiederkehrenden Refrain:
„Die Frauen sollen viele dicke Engerlinge essen, bis keine mehr übrig sind", so erklärte mir Waitó den Inhalt der Strophe.
Zum Schluß kamen die Buben dahergesprungen. Sie hatten ein seltsames Anliegen. Von jedem Mann ließen sie sich einige Rutenschläge geben. Selbst kleine Knirpse, die kaum laufen konnten, drückten uns Palmwedel in die Hand und wollten ein paar Streiche haben. Das schien zu diesem Fest der Erdnüsse zu gehören. Als die fröhliche Gesellschaft endlich auseinanderging, entstand eine kleine Verwirrung: vierzig Kochtöpfe ... und jede Hausfrau wollte natürlich ihren eigenen wiederhaben! Lebhaftes Handeln, Begucken und Vergleichen — bis dann schließlich eine jede mit ihrem Topf in der Hand zufrieden abzog. — So fühlte ich mich in der Urwaldeinsamkeit keineswegs verlassen oder gar verloren. Im Gegenteil. Ich spürte, wie ich mich immer besser einlebte bei meinen neuen Freunden. Was in der Welt draußen vorging, interessierte mich nicht mehr. Nur ganz zufällig hörte ich eines Abends ein paar Brocken von den neuesten Nachrichten. Die BBC berichtete von einem ungeheuren Flugverkehr nach Berlin, mit dem die Amerikaner den Russen ein Schnippchen schlagen wollten. Und dann wurde wieder irgendwo eine Konferenz geplant, um irgendwelche internationalen Spannungen zu beseitigen.
Die Tupari wollten wissen, was der Mann da in dem Radioapparat erzählte. Einer solchen Erklärung aber fühlte ich mich doch noch nicht gewachsen. Und so versuchte ich es mit einer Sendung aus Schwarzenburg. Verzückt lauschten die Tupari einer Folge von schweizerischen Heimatliedern. Vor allem das „Là-haut sur la montagne" gefiel ihnen gut, und leise summte Waitó bei den letzten Strophen mit.
„... *Lioba, lio-oba, pressez le pas ...!*"
„Das ist ein Lied, das man bei meinem Stamm, den Suissos, singt", erklärte ich ihm.
„Bei dem Stamm deines Vaters singt man schön", fand der Häuptling.
„Nun sing du selber ein Lied!" forderte mich seine Frau Kamatsuka auf.
„Ich kann nicht schön singen!" wehrte ich ab.
„Doch, du sollst singen!" befahl sie eigensinnig und setzte ein Schmollgesicht auf, daß ich mich beeilte, ein kleines Kinderlied anzustimmen — wie es mir gerade einfiel, denn die Alte verstand ja nicht, was ich ihr in die Ohren sang:
„Morgen woll'n wir heiraten, uh, uh, uh ..."

Curumí holte mich beim Morgengrauen aus der Hängematte. Wir hatten uns zur Jagd verabredet. In aller Eile aß ich ein paar Bananen, zog die genagelten Schuhe an, stopfte Patronen in die Hosentaschen und griff zu Buschmesser und Flinte. Unsere Jagdgesellschaft bestand aus dem Häuptling Kuarumä, seinem Sohn und noch einem halben Dutzend Männer und Buben. Solange das bißchen Pulver reichte, das er in São Luis ergattert hatte, zog Curumí seine alte, zusammengeflickte Flinte Pfeil und Bogen vor. Alle andern Tupari trugen ihre althergebrachten Waffen und dazu den langgeschäfteten Nagerzahn, mit dem sie von Zeit zu Zeit die Pfeile schärften.

Auf einem schmalen Pfad zogen wir in den Urwald. Wir waren noch nicht weit gegangen, da entdeckten die Indianer einen Brüllaffen.

„Haü ... itsá! — Da oben hockt ein Brüllaffe, schieß ihn herunter!" drängten sie mich.

Ich zielte auf das dunkle Etwas, das sich weit oben im Geäst bewegte. Nach zwei Schüssen rührte der Affe sich nicht mehr. Aber er fiel auch nicht herunter. Curumí winkte eifrig hinauf und stieß fauchende Laute aus. Dazu schlug er mit hastig abgerissenen Zweigen auf meine Flinte ein. Das sollte das Tier daran hindern, in den Ästen hängen zu bleiben oder gar noch zu entkommen. Waren es nun Curumí's Beschwörungen oder die Schrotkörner im Leibe des Affen? — das Tier plumpste herunter. Noch war es nicht tot. Nach der ersten Betäubung setzte es sich wieder auf und versuchte wütend, sich zu verteidigen. Die Indianer lachten. Sie wußten, daß es kein Entrinnen mehr gab und wollten ruhig abwarten, bis der Affe verendete. Aber ich konnte nicht mehr zusehen und gab dem blutendem Tier mit dem Buschmesser den Fangstoß. Befremdet schauten mich die Indianer an. Einer der Burschen brachte einen langen Baststreifen und lud das Tier auf den Rücken. Es war ein besonders großes Männchen.

Wir zogen weiter. Dichter Wald wechselte ab mit lichteren Stellen. Wir liefen über kleine Ebenen, stiegen über niedere Hügel hinweg und durchquerten muntere Bächlein. Vielerorts bestand der Waldboden aus tiefem schwarzem Humus. An den Abhängen brachen nackte Granitblöcke aus der Erde, geborsten und zerrissen, als hätte ein Riesenhammer sie getroffen. In den Ebenen und auf den Hügeln war der Wald meist licht und sauber. An feuchten Halden und in Bachmulden dagegen wucherte ein undurchdringliches Dickicht von Schlingpflanzen, Büschen, riesigen Blättern und dornigen Bambusstauden.

Die Indianer tuschelten über alles, was sie links und rechts vom Jagdpfad bemerkten. Hin und wieder blieb einer stehen, riß von einem

Strauch ein Blatt, faltete es und nahm es zwischen die Lippen, um damit laut trillernd das Schreien der Klammeraffen nachzuahmen.

Plötzlich horchten die Jäger gespannt auf. Sie flüsterten hastig. Fieberhafte Erregung kam über die Gesellschaft. Eine große Schar Klammeraffen schien ganz in der Nähe.

„Trample nicht so mit deinen Schuhen", wandte sich Kuarumä nach mir um. Und plötzlich rannte Curumí davon mit einer Schnelligkeit, die ich dem wohlgemästeten Burschen nicht zugetraut hätte. Auch die anderen Indianer verschwanden im Gebüsch. Nur ein Junge blieb neben mir stehen und schaute fragend zu mir auf.

Erst jetzt bemerkte ich, wie es in dem Geäst der umstehenden Bäume lebendig geworden war. In den Zweigen raschelte es, Äste schwankten, und eigentümliche, kurze Schreie ertönten. Die Affen hatten die Gefahr bemerkt und suchten zu entfliehen. Ein Schuß krachte. Die Indianer rannten den Affen nach, die auseinanderstoben und sich behende von Ast zu Ast und von Baum zu Baum schwangen. Eine wilde Jagd! Ich horchte gespannt.

In der Ferne krachte wieder ein Schuß, und aus einer anderen Richtung kamen verhaltene Rufe. Da fühlte ich den vorwurfsvollen Blick meines kleinen Begleiters.

„Oka, kiora . . . ! Hámoäm . . . !" flüsterte er erregt. Und dann rannte er voran durch den Busch. Ich vermochte kaum zu folgen. Unter einem mächtigen Baum fanden wir den langbeinigen Amärawa. Aufgeregt zeigte er zum hohen Baum hinauf.

„Arämirä . . . ! — ein Weibchen!" rief er mit verhaltenem Eifer. Mit dem Buschmesser fällte der Junge ein paar kleine Bäume, schlug mit einem Knüppel an den dicken Stamm, und beide stießen ein wildes Gebrüll aus.

Erschreckt fuhr die Äffin endlich aus ihrem Zufluchtsort und versuchte, durch den umliegenden Niederwald zu entkommen und ihre Gefährten wiederzufinden.

Gerade das hatten die Indianer mit ihrem Spektakel erreichen wollen. Und nun ließen sie das flüchtige Tier nicht mehr aus den Augen. Wir rannten alle drei. Dachte ich aber zum Schuß zu kommen, dann ergriff das geängstigte Wild von neuem die Flucht. Wir keuchten hinter ihm her, ohne auf Dornen und Stacheln zu achten. Meine Füße verwickelten sich in den Schlinggewächsen und mehrmals schlug ich der Länge nach hin. Mein Hemd hing in Fetzen, Hände und Gesicht waren zerkratzt.

Endlich blieb der Affe sitzen und guckte aus einer Astgabel auf uns herunter. Unwillig schüttelte er die Äste, an die er sich klammerte. Das war so drollig anzusehen, daß es mir schwer fiel, zu schießen. Aber die Indianer, die zu meiner Flinte mehr Vertrauen hatten als zu ihren Pfeilen, wurden nun ärgerlich und drangen erregt auf mich ein.

„Köd-tsiru ... köd-tsiru ...", feuerten sie mich an. Ich glaubte vorerst, das heiße: „Schieß ... schieß!" Sie riefen aber: „Es ist ein Weibchen mit einem Jungen!" Und das ist für die Tupari die beliebteste Jagdbeute, denn so haben sie zwei Tiere mit einem Treffer.

Meine Hände zitterten von dem angestrengten Lauf. Ich drückte ab. Das Tier schrie laut auf und ließ einen Arm hilflos hängen. Ich schoß noch einmal. Seine Glieder krampften sich zusammen. Langsam ließen die Greiffüße und der Schwanz die Äste fahren. Der Affe fiel herunter und schlug mit dumpfem Geräusch auf den Waldboden. Es war ein recht großes Weibchen mit einem Jungen. Das Junge war auch getroffen und klammerte sich nur noch schwach an seine tote Mutter.

Wir kehrten mit der Beute zu unseren Jagdgefährten zurück. Curumí hatte inzwischen zwei Affen geschossen. Davon war einer im Geäst hängen geblieben. Ein Bursche legte sich eine Bastschlinge um die Füße und kletterte hinauf, um das Tier mit einer langen Stange herunterzustoßen. Nicht weit entfernt stand ein Baum mit reifen Pama-Beeren. Einer unserer Begleiter stieg bis unter den Wipfel und schlug mit dem Buschmesser einen Haufen Äste herunter. Wir stürzten uns auf die süßen, hellroten Kirschen wie hungrige Tiere.

Da rief mich ein Indianer vom Schmausen weg und führte mich weiter in das Gebüsch hinein. Auf der Suche nach geeignetem Baumbast zum Tragen der Jagdbeute war er beinahe auf eine Schlange getreten und hatte sie rasch mit einem Stecken totgeschlagen. Leicht geringelt lag das Reptil im Unterholz, etwa zwei Meter lang, mit einer klaren Zeichnung auf dem Rücken. Es war eine Klapperschlange von der großen Art, die in diesen Wäldern haust. Ihren Kopf hatte der Indianer zerschmettert. Ich konnte gefahrlos die langen Giftzähne untersuchen. Aber noch wand sie sich krampfhaft und rasselte in den letzten Zuckungen mit den hörnernen Gliedern ihres Schwanzes.

Es war Nachmittag geworden. Die Tupari hatten alle vier Affen mit breiten Tragschleifen versehen. Wir pflückten die letzten Pama-Kirschen von den Ästen und machten uns auf den Heimweg. Die jüngsten der Jäger nahmen die Beute auf den Rücken. Mir gaben sie eine große Moqueca zu tragen.

Ich hatte nicht gefragt, was in den Blättern eingepackt war. Nach einer Weile geriet ich ins Schwitzen.

„Had potsiä ... — Die Schlange ist recht schwer", nickte einer meiner

Begleiter zustimmend und grinste. Die Schlange? — mir lief es kalt über
den Rücken. Ob sie auch wirklich ganz tot war?

Noch einmal stießen wir auf eine kleine Affenherde. Aber die Tiere flüchteten nach allen Seiten, als sie uns bemerkten. Auch zeigten die Indianer keinen großen Eifer mehr. In der Nähe der Siedlung machten wir Rast, um den Affen die Haare abzusengen und sie auszuweiden. Die Bäuche wurden ihnen aufgeschnitten, die Gedärme herausgenommen, der Kot flüchtig ausgedrückt und auch die vielen langen, dünnen Eingeweidewürmer mit mehr oder weniger Sorgfalt abgestreift. Alles Kleinzeug packten die Indianer, ohne es zu waschen, in Sororoca-Blätter ein und banden es mit Baumbast zusammen. In dieser Umhüllung wollten sie es daheim als erstes auf der Glut dünsten und mit Frau und Kind verzehren. Aus den Gedärmen der Affenjungen entfernten sie den Kot nicht. Er mochte als wohlschmeckend und nahrhaft gelten.

Die Äffin, die ich geschossen hatte, mußte ich nun selber weitertragen. Den Rest der Beute teilten die Jäger brüderlich, ob sie etwas erlegt hatten oder nicht. Das viele Herumrennen hatte mich müde gemacht, und die Knie knickten mir fast ein unter dem Gewicht des Affen, der Schlange und meiner Flinte.

In der Maloca mußte ich nach allen Seiten Auskunft geben, wie es mir auf der Jagd gegangen war. Stolz trug ich den Affen zu Waitó und übergab das Schlangenpaket seinem Sohn Konkwad. Und wie ich es nicht anders erwartet hatte, gaben mir die Häuptlingsfrauen reichlich zu essen und zu trinken. Auch sie wollten etwas über die Jagd wissen. Aber einmal war ich sehr müde, und zum andern reichte mein Wortschatz nicht für eine erschöpfende Auskunft. Da kam mir Waitó zu Hilfe.

„Arimä umä . . . amäko haitó! — Affen haben wir keine gefunden, aber Jaguare liefen haufenweise herum!" speiste er schmunzelnd die neugierigen Weiber ab.

Noch spät rief mich Konkwad auf den Platz hinaus. Über dem Feuer brodelte in meinem Aluminiumtopf das Schlangenfleisch, zusammen mit Yams- und Yuca-Stückchen, mit Salz und Pfeffer ganz europäisch gewürzt. Die Bubenschar beider Häuser leckte sich die Lippen in Erwartung der Portion. Ein ungeschriebenes Gesetz verbietet den Erwachsenen — wenigstens denen, die Kinder haben — und vor allem den Zauberern, von dem Schlangenfleisch zu essen. Die Jungen aber waren von diesem Verbot nicht betroffen, und auch ich dachte nicht daran, mir den Leckerbissen entgehen zu lassen. Ich schöpfte mir einen Teller Schlangenbouillon und ein paar Stücke von dem weißlichen Fleisch heraus und verteilte den Rest an die Buben. Neugierig schlürfte ich die Brühe.

Wahrhaftig, seit langem hatte ich nicht so Appetitliches gegessen. Das Klapperschlangenfleisch konnte den Vergleich mit dem besten Fisch aufnehmen, und jeder Feinschmecker hätte diese Suppe mit Wonne ausgelöffelt.

Unangenehm war nur die rauhe, schuppige Haut. Die Indianer hatten die Schlange nicht erst abgezogen, sondern einfach zerschnitten und mit Haut und Schuppen in den Topf geworfen.

Noch mehr Chicha-Feste

Wieder einmal gab es ein Chicha-Fest. Es begann wie die Trinkgelage der vergangenen Wochen. Nur das abendliche Bambustrompetenkonzert fehlte. Dafür hörte ich plötzlich kräftige Stockhiebe und ein fürchterliches Geheul. Ein trunkener Indianer verprügelte seine Frau, und das Beispiel wirkte ansteckend. Nicht lange darauf stürzte eine zweite Indianerin schluchzend aus dem Dunkel. Hinter ihr her stolperte der junge Päkirik mit erhobener Espada und versetzte der Fliehenden noch ein paar Hiebe auf den nackten Rücken.

Die Tage vergingen mit Trinken, Singen und Tanzen, und ich mußte wacker mithalten. Die Buben ließen mir keine Ruhe und zogen mich in ihren Reigen. Da tauchte auch wieder meine kleine Partnerin vom letzten Fest auf, Arm in Arm mit Kuarumä's Töchterlein. Die beiden pirschten sich an mich heran. Und trotz des Protestes der Jungen nahmen mich die kecken Backfische zum Tanz in die Mitte. Sie waren sehr unternehmungslustig, das merkte ich wohl. So schien es mir ratsam, mich in die Hängematte zurückzuziehen. Aber das war nicht das geeignete Mittel, die Fratzen loszuwerden. Der junge Moam gesellte sich zu uns. Ich fragte ihn nach dem Namen des Mädchens.

„Sie heißt Aid-aid", sagte er.

Ob sie einen Mann habe, wollte ich wissen.

„Iad, der Nasenstäbchenlose, ist ihr Mann", gab er mir zur Antwort. Aber kaum nannte er den Namen Iad's, da begann das Mädchen heftig zu widersprechen. Der Bursche lächelte verschmitzt und versicherte mir, sie sei wirklich Iad's Weib.

„Iad hat drei Frauen", erklärte er.

Aid-aid aber war außer sich.

„Iad ist nicht mein Mann!" fauchte sie und stampfte voll Wut auf den Boden. Dann beteuerte sie mir beinahe weinend, Moam lüge, sie habe mit Iad nichts zu tun.

Mir aber wurde allmählich klar, warum Iad mir „böse" war. Wenn Aid-aid eine seiner Frauen war, und daran war nicht zu zweifeln, dann konnte die Zärtlichkeit, mit der sie mich behandelte und die man sicher beobachtet hatte, nicht in Ordnung sein.

Warum aber stritt das Mädchen ab, Iad's Frau zu sein? Und weshalb verleugnete es seinen Mann mit solchem Abscheu?

Meine Gedanken kreisten um die Kleine. Schlaflos wälzte ich mich in meiner Hängematte. In der Hütte war es dunkel und still geworden. Da hörte ich plötzlich hinter einem nahen Holzstoß meinen Namen rufen. Die Stimme war unverkennbar. Es war Aid-aid.

Ich war betroffen von so viel Kühnheit. War das Mädchen denn toll? Ich blieb ruhig liegen und stellte mich schlafend — das Einzige, was ich vernünftigerweise in dieser Situation tun konnte.

— Als nach den drei obligaten Festtagen unsere Chicha zur Neige ging, hatten die Frauen des Nachbarhauses eben die Vorbereitungen für die Fortsetzung des Trinkgelages beendet, und das Saufen ging bei Kuarumä drüben weiter. Auch die Weiber dieses Hauses ließen es sich nicht nehmen, mich zum Tanzen zu schleppen. Damit mußte wohl jeder fremde Gast sich abfinden. Um so auffallender, da sonst Frauen und Männer nicht gemeinsam, Hand in Hand oder gar mit den Armen um die Hüfte gefaßt, sondern immer in getrennten Reihen tanzten. Ich vermute, einer der früheren weißen oder schwarzen Besucher hat die Tupari-Weiber auf die Idee gebracht, daß uns das „gemischte Tanzen" besondere Freude mache. Offensichtlich bereitete es ihnen selber auch einiges Vergnügen, und die Männer schienen nichts Böses darin zu sehen, wenn ihre nackten Frauen und Töchter meinen Arm um ihren Nacken oder um die Hüften zogen und gegen meine Befürchtungen, ich könnte bei so viel Zärtlichkeit schließlich doch einmal die Finger verbrennen, tatkräftig protestierten.

In einer dieser Festnächte erfuhr ich aber, daß es im Stamme Hüter der Ordnung gab, denen das große Interesse der Frauen für den fremden Gast langsam verdächtig vorkommen mochte. Spät in der Nacht rief mich plötzlich Pamäng, ein lediger junger Bursche, vom Tanzen weg.

„Toto! Gehen wir, leg dich schlafen!"

Ich stellte mich taub. Was hatte mir denn dieser grüne Junge zu befehlen? Aber Pamäng wiederholte seine Aufforderung dringlicher. Da mußte etwas dahinter stecken. Ich ließ die Damengesellschaft stehen und folgte ihm in unsere Maloca. Dort wartete der alte Zauberer Tadjurú und beschwor mich ebenfalls, ich möchte mich doch bitte jetzt niederlegen. Er wechselte mit dem Jungen noch ein paar Worte. Pamäng holte seine

Hängematte, spannte sie neben meinem Lager auf und brachte ein paar glühende Scheiter, um sich für den Rest der Nacht zu wärmen.

Von nun an ließ mich Pamäng für mehrere Wochen kaum noch aus den Augen. Er schlief an meiner Seite, begleitete mich überall hin, sei es zum Baden, zum Wasserholen oder zum Arbeiten. Und wenn ich während der Festnächte mit den Indianern tanzen mußte, stellte er sich irgendwo im Dunkel auf und ließ keinen Blick von mir.

Tat er das aus eigenem Antrieb? Glaubte er als lediger Bursche Ursache zur Eifersucht zu haben? Oder war er im Auftrage der Stammesgenossen zu meinem Wächter geworden? Warum sah dann nicht Waitó, der Häuptling, selbst nach dem Rechten, wenn er glaubte, ich hätte die heilige Ordnung seines Stammes verletzt? Ich wurde nicht klug aus der Geschichte.

— Endlich fand ich Gelegenheit, den Häuptling Kuarumä auszuhorchen, wie es sich mit der Ehe Aid-aid's verhalte. Etwas unwirsch gab er mir zur Antwort, als kleines Mädchen sei sie dem Iad zur Frau gegeben worden. Ihr Vater sei schon lange tot. Waitó habe ihn totgeschlagen, fügte er finster hinzu. Das war alles.

Da raffte ich mich auf und fragte Waitó selber im Laufe eines Gespräches nach der Angelegenheit. Iad war sein Bruder, und sein Wohlergehen lag ihm offenbar sehr am Herzen. Er streifte mich mit einem argwöhnischen Blick.

„Aid-aid ist eine Frau von Iad", sagte er dann bedächtig. „Iad hat drei Frauen. Alle drei sind Schwestern und alle drei taugen nichts."

Am schlimmsten von den dreien aber sei Aid-aid, so fuhr er fort. Sie sei sehr böse zu ihrem Mann, arbeite nicht und esse nicht einmal von den Affen und Waldhühnern, die er ihr von der Jagd heimbringe. Waitó erboste sich aufrichtig über seine liederliche Schwägerin. Mir hingegen schien sie vielmehr das Opfer einer barbarischen Sitte. Wer zwang die Kleine, fast noch ein Kind, mit Iad zu leben, den sie so offensichtlich verabscheute? Er hatte doch schon zwei Weiber! Fand sich denn niemand, der Vaterlosen zu ihrem Recht und ihrer Freiheit zu verhelfen? Oder hatten irgendwelche magischen Gesetze das Mädchen zu dieser Ehe verurteilt? — Ich nahm mir vor, das Rätsel zu lösen. Eines Tages würde es mir schon gelingen, auch hinter die intimsten Bräuche des Stammes zu kommen.

Bisher hatten bei den Trinkgelagen die Männer den Ton angegeben. Wenn auch die Frauen beim Chicha-Trinken kaum zu kurz kamen, so waren es doch immer die Männer gewesen, die ihnen das begehrte Getränk mit einem freundlichen Trinkspruch anboten oder gar mit eigener Hand in den Mund schütteten. Erst am Abend, wenn man es mit der Etikette nicht mehr so genau nahm, hatten die Frauen sich jeweils selber bedient aus den Töpfen ihrer Männer, Brüder oder Söhne.

Bei dem nächsten Trinkfest, das bereits wenige Tage später begann, waren die Rollen vertauscht, und die Ankündigung Waitó's von einer bevorstehenden „Frauen-Chicha" erfüllte sich im wahrsten Sinne des Wortes. Am frühen Morgen schon liefen die Familienmütter mit gefüllten Kalebassen im Hause herum und brachten ihren Genossinnen einen Freundschaftstrunk. Die Männer lagen in den Hängematten oder plauderten am großen Feuer, das sie vor dem Hause angefacht hatten. Sie taten, als merkten sie nicht, was ringsherum vorging, und warteten geduldig, bis die fröhlichen Weiber sich ihrer erinnerten und eine Schale der „Frauen-Chicha" anboten.

Noch vor Morgengrauen kamen die Nachbarinnen auch zu meiner Hängematte und nötigten mir einen Trunk nach dem andern auf.

„Mein Sohn, hier trink diese Chicha", ermunterten sie mich. Und wenn ich nicht gleich eine freundliche Antwort gab, verlangten sie ungeduldig: „So sag doch: Sehr gut, Mama!"

Die jüngere der Häuptlingsfrauen, die sanfte Apinuitsa, rief mich hingegen „abtsi", das heißt „Papa", und ich mußte sie „wag", „mein Töchterlein", nennen. Andere sagten mir „toto", „Großpapa", wohl weil dieses Wort der Tupari-Sprache dem brasilianischen „doutor" ähnlich klang, mit dem ihre Männer mich titulierten. Vielleicht aber auch, weil mein Bart mit jedem Tage länger und struppiger wurde. Die Indianer haben in ihrer Jugend keine Bärte. Erst im Alter wachsen ihnen spärliche Stoppeln.

Den ganzen Tag hielt das Treiben an. Am Abend bewirteten sich Waitó und seine Männer auf dem Platze draußen gegenseitig mit gekochten Erdnüssen und allerlei Jagdbeute, wieder in feierlicher Weise. Und als die Dunkelheit hereinbrach, ertönte die Hütte bald vom rhythmischen Gesang der Indianer. Die festlichen Frauen luden mich zu ihrem Kreis. Aber mir war keineswegs fröhlich zumute. Ein Ura-Wurm hatte sich in meinen Arm hineingefressen. Schon seit Tagen spürte ich einen stechenden Schmerz, so als bohrte man mir mit einer Ahle im Fleisch herum.

Das sei doch nichts Gefährliches, meinten die Indianer. Sie besahen sich den Schaden und schauten vergnügt, wie das ekle Biest von Zeit zu Zeit sein Schwänzlein in einem kaum sichtbaren Loch meines geschwollenen Unterarmes bewegte.

Ich nahm meine Zuflucht zu Waitó. Als Oberzauberer mußte er mir doch

helfen können. Er machte einen schwachen Versuch, das Tier mit Tabak-
saft zu betäuben und herauszudrücken, gab es aber bald auf und ver-
tröstete mich auf den nächsten Tag.
„Ich bin jetzt sehr betrunken, ich habe keine Zauberkraft", gab er klein-
laut zu.
Die angeheiterten Weiber aber kannten keine solchen Schwächen. Sie
packten meinen Arm und drückten und kratzten mit den Fingernägeln
an der Geschwulst herum, daß ich laut hätte schreien mögen. Endlich
riß eine den halben Wurm heraus. Alle kreischten vor Vergnügen und
schleppten mich nun doch zum Tanzen in die Hütte.
Am Eingang saß mein Wächter und ließ mich nicht aus dem Auge. Er
hatte allen Grund zu besonderer Wachsamkeit. Die kleine Aaid-aid hatte
sich wieder zu meiner Tanzpartnerin gemacht und zog mich bei jeder
Gelegenheit in eine dunkle Ecke. Unermüdlich holte sie von der be-
rauschenden Chicha, nötigte mich zum Trinken, streichelte mich verstohlen und flüsterte mir manches zu. In ihrer fremden Sprache. Aber im
Scheine des Lagerfeuers funkelten ihre Augen verheißungsvoll und ver-
rieten, was sie sagen wollte.
Plötzlich tauchte Waitó auf. Aufgeregt rief er mich ins andere Haus
hinüber.
„Komm schnell, Amärawa ist wütend. Er hat dem Bräaba die Espada
auf den Schädel gehauen!"
Ich folgte dem Häuptling über den stockdunklen Platz zum Nachbarhaus. Was mochte denn schon wieder los sein? Amärawa stand im Rufe
eines besonders wilden und jähzornigen Kerls. Einmal hatte er im
Rausche einer seiner Frauen, einer würdigen Matrone, mit einem brennenden Holzscheit das Nasenbein und die ganzen vorderen Zähne eingeschlagen. Eine andere Frau hatte er halbtot geprügelt, so daß sie ihm
davonlief und nichts mehr von ihm wissen wollte.
Wir traten in die finstere Hütte. Beinahe stieß ich mit Amärawa zusammen, der mit gespanntem Bogen und schußbereitem Pfeil auf seinen
Nachbarn Bräaba zielte. Bräaba, im müden Licht des schwelenden Herdfeuers, stützte sich auf seine lange Espada. Das Gesicht ernst und traurig.
Neben ihm standen zwei Freunde mit Pfeil und Bogen bewaffnet. Offenbar warteten sie nur, daß Amärawa einen Pfeil abschoß, um dann auch
ihm den Garaus zu machen. Ringsherum heulte eine Schar Frauen und
Kinder. Und das kleine Weib Amärawa's suchte aus sicherer Entfernung
mit einer Flut von Worten ihren Mann zur Vernunft zu bringen.
Ich nahm an, Waitó habe mich gerufen, den Streit zu schlichten. So
packte ich Amärawa am Arm und redete ihm zu, er solle verständig sein.

„Du bist doch kein wilder Hamno, du bist ein guter Tupari", sagte ich
und wollte ihm die Waffe aus der Hand nehmen. Er stieß mich unwirsch
zurück und knurrte wütend. Wieder faßte ich ihn am Arm.

„Komm, ich will mit dir Chicha trinken gehen!" schmeichelte ich im
freundlichsten Ton.

Amärawa schaute verdutzt. Eine Einladung zum Chicha-Trinken darf
ein Indianer niemals abschlagen. Zögernd schob er Pfeil und Bogen auf
die Vorratshürde hinauf, und wir zogen Arm in Arm in Waitó's Haus.

Von allen Seiten boten uns die Frauen Chicha an, und da war Amärawa's
Tobsucht verflogen. Wir tanzten ein paarmal den Reigen mit, tranken
noch eins, und Amärawa versicherte mir immer wieder, er sei durchaus
kein bösartiger Kerl, sondern ein höchst guter und friedfertiger Mensch.

Am dritten Sauftag hatten sich bereits die Männer der Chicha-Häfen bemächtigt. Die Frauen waren des Trinkens müde und gaben sich den all-
täglichen Beschäftigungen hin, verzupften Baumwolle, spannen, woben
an Arm- oder Beinbändern, bohrten Löcher in erbsgroße schwarzrote
und weiße Samen, um sie zu neuen Halsketten aufzureihen, oder versuchten gar wieder einmal zu kochen.

Die meisten aber lagen erschöpft in der Hängematte und schliefen im
Halbdunkel der Hütte ihren Katzenjammer aus. Darauf hatten die
Männer gewartet. Leise versammelten sie sich auf dem Platze. Sie hatten
alles mögliche Lärmgerät, Kürbisrasseln, Bambustrompeten und Knochenpfeifen zusammengesucht, dazu noch mein Aluminiumgeschirr, und dann
stürzten sie mit ohrenbetäubendem Getöse und Gebrüll in die Hütte.
Die Weiber fuhren schreiend aus dem Schlaf und schienen im ersten
Schrecken zu glauben, Feinde hätten den Stamm überfallen. Als sie ihre
Männer erkannten, wußten sie nicht so recht, ob sie schimpfen oder
lachen sollten. Sie keiften ein wenig. Diese und jene griff sogar nach
einem glühenden Scheit, um es den Unruhestiftern heimzuzahlen. Aber
dann beruhigten sie sich bald, rekelten sich und streckten sich wieder in
ihren Hängematten aus.

Die Männer waren glücklich über den gelungenen Streich und machten
sich lachend hinter die Chicha-Töpfe, die langsam zur Neige gingen.

Die kleinen Mädchen veranstalteten ihr eigenes Fest. In einer niedern
Hütte, die neben Waitó Haus stand und sonst dem Gebärgeschäft der
Frauen diente, sangen sie und tanzten um kleine Töpfe voll frischen
Palmweins herum.

Manii war einer der Bewohner der Nachbarhütte, ein hagerer, langbeiniger, leicht schieläugiger Mann. Er mochte zwischen dreißig und vierzig Jahre alt sein. Immer ging er ruhig seiner Arbeit nach und hatte sich
bisher wenig um mich gekümmert. Auch ich hatte mich nie um seine
Bekanntschaft bemüht.

In diesen Tagen aber rückte Manii in den Mittelpunkt des Interesses. Mit
zwei Genossen war er zu einer zehntägigen Jagd ausgezogen und mit
reicher Beute heimgekehrt. Dieser Jagdzug hatte zweifellos einen re-
ligiösen Grund. Denn nun, so erklärte mir Waitó, mußte sich Manii zusammen mit seiner jungen Frau Toreya einer Reihe von Zeremonien
unterwerfen. Sie hatten nämlich vor ein paar Monaten ein Kind bekommen, und jetzt war es groß genug, um „Palm-Engerlinge zu essen".
Das war ein wichtiges Ereignis und mit vielerlei Riten verbunden. Zunächst hatten die Kindseltern fünf Tage lang zu fasten. Keinen Bissen
und keinen Schluck Wasser durften sie während dieser Zeit zu sich
nehmen.

Am Morgen des fünften Tages kam Waitó früh zu meiner Hängematte
und hieß mich aufstehen.

„Ich werde den Manii anmalen", sagte er ernst.

„Und wird das kleine Kind Palm-Engerlinge essen?" fragte ich.

„Nein", erwiderte der Oberzauberer beinahe schroff. „Palm-Engerlinge
essen tut es erst morgen."

Ich erhob mich schnell, faltete die Decken zusammen und zog mich an.
Dann folgte ich Waitó ins Nachbarhaus und setzte mich etwas abseits
in eine Hängematte. Waitó nahm in der Mitte des Durchganges Platz.
Nicht lange ging es, da tauchte die Frau des Nachbarn Pakudjá auf und
reichte dem Zauberer ein Töpflein mit Genipa-Saft nebst einem Wattepinsel. Bedächtig näherten sich Manii und seine junge Frau, die den
kleinen Säugling im Arm trug. Beide kauerten sich vor Waitó auf den
Boden. Sie waren elend mager und schwach. Es war wohl zu glauben,
daß sie schon vier Tage nichts aßen noch tranken.

Waitó beschwor den Farbsaft mit vielerlei Gestikulationen. Ähnliche Beschwörungen führte er dann an dem andächtig und ergeben dahockenden
Manii aus. Endlich tauchte er den Wattepinsel in die Farbe und malte
ihm je einen Strich auf die großen Zehen, die Schienbeine und zwei
Striche auf jede Seite der Brust. Dasselbe tat er mit der jungen Frau und
zuletzt auch mit dem Säugling. Der Kleine strampelte verständnislos,

und der Zauberer konnte ein leises, gutmütiges Lachen nicht unterdrücken, gleich wie ein Pfarrherr, der zum Geschrei eines kräftigen Täuflings wohlwollend schmunzelt.

Nun brachte eine Frau dem Zauberer und auch mir eine Kürbisschale unvergorene Chicha. Wir leerten sie vor den Augen der ausgehungerten Kindseltern.

Damit war die Zeremonie für heute beendet, und Waitó ging mit seinen Leuten roden. Zum erstenmal seit langer Zeit wurde ich von der Arbeit dispensiert. Die restliche Hälfte des Ura-Wurms in meinem Arm hatte eine dicke Schwellung hervorgerufen.

Die Männer waren kaum außer Sehweite, da kamen die Frauen daher und umschwärmten meine Hängematte. Sie wollten die Photographien und ein paar illustrierte Zeitungen sehen, die sie in meinem Gepäck wußten. Jedes Bild mußte ich ihnen erläutern, so gut dies mit meinem mangelhaften Tupari ging. Dann fragten sie, ob meine Eltern noch lebten und wieviele Geschwister ich hätte und wie sie alle hießen. Selbst nach meinen Großeltern, Onkeln und Tanten, Vettern und Basen, Neffen und Nichten erkundigten sie sich angelegentlich. Und schließlich wollten sie wissen, ob ich irgendwo Frau und Kinder habe.

„Waütsi umä ... waöb umä ..." — „Nein, ich habe keine Frau und keine Kinder!"

Aber sie schienen meiner Antwort nicht recht zu trauen. Ein Mann mit einem Bart und noch ohne Frau und Kinder?

„Doch, in Guajará hast du Frau und Kinder", beharrten sie. Von Guajará hatten ihnen die Männer erzählt. Hier im Urwald lebten die nackten Indianer, und draußen in Guajará lebte der Stamm der Weißen, die „Tárüpa". So dachten sich die Tupari die Welt, von deren wahrer Ausdehnung sie keinerlei Vorstellung hatten.

Die Weiber tuschelten eine Weile. Dann rückten sie plötzlich mit schwererem Geschütz auf.

„Nicht wahr, du wirst Kabátoa heiraten?" fragten sie und lauerten gespannt auf meine Antwort. Kabátoa war das zierliche Töchterchen des Häuptlings Waitó. Es mochte kaum zwölf Jahre zählen.

„Kabátoa ist noch sehr klein", gab ich zu bedenken und suchte dem Verhör einen scherzhaften Anstrich zu geben. „Eine ausgewachsene Frau wäre doch besser."

Aber die Frauen ließen nicht locker.

„Ist dir denn Nyänkiab recht ... oder Pawab ...?"

Schließlich riefen sie triumphierend, sie wüßten es schon: ich werde Aid-aid zur Frau nehmen. Und dabei schauten alle auf Aid-aid.

Vergeblich suchte diese sich hinter ihrer Nachbarin zu verstecken.
„Näroom! — Nein, nein!" stammelte sie verlegen und rannte davon.
Da kehrte der dickbäuchige Zauberer Tadjurú mit geschulterter Axt von
der Arbeit zurück. Im Nu stoben die Weiber auseinander und verschwanden
im dunkeln Innern der Hütte.

Am nächsten Morgen nahm mich Waitó wieder mit hinüber ins Nachbarhaus. Sein nackter Körper war über und über rot angestrichen. Er setzte
sich in die Nähe der Türöffnung. Eine Frau legte eine kleine Matte vor
seine Füße und brachte ein Häuflein Blätter, eine irdene Schale mit
kleinen Ballen von Urucú-Farbe, teigige schwarze Farbe, die zum Teil
in Maisblätter gewickelt war und ein großes Becken voll Wasser. All
das legte sie vor den Zauberer, und er beschwor es mit feierlichen Gebärden. Eine Handvoll der Blätter schnürte er zu einem Bündel zusammen, den Rest warf er in das Wasserbecken.
Alles schien zur Zeremonie bereit. Der Zauberer rief in das Halbdunkel
der Hütte hinein, aber man ließ ihn warten. Erst nach einer guten
Weile kamen die Kindseltern dahergeschlichen, noch magerer und elender
als tags zuvor. Stumpf und teilnahmslos starrten sie vor sich hin. Ihre
Backen und Bäuche waren hohl. Nur die Brüste der jungen Frau hoben
sich strotzend von ihren mageren Rippen ab und schienen unter dem
Fasten nicht gelitten zu haben.
Manii ließ sich behutsam auf einem Schemel nieder. Der Zauberer beschwor ihn umständlich und malte ihm rote und schwarze Tupfen auf
Zehen, Beine und Brust. Er hieß ihn von den Blättern ein Stück abbeißen, kauen und wieder in das Bündel zurückspucken. Darauf langte
der Zauberer eine Handvoll Blätter aus dem Becken und besprengte den
Kindsvater von unten bis oben und von oben bis unten mit kaltem
Wasser.
An der Mutter nahm Waitó dieselbe Zeremonie vor, und dann kam das
Kind an die Reihe. Nur das Abbeißen der Blätter blieb dem Kleinen
erspart.
Endlich erhoben sich Waitó und die Kindseltern. Die Mutter begann sich
zu waschen. Dabei benützte sie eine Handvoll Blätter wie einen Badeschwamm. Auch den Säugling unterzog sie einer gründlichen Reinigung
mit dem gesegneten Wasser. Und zum Schluß machte sich der junge Vater
an dieselbe Arbeit.
Als auch er gesäubert war, schritt der Zauberer zu einem der vollen
Chicha-Häfen und teilte den Stammesgenossen, die sich gerade in der
Nähe befanden, von dem frischen Maisbier aus. Nur den vor Hunger

apathischen Kindseltern brachte er nichts. Wortlos wankten sie ins Halbdunkel zurück und krochen in ihre Hängematten.

Es war noch früh am Vormittag. Auf dem Platz vor den beiden Häusern vertrieben sich die Burschen die Zeit mit Kopfballspielen. In einer Ecke aber mahlte der kleine Tárima, der Schwager des Kindsvaters, das Zauberpulver für die Schnupfsitzung. Gegen neun Uhr versammelten sich die vier Zauberer und etwa ein Dutzend Zauberlehrlinge und Adepten um das Schnupftischlein. Daneben standen ein paar irdene Töpfe. Nicht weit davon lag auch die Beute, die Manii von der großen Jagdpartie zurückgebracht hatte: ein Haufen rauchgeschwärzter Affen, scheußlich anzusehen mit ihren steif gekrümmten Gliedern und den jämmerlichen Fratzen.

Als letzter kam der Kindsvater mit seinem geschnitzten Schemel. Er war im vollen Festputz. Außer dem Alltagsschmuck trug er den großen Federreifen, der seinen Kopf phantastisch wie ein rotblauer Heiligenschein einrahmte. Durch die Ohrläppchen hatte er zwei rote, an dünnen Stäbchen kunstvoll befestigt Arara-Federn gesteckt, die Oberarme waren mit feinen weißen Samenschnüren umwunden. Und von der linken Schulter schräg über die Brust trug er eine Kette schimmernder Perlmutterscheibchen.

Der erste Teil der Zaubersitzung verlief wie gewöhnlich. Nach der zweiten Schnupfrunde murmelten Waitó und Kuayó unverständliche Worte. Halluziniert starrten sie in die Weite. Die geröteten Augen brannten aus ihren mit Schnupfpulver bestaubten Gesichtern. Ein Indianer stellte ein großes irdenes Becken an die Tür und legte daneben eine Steinplatte, auf der sich ein eiförmiger Kiesel befand.

Die Zauberer begannen, eine unsichtbare Substanz aus dem Freien hereinzuschaufeln, und Waitó murmelte immerfort denselben rhythmischen Spruch. Dann winkte er die Teilnehmer einen nach dem anderen zu sich heran. Alle nahmen in gebückter Stellung etwas von der unsichtbaren Substanz entgegen und trugen es behutsam in beiden Händen zu ihren Bänklein. Dort zauberten sie das mysteriöse Fluidum mit großartigen Gebärden in ihre Körper hinein.

Da geschah etwas Unerwartetes. Bevor alle Zaubergenossen von dem geheimnisvollen Stoff bekommen hatten, schien dieser plötzlich alle geworden zu sein. Besorgtes Gemurmel ging durch die Reihe. Aber Waitó begann von neuem, mit umständlicher Beschwörung von dem Fluidum herbeizuzaubern, bis er auch dem letzten Teilnehmer seinen Anteil aushändigen konnte. Damit nicht genug, wiederholte er die ganze Zeremonie abermals in ähnlicher Weise.

Endlich rückten die Genossen der Zaubersitzung mit ihren Hockern ein wenig zurück. Der Hauptteil der Zeremonie begann. Pakudjá, der Manii

auf dem Jagdzug begleitet und den Großteil der Beute erlegt hatte,
stellte die Töpfe in die Mitte des Durchganges. Daneben häufte er die
zehn gebratenen Affen und legte davor die Steinplatte mit dem eiförmi-
gen Kiesel.

Als alles in guter Ordnung schien, setzte sich der Oberzauberer und beschwor die verschiedenen Speisen. Nun wurde auch Manii's Frau gerufen. Sie hockte sich neben ihren Mann auf den Boden. Waitó gab ein
Zeichen, Manii erhob sich und schritt über die Töpfe hinweg. Dabei durfte
sein Fuß jedoch nicht den Boden berühren, bevor er ihn auf den ei-
förmigen Kiesel und die Steinplatte gesetzt hatte. Langsam näherte er
sich dem Zauberer, der mit todernstem Gesicht an der Türe kauerte, und
kniete vor ihm nieder. Dasselbe hatte die junge Frau zu tun. Sie hielt
sich nur mit Mühe aufrecht, und als sie den rechten Fuß über die Reihe
der Töpfe hob, um auf das steinerne Ei zu treten, fiel sie vor Schwäche
beinahe zu Boden. Dann kniete sie neben ihren Mann, und der Zauberer
setzte ihnen eine Schale mit Salzwasser an den Mund. Sie schlürften ein
wenig und spuckten es wieder aus.

Nun sagte der Zauberer eine unendliche Litanei her. Das kniende Paar
rührte sich nicht. Endlich gingen alle drei zu den Töpfen zurück. Manii
und seine Frau setzten sich hinter die Töpfe, der Zauberer davor. Wieder
sprach er viele, viele Male einen monotonen Vers. Und nochmals folgte
eine Reihe von Beschwörungen.

Schließlich schien er aber doch ein Einsehen zu haben. Mit den Fingern
holte er ein wenig Mais und Erdnüsse aus einem Topf und stopfte sie
Manii in den Mund. Auch von den andern Speisen gab er ihm zu kosten
und reichte ihm eine kleine Schale mit Chicha. Dann schüttete er ihm
von den Speisen in die hohle Hand. Manii kaute alles sehr andächtig
und beinahe mühsam, als habe er in den fünf Fasttagen das Essen ver-
lernt.

Der jungen Mutter hatte man inzwischen den Säugling in die Arme gelegt. Auch ihr wurde vom Zauberer etwas Essen in den Mund gesteckt.
Der Kleine aber erhielt einen dicken Palm-Engerling, an dem er mit
großem Vergnügen zu lutschen begann. Das war der Höhepunkt der
Zeremonie. Waitó hatte sie mir in einem Kauderwelsch von Portugiesisch
und Indianisch *curumi aricuri come* genannt, „das Kindlein ißt Palm-
Engerling".

Darauf begann das Verteilen der Zaubergaben. Jeder der Zauberer bekam einen gebratenen Affen. Mir reichte Waitó ein Gürteltier, das unter
dem Haufen der Vierhänder gelegen hatte. Und damit war die feierliche Handlung zu Ende. Meine Uhr zeigte schon über drei. Ein jeder

trug seine Beute nach Hause und ging dann zum kleinen Bach hinunter, um sich das Schnupfpulver vom Kopf zu spülen.

Die Rodungen, an denen wir seit Wochen arbeiteten, waren schon ansehnlich groß geworden. Und die Männer fanden wieder Zeit zur Jagd. Außer Klammeraffen, die den besten Braten abgaben, Pfeifaffen und gelegentlich einem Baumhuhn sah ich aber wenig Wildbret. Der langbeinige Amärawa brachte eines Tages ein kleines Brillenkrokodil nach Hause, das er an einem Bach entdeckt und mit dem Buschmesser erschlagen hatte. Dann und wann stöberten die Hunde einen Agutí-Hasen, eine Paca oder auch eine Landschildkröte auf. Aber es vergingen Wochen, ehe Curumí, der tüchtigste Jäger, ein kleines Nabelschwein oder ein Reh erlegte. Es war eigentümlich: die großen Wildschweinherden, welche die tropischen Urwälder von Mittelamerika bis zum Gran Chaco bevölkern, mieden das Jagdgebiet der Tupari seit vielen Jahren. Früher, als er und Iad jung waren, erklärte mir der Häuptling, hatten sie noch viele Herdenschweine erlegt. Seither hatte sich dieses ausgiebige Wild nicht mehr in der Gegend blicken lassen.

Bei aller Freude am Jagen lag aber den meisten Männern ihre Feldarbeit viel mehr am Herzen. Mit dem Fällen der großen Rodungen der Häuptlinge war es durchaus nicht getan. Jedermann mußte noch seine eigene Pflanzung vorbereiten. Hatte ich zuerst geglaubt, der Stamm lebe in einer Art kommunistischer Gemeinwirtschaft, so wurde ich im Laufe der Zeit eines besseren belehrt. Wohl mußten alle Männer kräftig und ausdauernd mithelfen, um die weiten Pflanzungen des Häuptlings und seines Bruders anzulegen. Aber diese Felder waren nicht zur Ernährung des ganzen Stammes bestimmt. Sie sollten den Führern gestatten, die Wohngemeinschaft zu möglichst häufigen und immer auf drei volle Tage berechneten Trinkgelagen einladen zu können.

Denn das war das höchste Bestreben des Anführers und sein eigentlicher Autoritätsbeweis: ein großes Feld mit unerschöpflichen Mengen von Mais, Yams, Hualusa, Erdnüssen und vor allem Yuca-Knollen, um das ganze Jahr ein splendider Gastgeber seiner Gefolgsleute und Nachbarn zu sein.

Um das zu erreichen, mußte der Häuptling jedoch viel mehr arbeiten als seine „Untertanen". Er hatte der erste zu sein, der Hand anlegte, und der letzte, der nach Hause ging. Nur dann respektierten ihn seine Leute und waren zur Mitarbeit bereit.

So lieferten die Pflanzungen des Hüttenchefs das Festbier und auch einen häufigen Trunk an den Arbeitstagen. Mit dem täglichen Essen der Indianer aber verhielt es sich anders. Wohl begnügten sich manche Männer, bei der Erstellung der Häuptlingsrodung etwas kräftiger zuzugreifen. Dann durften sie einen Streifen als eigen bepflanzen und für sich selber ernten. Wer aber etwas auf sich hielt und ein ganzer Mann sein wollte, der mußte seine eigene Pflanzung besitzen. So konnte er sich und seine Familie besser ernähren und wenigstens ein- oder zweimal im Jahr ein Trinkgelage für alle Hüttengenossen veranstalten. Hier pflanzte er, was ihm und seiner Familie am meisten mundete. Und da zog er auch seinen Tabak. Für die Frauen gab es Baumwoll- und Urucú-Stauden. Und mancher einfache Indianer besaß sogar mehr Zuckerrohr als der Häuptling, besonders wenn er wußte, daß seine Frau auf diese Süßigkeit erpicht war.

Wie aber jedermann dem Häuptling beim Holzfällen half, so hatte dieser auch ihm beizustehen, und da ich Waitó fast täglich wie sein Schatten begleitete, lernte ich nach und nach alle Privatrodungen kennen. An dem einen Morgen halfen wir diesem, am andern jenem unserer Freunde. Je nach dem Ansehen des Besitzers war die Schar der Helfer größer oder kleiner, und die Zahl dieser Mitarbeiter und der Schweiß, den sie beim Roden vergossen, waren der sicherste Gradmesser für seinen Einfluß im Stamme.

Es kam aber auch vor, daß der eine oder andere Indianer fand, seine Nachbarn ließen ihn elendiglich im Stich und vernachlässigten seine Rodung ungebührlich. Dann konnte es geschehen, daß der Unzufriedene sich mitten in der Nacht erhob und seinem Ärger Luft machte in einer feierlichen Ansprache.

Doch nur wer selber unverdrossen auf dem Felde tätig war, genoß das Vertrauen und die Hilfe der Kameraden. Und öfter gab mir Waitó einen Hinweis:

„Siehst du“, sagte er zum Beispiel, „schon geht Pakudjá wieder Affen jagen. Nur einen Tag fällt er Bäume, dann bekommt er schon wieder Lust, Affenfleisch zu essen und läßt die Arbeit liegen. Pakudjá ist kein Häuptling!“ —

Die Woche, die mit der Taufe von Manii's Söhnlein so gut begonnen hatte, wäre beinahe traurig zu Ende gegangen.

Ich schrieb an meinem Tagebuch. Die Männer waren ohne mich zur Rodung gezogen, weil mein geschwollener Arm mich noch immer nicht arbeiten ließ. In der Hütte hantierten die Frauen am Herdfeuer oder mit der Spindel, mahlten etwas Chicha für den täglichen Gebrauch oder lausten sich gegenseitig, schminkten ihre Gesichter und schnitten sich die Haare. Dann und wann jagte eine Frau die Hühner und Enten hinaus,

die sich aus den Kochtöpfen und von Bratrosten einen leckeren Bissen
ergattern wollten, oder eilte erschreckt zu einem Kind, das sich in der
Nähe einer Feuerstelle herumtummelte und in die Glut zu fallen drohte.
Plötzlich kam ein Indianer zur Tür hereingelaufen. Erregt rief er ein
paar Worte in das halbdunkle Haus. Ich verstand nicht, was er sagte.
Aber sein Gehabe ließ das Schlimmste vermuten.
In der Hütte entstand unbeschreibliche Aufregung. Die Frauen, die eben
noch friedlich ihren vielfachen Beschäftigungen nachgegangen waren,
rannten verstört hin und her und riefen sich abgerissene Worte zu.
Kamatsuka, die Häuptlingsfrau, war wie von Sinnen. Sie stieß ein böses
Fauchen aus, und wie eine wilde Hornisse schoß sie im Hause herum.
Aber niemand erklärte mir, was los sei. Waren Feinde im Anzug? Fast
wünschte ich, es möchte einmal etwas Ungewöhnliches geschehen in der
friedlichen Maloca der Tupari.
Da tauchte einer der Jungen auf, die mich das Roden gelehrt hatten.
„Ein Baum ist umgestürzt auf der Rodung und hat den Abo erschlagen",
erklärte er verstört. Abo war einer der fleißigsten Arbeiter des Stammes,
ein harmloser, fröhlicher Vorsänger während der Trinkgelage.
„Wo war das?" fragte ich.
„In der Rodung von Kuarumä. Der Päwab schlug einen dicken Baum
um und warnte die andern nicht. Da ist Abo nicht beizeiten weggerannt.
Ein Ast hat ihn erwischt und zu Boden geschlagen."
„Ist er tot?"
„*Täparoara!* — Er ist tot!"
Es verging aber keine Stunde, da kam der Totgesagte auf seine Espada
gestützt in das Haus geschritten. Mit blutigem Kopf zwar und blaß wie
eine Leiche. Ohne jemanden anzusehen, legte er sich in die Hängematte.
Ich kramte meine Taschenlampe hervor und ging ihn untersuchen. Er
ließ es sich widerspruchslos gefallen. Ich schnitt ihm die Haare weg,
jodete die Löcher in seinem Kopf und verband ihn. Auch am Körper
hatte er schwere Quetschungen. Aber die Sache war doch harmloser, als
sie anfangs ausgesehen hatte.
Am Nachmittag kam Waitó von seiner eigenen Pflanzung, die er für die
neue Yuca-Saat herzurichten begonnen hatte. Er ließ sich den ganzen
Vorgang erzählen, besah sich den weißen Verband und führte darüber
ein paar flüchtige Beschwörungen aus. Er schien durchaus nicht böse, daß
ich ihm ins Handwerk gepfuscht hatte.
Ein paar Frauen schluchzten noch bis zum Abend und taten maßlos er-
schüttert über den Unglücksfall, der doch so gut abgelaufen war. Abo's
eigene Frau führte sich weitaus gefaßter auf. Sie heulte nicht und

schluchzte nicht. Ihren Jüngsten an der Brust hockte sie neben dem stöhnenden Mann, der nicht wußte, wie er seinen zerschundenen Körper in die Hängematte betten sollte, und fragte ihn nur zuweilen nach seinen Wünschen.

Die Wettermacher

Eine neue Braut am Horizont

Der 1. August

Seit einiger Zeit schon stiegen im Westen bedrohliche Wolkenballen auf, und an einem schwülen Nachmittag ging endlich ein gewaltiger Sturzregen nieder. Groß und klein fing in hohlen Händen das Wasser auf, das zur Türöffnung hereintroff, und rieb sich damit den Körper ein. Ich sollte dasselbe tun, forderten mich die Indianer auf.
„So werden wir bessere Jäger. Auch du wirst mehr Affen schießen!“ beteuerten sie. Die kleinen Buben und Mädchen rannten mit fröhlichem Geschrei auf dem Platze herum und ließen die willkommene Dusche ihre nackten Glieder erfrischen.
Nur einen Mann schien der Regen nicht zu freuen. Das war der Häuptling Waitó. Mit besorgtem Gesicht schaute er dem Treiben zu. Er dachte an seine Rodung, wo der Regen zu dieser Jahreszeit nicht wiedergutzumachenden Schaden anrichten mußte. Hielt das nasse Wetter an, dann faulte das dürre Laub und Gestrüpp und konnte beim bevorstehenden Abbrennen des Gehölzes nicht mehr mithelfen. Zudem ließ der Regen die Wurzeln und Stöcke des umgehauenen Busches wieder ausschlagen; das Unkraut schoß in die Höhe, bevor das Feld besät werden konnte; und statt einer sauber verbrannten Reute entstünde eine Wildnis, die mit der größten Mühe kaum wieder zu reinigen war.
Diesem drohenden Unheil mußte vorgebeugt werden. Und Waitó kündigte eine Zauberzeremonie an, mit der er den Regen für eine gute Weile vertreiben wollte. Wenige Tage darauf malte Yübä, der Sohn des zweiten Zauberers Kuayó, die nötigen Schnupfpulver, und bei dem kühlen Wetter entschlossen sich die Männer, die Sitzung draußen auf dem Platz vor der Maloca abzuhalten. Sie bedeuteten mir, ich solle in der Hütte bleiben, und verschlossen die Türöffnung mit Matten und Palmblättern. Denn während einer magischen Handlung durfte niemand zur Tür ein- noch ausgehen. Selbst ein Hund oder ein Huhn, das in den

Kreis der Zauberer hineinlief, konnte den ganzen Erfolg der Zeremonie gefährden.

Ich bemühte mich auch nicht weiter, an der Beschwörung teilnehmen zu dürfen. Ich konnte nicht stundenlang in der Sonne sitzen, denn das war erfahrungsgemäß das beste Mittel, meine schlummernde Malaria wieder neu ausbrechen zu lassen. So setzte ich mich in der verdunkelten Hütte zu den Frauen und schaute zu, wie sie eifrig Maiskolben entblätterten und abkörnten, um ein paar Häfen frischer Chicha zu brauen. Hin und wieder machten sie eine Bemerkung zu den Geräuschen, die vom Platz hereindrangen. Einstweilen war aber nichts Besonderes zu hören.

Da ertönte plötzlich ein rhythmisches Händeklatschen und eintöniges Rezitieren mit hoher Stimme. Das war mir neu. Ich sprang auf, um durch die Lücken der Türöffnung zu spähen. Aber die Frauen hielten mich erschreckt zurück.

„Geh nicht in die Nähe, du wirst sofort sterben!" beschworen sie mich ängstlich.

Mehrere Stunden dauerte die Zeremonie. Erst am Nachmittag räumten die Zauberer die Türverkleidung zur Seite und kehrten müde in die Hütte zurück.

„Bis zur Maissaat wird es nicht mehr regnen", teilte mir Waitó zuversichtlich mit. War die Macht der Zauberer so groß, wie sie selber glaubten, dann hatten wir also noch etwa zwei Monate gutes Wetter zu erwarten.

Nach dem Baden lud mich Waitó freundlich zu seinem Wohnlager ein.

„Komm Erdnüsse essen", sagte er. Das war bisher kaum vorgekommen. Gewöhnlich hatte er mir den Topf zu meiner Hängematte gebracht oder Konkwad damit geschickt, wenn wir nicht ohnehin gemeinsam vor der Hütte aßen. Ich setzte mich zu seiner Familie, und während ich an einem saftigen Affenarm herumbiß, entdeckte ich unter dem Weibervolk eine schieläugige junge Frau von kräftigem Körperbau. Sie war mir schon oft aufgefallen durch ihr tüchtiges Zugreifen bei allen Arbeiten auf dem Felde Waitó's und auch im Hause. Ich fragte Waitó, wie sie heiße und wer ihr Mann sei, und erwartete einen mißtrauischen Blick und eine ausweichende Antwort — wie immer, wenn ich die Indianer nach einer Frau fragte, sei es auch noch so unverfänglich.

Diesmal aber war der Häuptling keineswegs ungehalten über meine Neugierde, ja, er schien sich über meine Teilnahme zu freuen und erzählte mir bereitwillig die Geschichte der jungen Frau:

„Das ist Tonga, meine Base", so begann er. „Die Leute nennen sie auch Abä, das heißt „die Stumme". Denn sie war schon ein ziemlich großes

...äroka, die ältere Tochter des Häuptlings Waitó.

Yübä, der Sohn des Medizinmannes Kuayó, im vollen Festschmuck.

Mädchen und konnte noch immer nicht recht sprechen. Ihr Vater, ihre Mutter und ihre Brüder sind alle gestorben. Als sie noch klein war, nahm Kuarumä sie zur Frau. Kuarumä hatte damals vier Frauen. Tonga arbeitete sehr viel und Kuarumä hatte sie gern. Sie hat von ihm aber kein Kind bekommen. Kuarumä ist ein sehr wilder, jähzorniger Mann. Wenn wir Chicha trinken, dann singt er nicht und tanzt nicht mit uns, sondern wird tobsüchtig und will die Leute umbringen. Einmal, als er betrunken war, schoß er auf Tonga. Der Pfeil traf sie in die Hüfte, aber die Wunde heilte bald wieder zu. Bei einem andern Trinkfest wurde Kuarumä wieder tobsüchtig und wieder schoß er auf Tonga. Sie sah ihn aber zielen und drehte sich schnell zur Seite. So traf der Pfeil nicht in ihr Herz. Er ging durch den rechten Arm und die rechte Brust. Zwischen den Brüsten kam die Spitze heraus. So viel fuhr sie noch in die linke Brust", — und mit beiden Händen zeigte der Häuptling, wie tief der Pfeil in die Brust der jungen Frau gedrungen war. Dann nahm er wieder einen Mundvoll von den gekochten Erdnüssen und Maiskörnern und fuhr fort:

„Tonga fiel ohnmächtig zu Boden, und die Erde war weiterum mit ihrem Blut bedeckt. Die Leute zogen ihr den Pfeil aus dem Leib und dachten, sie sei tot. Als die Sonne unterging, erwachte sie aber. Viele Tage lag sie in der Hängematte und aß nichts und sprach nichts. Als sie wieder gehen konnte, floh sie von Kuarumä und kam zu meiner Maloca. Denn sie ist meine Base. Nun hat sie ihre Hängematte hier und arbeitet mit meinen Frauen. Kuarumä will sie immer wieder zu sich holen, aber sie fürchtet sich vor ihm und will nicht mehr seine Frau sein. Jetzt hat sie keinen Mann."

Waitó schloß mit klagender, fast weinerlicher Stimme, die zu seinem kräftigen männlichen Wesen in seltsamem Gegensatz stand und mir recht deutlich zu verstehen gab, in welch trauriger Lage sich ein junges Weib befindet, wenn es keinen Mann hat. Tonga war Waitó's Erzählung eifrig gefolgt. Nun trat sie zu mir und beugte sich zu mir herab.

„Itoa! — Sieh dir das an!" klagte sie und tupfte auf Arm und Brüste, wo Ein- und Ausschuß des Pfeiles deutliche Spuren hinterlassen hatten. Eine Schar neugieriger Buben stand um uns herum. Plötzlich fragte mich Iad's kleiner Sohn mit erwartungsvollem Gesicht:

„Ä-aütsi-nä Tongan?" — Ob ich Tonga nicht zur Frau nehmen wollte? Kamatsuka, die resolute Häuptlingsfrau, schaute mich lauernd an. Dann entschied sie:

„Tonga hat keinen Mann, und du hast keine Frau. Tonga ist ein gutes Weib für dich!"

Da hatte ich die Bescherung. Ich suchte in Waitó's Gesicht zu lesen, ob es ernst galt. Aber seine Miene blieb unbewegt. Tonga stand noch immer vor mir. Sie lächelte blöde, und was sie dachte, war aus ihren schielenden Augen nicht leicht zu erraten.

Plötzlich dämmerte in meiner Erinnerung etwas auf. War es nicht diese Frau gewesen, die beim Wasserholen oft nahe an meiner Hängematte vorüberstrich und mir jedesmal „umän!" zuflüsterte? „Umän" aber hieß „mein Mann", und das junge Weib hatte mich sicher schon lange diskret auf seinen geschiedenen Stand hinweisen und seine Liebesbereitschaft erklären wollen.

Indes, mir blieb nicht viel Zeit, über ein mögliches Eheglück mit Tonga nachzudenken. Kamatsuka zupfte mich am Ärmel.

„Zieh das Hemd aus", befahl sie mit mütterlicher Autorität. Sie hatte inzwischen grüne Genipa-Früchte gekaut und den Saft in eine Schale gespuckt. Damit malte sie mir und dann der ganzen Familie die üblichen Streifen auf Brust, Rücken und Arme und auch ins Gesicht.

Es war am Vorabend eines neuen dreitägigen Trinkgelages, das wiederum mit „Frauen-Chicha" gefeiert werden sollte. Iad, der Häuptlingsbruder, gab dieses Fest den Frauen als Erkenntlichkeit für ihre Mitarbeit auf seinen großen Feldern. — Die Männer arbeiten und haben ihre Männer-Chicha; die Frauen arbeiten auch und sollen ebenfalls ihr eigenes Fest haben. Das war die Logik der „Wilden", und ich war recht erstaunt, in diesen Urwäldern eine so fortschrittliche Einstellung zu finden. Denn die emanzipierten weißen Frauen Europas und Amerikas mit ihren Tee- und Kaffeekränzchen und Parties hatten es doch im Grunde kaum weitergebracht.

Als die Sonne unterging und die Nacht hereinbrach, hob das Konzert an. Männer und Buben schritten vor der Hütte auf und nieder und bliesen dazu auf ihren Bambusröhren die alten Tupari-Melodien. Wohl legte sich der eine und andere Musikant für einen Augenblick schlafen. Die meisten jedoch waren unermüdlich und ließen den Wald und unsere in dieser unendlichen Wildnis verlorenen Hütten von ihren Tonaden und wilden Schreien widerhallen, bis der Tag dämmerte und die Frauen den müden Tänzern einen reichlichen, wohlverdienten Morgentrunk anboten.

Waitó war mit mir nicht recht zufrieden.

„Du bist wie ein alter Großvater und liegst die ganze Nacht in der Hängematte!" Vorwurfsvoll schaute er mich aus übernächtigen Augen an. „Ich, Waitó, habe bis jetzt Musik gemacht und getanzt!"

Den ganzen Tag ließen die Frauen den erschöpften Männern keine Ruhe. Die Indianer haben eine erstaunliche Menge von Anstandsregeln. Aber keine verbietet, einen müden Schläfer, so oft man will, wachzurütteln, wenn man ihm eine Schale Chicha anzubieten hat.

Nur von den drei Frauen Iad's, des Festgebers, war nichts zu sehen. Sie waren in das Nachbarhaus zu ihrer Mutter geflohen, so hieß es. Denn Iad hatte sie tags zuvor verprügelt und ihnen gedroht, sie zu erschießen.

Doch gab es genug andere Weiber, die das starke Yuca-Bier kredenzten. Was wunder, daß Waitó am Abend schwer bezecht und laut schnarchend auf einem Holzstoß neben dem Eingang der Hütte lag. Niemand nahm Anstoß daran, den Häuptling und gefürchteten Oberzauberer in diesem Zustand zu sehen. Das war nur natürlich. Wer sich bei einem solchen Feste nicht betrank, bei dem stimmte etwas nicht.

Aber auch die andern Männer und die Jungen schienen für diese Nacht besiegt. Gestern hatten sie durchgetanzt, heute den ganzen Tag getrunken. Nun überließen sie die Chicha-Häfen und die Tanzbahn unbestritten den feiernden Frauen, denen dieses Fest gewidmet war.

Wie ihre Männer, so hatten auch die Weiber den Haupteingang, an dem meine Hängematte aufgespannt war, zum Aufenthalt erkoren. Da tranken und schwatzten sie munter. An schlafen war also nicht zu denken, und ich hatte nichts dagegen, daß mir Tonga, die schielende Base des Häuptlings, eine Kalebasse voll Chicha brachte und mich dann zum Tanzen aus der Matte zog.

Die ersten Runden führte sie mich noch an der Hand. Bald aber legte sie meinen Arm um ihren Nacken und faßte mich liebkosend um die Lenden.

Die Tupari tanzten nie paarweise. Dennoch schien es sie nicht aufzuregen, daß wir so umschlungen in ihrem Reigen schritten. Wir tanzten und sangen und tranken. Die Schieläugige schmiegte sich immer zärtlicher an mich, und es ging nicht lange, da zog sie mich unauffällig ins Dunkel und begann auf mich einzuflüstern.

„Ich will von Kuarumä nichts wissen. Er ist nicht mehr mein Mann", und wie zur Bekräftigung tupfte sie auf die Narben auf ihren Brüsten.

„Ich bin deine Frau und du bist mein Mann", erklärte sie mir zunächst einmal entschieden. Dann suchte sie vorsichtig herauszufragen, ob ich nicht etwa schon irgendwo Frau und Kinder hätte. In eifrigem Flüsterton erzählte sie mir noch dies und jenes und fragte mich manches, das ich nur halb oder gar nicht verstand.

Da tauchten zwei Mädchen auf, guckten erstaunt und boten uns ihre halbgefüllten Chicha-Schalen an. Wir tranken sie aus und gingen wieder

tanzen. Als ich mich, des Herumtrampelns müde, in die Hängematte
legte, hatten die Frauen endlich ein Einsehen und weckten mich nicht
mehr.
Ich schlief lange bis in den hellen Morgen hinein. Aber noch immer tanzten die eifrigen Sängerinnen. Und kaum sahen sie, daß ich die Augen
aufschlug, da brachten sie mir wieder zu trinken und wollten mich von
neuem zum Tanz schleppen.

So begann der zweite Fest- und Sauftag. Und als ich mein Tagebuch
vornahm, bemerkte ich, daß es der 1. August war, unser schweizer Na-
tionalfeiertag. Die übernächtigen Tänzerinnen schauten mir neugierig über
die Schulter, wie ich die Feder führte. Sie hatten keine Ahnung, wozu
das Schreiben gut sein sollte und dachten, ich mache das „nur so". Aber
sie wollten auch ihre Kunst versuchen. Auf und ab zogen sie den Halter
und füllten einen Bogen nach dem andern mit Zickzacklinien.
Sonderliches Vergnügen schien ihnen das Gekritzel jedoch nicht zu
machen. So sannen sie auf andere Taten, um ihre Unternehmungslust zu
befriedigen. Sie verkleideten sich als „Hamno". Das waren die blut-
dürstigen Kopfjäger, die alten Todfeinde des Stammes. Um Hüften,
Arme und um den Kopf hängten sie große Palmstrohbündel, bis sie sich
vollends unkenntlich fühlten. Dann stürzten sie sich mit Pfeil und Bogen und mit den langen Espadas auf die Männer, fuchtelten ihnen vor
den Gesichtern herum und erhoben ein Geschrei, wie man es den sitt-
samen Frauen kaum zugetraut hätte.
Das konnten sich die Männer nicht gefallen lassen. Sie kleideten sich
ebenso, rüsteten zur Verteidigung, und es währte nicht lange, da stürmten
die beiden Horden aufeinander los mit einem Ungestüm, daß man das
unschuldige Spiel für einen wirklichen Krieg der zwei Geschlechter hätte
halten können. Wer nicht selbst daran teilnahm, schaute begeistert zu,
schrie aus Leibeskräften, um die Parteien anzufeuern und hielt sich den
Bauch vor Vergnügen.
Am Abend sollte ich wieder tanzen. Im Schatten eines Chicha-Mörsers
kauerte Aid-aid und faßte mich am Hosenbein.
„Komm auf den Pfad hinaus", flüsterte sie. Das kleine Töchterlein
meines Nachbarn Äruai beobachtete uns aufmerksam mit besorgtem Gesichtchen. Schon war die Nacht hereingebrochen. So tat ich, als hörte ich
nichts und tanzte weiter mit der kreisenden Schar. Voran stapften die
Vorsänger mit geschulterten Espadas oder Pfeil und Bogen in der Hand.
„*Ki-üapä kiduat, kaärä täpoba* ... — Wir wollen Chicha trinken und
keine Angst haben ...", sangen sie. Ihnen schlossen sich die Männer und

Burschen an, und zuletzt, in Zweier- oder Dreierreihen, wie es sich eben traf, folgten die Frauen und die Schar der Mädchen.

Heute hatten sich die Buben meiner bemächtigt. Die einen umklammerten meine Schultern, andere zerrten mich an der Hand, die Kleinsten hängten sich an meinen Gürtel und schienen nicht gewillt, mich preiszugeben, als Aid-aid und Nyänkiab sich heranpirschten. Die jungen Weiber drängten aber die widerstrebenden Bürschlein energisch zur Seite, nahmen mich in die Mitte und kicherten übermütig ob ihrer Eroberung. Sie hatten der Chicha ordentlich zugesprochen, und in jeder Pause zog mich Aid-aid zu einem im Dunkel stehenden Topf und nötigte mich zum Trinken. Verlöschte das Harzlicht für einen Augenblick oder befand sich gerade niemand in der Nähe, dann streichelte sie mich zärtlich und führte meine Hände liebeheischend über ihre jungen Glieder.

Wieder hob der Gesang an und wir schritten mit im Reigen der Stammesgenossen. Und wieder einmal erlosch das kleine Flämmchen. Die Gesellschaft stand still, um nicht etwa im Dunkeln über die zerbrechlichen Chicha-Häfen zu stolpern. Da fühlte ich, wie zwei Arme sich fest um meinen Nacken schlangen; ein bloßer Mädchenleib hängte sich an mich und zog mich gewaltsam zu sich nieder. Das war nach Indianerbegriffen etwas Unerhörtes. Nur Aid-aid konnte dazu imstande sein.

Bevor ich mich von der Überraschung erholen konnte, flammte das Harzlicht wieder auf. Empörte Ausrufe der Nächststehenden, und alles drehte sich wie elektrisiert nach uns um. Aid-aid ließ mich mit leisem Schrei los und verschwand im Dunkeln.

Wie ein armer Sünder stand ich im Kreise der Indianer. Sie maßen mich mit mißbilligenden Blicken und murmelten verlegen. Die Tanzgesellschaft, die noch eben so fröhlich gesungen hatte, zerstreute sich verstört, als wäre etwas Furchtbares geschehen, und ich erwartete nichts anderes, als daß der beleidigte Ehemann Iad aus dem Dunkel stürzen würde, um seine leichtsinnige Frau und mich zu erschießen oder mit der schweren Espada totzuschlagen.

Selten war mir so übel zumute gewesen, wie in dieser Nacht. Die Hütte schien verödet. Ich kroch in die Hängematte.

In der Tat, eine sonderbare Art, den 1. August zu feiern! Und ich war gar nicht einmal so sicher, ob es nicht der letzte meines Lebens war. Das unvernünftige Mädchen hatte sich in aller Öffentlichkeit vor jung und alt ganz ungebührlich aufgeführt. Konnte nicht Iad die Schuld an den schlimmen Neigungen seiner Frau mir zuschieben und sehr wohl denken, einer von uns beiden sei zu viel auf dieser Welt? Bei dem großen Respekt, den ich vor den Pfeilen eifersüchtiger Indianer hegte, dachte ich

mit Bangen an den Augenblick, da man dem betrunken in der Hängematte liegenden Ehemann von dem Skandal berichten würde.

Erst gegen Morgen fiel ich in unruhigen Schlaf. Gemurmel dicht neben
mir ließ mich bald wieder erwachen. Im Hauptdurchgang saß eine
Schar Männer und war in ernstem Gespräch begriffen. Ringsherum standen die Knaben und lauschten aufmerksam. Die Indianer schienen tief
erregt. Immer wieder fiel das Wort „Tárüpa", „der Fremdling". Und
immer wieder stießen die Männer den Namen Aid-aid mit Abscheu und
Wut hervor.

Da war kein Zweifel möglich: noch während ich geschlafen hatte, waren
die Tupari zusammengekommen, um über das Geschehen der letzten
Nacht zu sprechen.

Der gewichtigste im Rate war Waitó. Er war der Häuptling und zugleich
der Bruder des beleidigten Ehemannes. Finster, ganz finster schaute er
drein und kam auch nicht, mir einen guten Morgen zu wünschen. Die
Buben blickten zu mir herüber, mit rätselhaftem, schwachem Lächeln auf
den Gesichtern. Ich blieb reglos in meiner Hängematte, als fürchtete ich,
mit jeder Bewegung den Ablauf eines unheimlich drohenden Geschickes
zu beschleunigen, und tat im übrigen, was das Los aller Angeklagten,
schuldiger wie unschuldiger, ist: ich erwartete den Urteilsspruch meiner
Richter. Und ich konnte nur hoffen, wir beide, das törichte junge Weib
wie auch ich selber, würden dabei glimpflich davonkommen.

Ernst sprachen die Männer, einer nach dem andern, heftiger oder ruhi-
ger, je nach Temperament. Da endlich schien sich die Spannung zu lösen.
Die Jungen schauten etwas zuversichtlicher, und zu meinem großen
Staunen und zu meiner Erleichterung kam die Häuptlingsfrau Kama-
tsuka und brachte mir eine Kürbisschale voll Chicha. Ihr folgte der
Häuptling mit einem Trunke, und dann kam auch der beleidigte Iad.

„Aqui brabo não — Ich bin nicht böse auf dich", sagte er ernst und
reichte mir seine Schale. Noch fürchtete ich, die Chicha könnte vergiftet
sein. Aber es gab nichts anderes als austrinken. Damit nicht genug,
brachte mir Iad ein reichliches Frühstück von Geflügel und gekochten
Wurzelknollen. Ich hatte Hunger und griff gehörig zu. Und als ich auch
dann noch kein Bauchweh spürte, glaubte ich endlich, daß ich diesmal
noch mit heiler Haut davongekommen war.

Was aber war mit Aid-aid geschehen? Ich sah sie nirgends und wagte
auch nicht, nach ihr zu fragen. Erst nach Tagen entdeckte ich sie in der
Nachbarhütte und erfuhr, daß Iad die junge Frau ihrer Mutter zurück-
gegeben hatte.

So war Aid-aid also frei und hatte erreicht, was sie seit langer Zeit anzustreben schien und wozu ich ihr hatte verhelfen wollen. Die ungeschickte Rolle, die ich dabei gespielt und den Schrecken, den ich wegen des tollen Mädchens erlebte, hätte ich mir allerdings gerne erspart. Zudem kam mir meine Figur als heldenhafter Kämpfer um das Recht einer armen Waisen immer zweifelhafter vor, und nach allem, was mir die Stammesgenossen erzählten, begann ich mich zu fragen, ob Aid-aid nicht einfach ein loses Weib war, das sich vielleicht nicht nur mit Iad schlecht vertragen hatte, sondern überhaupt keine ordentliche Ehefrau werden wollte.

Eine Mordgeschichte —

Und Waitó erzählt von den Tárüpa

Zwar hatte ich die strenge Arbeit auf den Rodungen schon recht satt, aber nach den Ereignissen der vorletzten Nacht und der peinlichen „Gerichtssitzung" war ich froh, als ich wieder Hand anlegen konnte. Mein Arm war endlich gesund geworden, und schon seit Tagen drang Pakudjá darauf, daß ich auf seiner Pflanzung hülfe. Der Sitte gemäß hatte er mehrere Tage allein den ersten Streifen gerodet. Nun verteilten wir uns in langer Reihe, um die begonnene Arbeit fortzusetzen.
Pakudjá selbst arbeitete heute nicht. Er beaufsichtigte seine Verwandten und Freunde, die mit dem Buschmesser das Unterholz kurz und klein schlugen. Bald holte er mich von der Arbeit weg. Wir setzten uns auf einen umgestürzten Baum, und ohne große Einleitung rückte Pakudjá mit einer Geschichte heraus, deren Mitteilung ihm offenbar sehr am Herzen lag.
„Waitó, der Häuptling, ist ein sehr bösartiger Mensch", begann er. „Er hat den Vater von Tamaraika, Adjeró und Aid-aid totgeschossen."
Umständlich berichtete Pakudjá, wie dieser Mann während der Trinkgelage den Frauen nachzulaufen pflegte und sie im Dunkel verführte, statt zu singen, zu tanzen und mit den Stammesgenossen fröhlich zu sein. Viele Männer waren deshalb wütend auf ihn, aber er kümmerte sich nicht um ihre Drohungen. Auch mit einer der Frauen Waitó's ließ er sich ein. Und während eines Saufgelages schlug er mit seiner Espada herausfordernd an die Türöffnung von Waitó's Hütte. Das wurde ihm zum Verhängnis. Mit Pfeil und Bogen ging der Häuptling hinaus, um nach dem Rechten zu sehen. Der Übeltäter erschrak und wollte die Flucht ergreifen. Waitó aber schoß ihm drei Pfeile in den Rücken, und

der Frauenheld brach blutüberströmt zusammen. Da kamen auch die andern Männer. Schon lange hätten sie gern mit dem Verführer abgerechnet. Nun überschütteten sie ihn mit ihren Pfeilen, und die schweren Espadas zerschmetterten ihm den Schädel.

Auf das wilde Freudengeheul kamen die Frauen herbeigelaufen. Sie sahen den Toten in seinem Blut und weinten und schalten die Männer. Sie klagten, so erzählte Pakudjá: „Jetzt haben sie unser Männchen totgeschlagen! Nun haben wir keinen Mann mehr!" —

Hier wurde Pakudjá unterbrochen. Konkwad, der kleine Häuptlingssohn, war zu uns getreten. Er wollte mich einer wichtigen Prozedur unterziehen. Während der Arbeit hatte er eine Wurzel gefunden. Die kaute er nun und rieb mir mit dem bräunlichen Speichel Arme, Brust und Beine ein.

„Jetzt wirst du viel mehr Affen jagen", versicherte er mir und schmierte auch sich von dem Zaubersaft über den Körper.

Tags darauf war Arbeitstag der Frauen. Die Männer waren jagen gegangen, nachdem sie zuvor emsig in der alten Rodung Waitó's gejätet hatten. Dort sollte nämlich bald eine große Menge Yuca gepflanzt werden. Nun war es an den Frauen, ihren Teil zu leisten. Waitó wußte wohl: ohne sein sorgsam wachendes Auge würde wenig Ersprießliches getan. So hatte er auf das Jagdvergnügen verzichtet und befehligte die Schar der nackten Arbeiterinnen, die mit ihren Buschmessern wacker auf das Gestrüpp und das Gestäude einschlugen. Ich stand wie ein Inspektor neben Waitó. Aber das gefiel den Damen ganz und gar nicht. Panno und Tsanya, zwei temperamentvolle junge Weiber, packten mich keck am Arm, tippten an mein Buschmesser und forderten mich auf, anzupacken.

„*Toto, ätsa, mañ wáboka!* — Los! das Yuca-Feld putzen!"

„Heute ist Arbeitstag der Weiber! Ich bin keine Frau" protestierte ich, und Waitó lachte.

„*Näroom*" argumentierten die Frauen geschickt. „Es ist doch deine eigene Yuca-Pflanzung!"

Da half kein Sträuben. Die Gesellschaft gab sich nicht zufrieden, bis ich ein ordentliches Stück stacheligen und zähen Gebüsches ausgerottet hatte. Sie nannten das neue Feld „deine Yuca-Pflanzung", ganz so, als solle es mir gehören. Und das gab ihnen offenbar Recht genug, mich liebevoll herumzukommandieren und zu schinden.

Um Mittag gingen wir im Bächlein baden und kehrten zur Maloca zurück. Konkwad holte mich zum Essen. Seine Tante Tonga habe für mich

Mais geröstet und Erdnüsse, sagte er. Tonga hatte bemerkt, daß geröstete
Erdnüsse mit Mais eine meiner Lieblingsspeisen war. Dazu bot sie mir
noch einen Teller voll langhaariger Raupen, die sie im Wald gesucht und
schmackhaft geröstet hatte.
— Und ich hielt es für ratsam, diese Freundschaft ein wenig zu pflegen.
Denn in der letzten Zeit schienen die Tupari manchmal zu übersehen,
daß auch ich einen Magen hatte. Da kam mir die Fürsorge der schieläugigen Tonga eben recht. Sie gab sich bescheiden und zurückhaltend, und
ich war sicher, daß sie keinen Skandal inszenieren würde wie die kopf-
lose Aid-aid.
Die Frauen sangen und tanzten auf dem Platz. Die Buben saßen um
mich herum und versuchten allerlei zu erfahren. Ob ich Kabátoa, das
Häuptlingstöchterlein, heiraten werde, wollten sie wissen. Waitó selber
habe davon gesprochen. Und ob ich auch Tonga und auch noch Aid-aid
dazu haben wolle, forschte einer der Knirpse.
„Nein, Nyänkiab!“ riet ein anderer. Für Nyänkiab, das anmutige Töchterlein des Nachbarhäuptlings, war es wirklich an der Zeit, daß es unter
die Haube käme.
So hatte man mir also schon zwei und sogar drei Frauen zugedacht.
Und es schien abgemachte Sache, daß ich auf Lebenszeit beim Stamm
bleiben würde.
Mehrere Tage schon weilten die Männer auf der Jagd. Die Frauen waren
inzwischen nicht müßig. Brannte die Sonne gegen Mittag zu heiß, um auf
dem Felde weiterzuarbeiten, dann machten sie sich daran, die großen
Hängematten ihrer Männer zu waschen. Seife hatten sie nicht. Sie sotten
die schmutzigen Netze in ihren großen Kochtöpfen. Unten am Bächlein
schlugen sie dann mit schweren Knüppeln und Steinen so lange darauf
herum, bis der Schmutz sich löste. Zerrissene Hängematten wurden auf-
gelöst, das schadhafte Garn frisch verknotet, mit neugesponnenem Faden
ergänzt und wieder zu Hängematten geflochten. Auch das Chicha-Brauen
vernachlässigten die Frauen nicht ganz. Zwar war einstweilen noch kein
neues Fest zu befürchten, aber selbst am gewöhnlichen Werktag halten die
Tupari es für unter ihrer Würde, Wasser zu trinken.
Noch spät in der Nacht arbeiteten die Häuptlingsfrauen und ihre Töchter am Chicha-Mahlstock. Meine Nachbarn ringsum lagen in tiefem
Schlaf. Da kam Tonga und brachte mir eine große Schale voll frischer,
warmer Chicha. Das junge Weib schaute nach allen Seiten und schmiegte
sich an mich. Ein Indianer räusperte sich und beugte sich aus der Hängematte, um sein erlöschendes Feuerchen wieder anzufachen. Es war empfindlich kühl geworden.

„Hast du kein Affenfleisch mehr?" fragte Tonga plötzlich. Ich erhob mich, langte zum Vorratsgestell hinauf und reichte ihr ein halbes Affenbein. Sie roch daran, verschwand im Dunkeln und gesellte sich dann wieder zu ihren Gefährtinnen, die unermüdlich die Mörserkeule drehten und das so unentbehrliche Getränk in die großen, bauchigen Häfen abfüllten.

Dem Häuptling blieb bei der vielen Feldarbeit nur wenig Zeit zur Jagd. So hatte er es schon bald nach meiner Ankunft gern mir überlassen, seinen Haushalt mit Fleisch zu versorgen. Alle paar Tage zog ich mit der Flinte los, bald von diesem, bald von jenem Stammesgenossen begleitet. Langsam hatte ich herausbekommen, welche Männer und Burschen sich als Jagdgefährten eigneten. Denn durchaus nicht jeder Indianer ist ein guter Jäger. Nur etwa die Hälfte meiner Tupari war imstande, einen Klammeraffen, einen Pfeifaffen oder ein Baumhuhn mit einiger Sicherheit zu treffen und wirklich herunterzuholen. Die andern Männer, so erzählte mir Waitó, brachten jahraus jahrein keinen Affen nach Hause, sondern fanden höchstens eine Schildkröte oder ein Gürteltier, das sie dann aus seiner Höhle räucherten oder ausgruben. Wer einen guten Hund besaß, erwischte manchmal auch einen Agutí- oder Paca-Hasen. Noch seltener kam das Fleisch von Krokodilen, Rehen, Nabelschweinen und Tapiren auf den Bratrost.
Einer der besten Jäger und zudem ein unterhaltsamer Begleiter war Pakudjá. Immer kamen wir mit zwei oder drei Affen bepackt nach Hause. Zudem lernte ich jedesmal etwas Neues über die Lebensgewohnheiten der wichtigsten Beutetiere: wo sie sich vor den Jägern verbargen und mit welchen Listen man sie aus ihren Verstecken heraustreiben und weiter verfolgen konnte. Auch die Lebensweise der andern Waldtiere kannte Pakudjá, und von manchem sonderbaren Aberglauben suchte er mich zu überzeugen. Er behauptete zum Beispiel, ein Jäger müsse immer niesen, wenn die Frauen daheim von ihm sprächen. Und er glaubte fest, daß man keinen Affen schießen könne, wenn beim Verlassen der Maloca eine Frau sage, man werde doch nichts treffen, oder wenn man vor dem Jagen eines Weibes genieße.
Auch in diesen Tagen des allgemeinen Jagdeifers bot mir Pakudjá seine Begleitung an. Ich blieb aber lieber bei Waitó. Denn Waitó benützte alle stillen Stunden und auch die Ruhepausen auf dem Felde, um mir zu erzählen. Ich hatte mich im Laufe der Wochen immer mehr an ihn angeschlossen, und wir waren uns über unseren gemeinsamen Sprachschatz langsam klar geworden. Waitó bestand darauf, so viel wie möglich mit

seinen wenigen portugiesischen Brocken zu sagen. Die Bedeutung dieser Worte setzte er allerdings meist sehr willkürlich fest. Dazu kam seine ausdrucksvolle Zeichensprache. Andere Dinge wieder nannte er mit ihren indianischen Namen, die ich inzwischen erlernt hatte. Es war erstaunlich, wie die Intelligenz und der gute Wille des Häuptlings unser sprachliches Unvermögen beinahe wettmachten, wenigstens solange wir über Dinge des täglichen Lebens plauderten.

Waitó gefiel mein Interesse an seinem Stamm und dem Leben im Urwald. Manches Mal, wenn wir abends vor der Hütte oder an seinem Lagerfeuer saßen, erzählte er mir, wie die Tupari mit den Weißen bekannt geworden waren. Es war eine traurige Geschichte:

„Als ich noch ein Kind war, wußten wir nicht, daß dort im Westen weiße und schwarze Männer wohnten. Nur wir Tupari lebten in diesem Lande. Und ringsherum die vielen Nachbarstämme. Mit allen hatten wir Freundschaft. Nur mit den wilden Hamno hatten unsere Väter manchen harten Kampf auszufechten. Zu unseren besten Freunden gehörten die Makuráp-Leute, die wir in unserer Sprache „Tamo" nennen. Wir besuchten sie oft, obwohl der Weg beschwerlich ist. Denn in den weiten Savannen brennt einem die Sonne auf den Kopf den ganzen Tag. Die Makuráp hatten einen großen Häuptling und Zauberer, Waikulí, der viele Makuráp und Jabutí-Leute erschossen und vergiftet hat. Waikulí war der Vater des Alfredo, der jetzt in São Luis arbeitet. Er hatte mich sehr gern und nannte mich „okib", „mein kleiner Bruder". Und ich nannte ihn „atsá", „mein großer Bruder".

Eines Tages hörten wir von unseren Freunden, daß sonderbare fremde Männer den Fluß heraufgekommen waren. Ihre Haut war bei den einen weiß und bei anderen schwarz, und sie gingen nicht nackt umher wie wir, sondern trugen Hosen und Hemden. Sie fuhren auf dem Fluß herum mit großen Booten, die ein Ungeheuer mit großem Geräusch vorantrieb. Sie jagten nicht mit Pfeil und Bogen, sondern schossen mit einer Röhre, aus der mit heftigem Knall kleine harte Körner den Tieren in den Leib fuhren. Diese Männer redeten eine Sprache, die niemand verstand. Bald drangen sie bis zu den Hütten der Makuráp vor. Aber sie waren nicht bösartig, sondern schenkten den Makuráp viele Halsketten, Spiegel, Messer und Äxte. Dann bauten sie am Ufer des Flusses ihre Häuser und suchten die Bäume, die wir „härub" nennen und aus deren Saft wir die Spielbälle machen. Die fremden Männer machten aber aus dem Härub-Saft keine Spielbälle, sondern große Ballen und führten sie mit ihren Booten den Fluß hinunter. Sie fällten auch große Rodungen und pflanzten eine Menge Mais, Bananen, Mandiok und auch Reis und vieles andere. Sie holten die Makuráp-Männer und gaben ihnen noch mehr Messer, Äxte und auch Hemden und Hosen, Hängematten und Moskitonetze. Dafür mußten ihnen die Makuráp helfen, Bäume zu fällen und Pfade durch den Wald zu hauen.

Wir sahen die Äxte und die Messer, welche die Makuráp von den Fremden bekommen hatten. Diese Äxte waren viel härter als die Steinbeile, mit denen wir den Wald schlugen, und sie zerbrachen nicht bei der Arbeit. Auch die Messer der Fremden waren viel besser als die Bambusmesser und Grashalmstreifen, mit denen wir das Fleisch und die Pfeilfedern schnitten. Wir wollten auch solche Äxte und Messer haben. Aber wir fürchteten uns vor den Fremden. Unsere Alten sagten, das seien keine Menschen, sondern „Tárüpa", das ist das böse Wesen, das die Krankheiten bringt und die Menschen tötet. So nannten wir die Fremden „Tárüpa", und noch jetzt nennen wir euch so. Aber wir wissen, daß ihr nicht das böse Wesen seid, obwohl ihr uns eure Krankheiten gebracht habt.

Als wir zum erstenmal mit der Nachricht von den Fremdlingen nach Hause kamen, weinten die Frauen und sagten: „Diese Tárüpa werden bis zu unseren Hütten kommen und uns und unsere Kinder töten." Aber bald suchten wir unsere Makuráp-Freunde wieder auf. Sie zeigten uns noch mehr Geschenke, die sie von den Fremden erhalten hatten. Wir baten sie um ein paar Äxte, und sie gaben uns alte, abgenützte Äxte, die sie nicht mehr brauchten, weil sie von den Weißen immer gutes und neues Werkzeug erhielten.

Wir sahen aber auch, daß viele Makuráp husteten und starben. Diesen Husten brachten die Motore von den Dörfern der Fremdlinge herauf. Alle Makuráp husteten und viele, sehr viele starben.

Auch zu den Jabutí, Wayoró, Aruá und Arikapú gingen die Tárüpa und holten sie zum Arbeiten in ihre Pflanzungen und in die Gummiwälder. Auch sie erhielten Äxte und Messer, Hemden und Hosen. Aber auch sie begannen zu husten, bekamen Kopfweh und Fieber, und sehr viele von ihnen starben. Bald waren nur noch wenige am Leben.

Zuletzt kamen die Fremden auch hierher. Zwei weiße Männer kamen zu unserer Maloca. Sie hießen Cravo und Awitschi. Bipey, der Makuráp-Häuptling, führte sie, und die Arikapú-Männer trugen ihr Gepäck. Wir hatten noch nie einen Tárüpa gesehen und erschraken sehr. Wir stürzten mit Pfeil und Bogen vor das Haus, und unsere Weiber und Kinder heulten und versteckten sich in der Hütte oder flohen in den Wald.

Aber Bipey erklärte uns, die Weißen wollten unsere Freunde sein und

brächten viele Geschenke mit. Die Tárüpa verteilten Zucker und Salz und vieles andere, und Bipey sagte, wir sollten mit ihnen gehen und im Barracão arbeiten. Dann würden wir Äxte und Buschmesser bekommen.
Ich konnte nicht mitgehen, weil ein kleines Krokodil mich in den Arm gebissen hatte — hier siehst du noch die Narben. Aber viele Männer gingen mit den Tárüpa, um für sie Wald zu roden. Sie arbeiteten wenige Tage, da fiel ein Baum auf einen jungen Weißen und erschlug ihn. Die Tupari bekamen Angst und liefen davon. Manche brachten eine Axt nach Hause. Das waren die ersten guten Äxte, die wir besaßen.
Als aber Cravo bei uns war, hustete er viel, und viel Schleim kam aus seiner Nase. Und unsere Männer und Frauen und viele Kinder begannen auch zu husten, der Schleim floß aus ihren Nasen, und sie bekamen starkes Kopfweh und Brustweh. Viele Tupari starben. Auch mancher Häuptling und Zauberer. So fürchteten wir uns und wollten nicht mehr zu den Weißen gehen. Aber wir wollten gerne mehr Äxte und Messer haben.
Als ich schon geheiratet hatte und auch meine Tochter Maäroka schon auf der Welt war, kam wieder ein Tárüpa zu uns, das war der *Toto Alemão**). Er kam mit vielen Männern von den Stämmen der Jabutí, Wayoró und Arikapú und mit drei anderen Tárüpa. Einer davon war ein Schwarzer und hieß Nicolau. Der Toto Alemão brachte viele Geschenke mit: Messer, Äxte, Spiegel, Kämme, Halsketten, Kleider und anderes mehr. Er war ein sehr guter Mann und er war sehr groß, viel größer als du und ich und als wir alle. Der schwarze Nicolau lachte viel und tanzte viel mit unseren Weibern und er gab uns viele Glasperlen. Aber der Toto Alemão war krank und hustete viel. Unsere Frauen und Kinder und auch die Männer begannen wieder zu husten. Und viele starben. Als er wieder wegging, begleiteten wir ihn zu den Hütten der Weißen und arbeiteten dort und erhielten noch mehr Äxte und Messer und auch Hemden und Hosen.
Später gingen wir wieder zu den Weißen. Der Regino gab uns immer, was wir brauchten. Das ist ein sehr guter Mann. Auch der Rivoredo ist gut. Als mein Bruder in São Luis den Husten bekam und starb, gab er mir ein Buschmesser.
Einmal begleiteten uns auch ein paar Frauen zu den Weißen. Denn dort war niemand, der für uns Chicha machte. Zwei von ihnen starben am Husten. Jetzt wollen die Frauen nicht mehr zu den Tárüpa gehen. Einmal holte der Rivoredo mich und ein paar andere Männer mit dem

---

*) D. h. „der deutsche Doktor", nämlich Dr. E. Heinrich Snethlage

Motor von São Luis nach dem großen Fluß. Dort sahen wir auch ein Dampfboot mit vielen Tárüpa, die uns lange anschauten und unsere Pfeile und Bogen kaufen wollten. Wir bauten einen großen Barracão und fuhren wieder nach São Luis zurück. Manche von uns bekamen Kopfweh von dem Motor. Der Motor macht die Menschen krank und bringt ihnen den Husten.

So ging ich bis heute fünfmal zu den Tárüpa, um eine Axt oder ein Messer zu bekommen. Einmal kam der Regino zu uns und holte uns zum Arbeiten. Auch der schwarze Pedro kam einmal mit dem Severino, als wir schon hier drüben wohnten. Sie blieben drei Tage hier, aber sie wollten uns nicht beim Arbeiten helfen. Das waren keine guten Männer. Sie holten uns zum Arbeiten nach São Luis und sagten, wir werden Äxte, Messer, Hemden und Hosen bekommen. Aber das war eine Lüge. Wir arbeiteten, aber wir bekamen keine Äxte und Messer. Aber viele Tárüpa waren gekommen und sammelten Gummi.

In der letzten Regenzeit kamen Tiboro und seine Frau Maria und die Rosa und der Ricardo*). Sie sangen viel und tanzten und tranken auch viel Chicha und sie husteten nicht. Das war gut. Der Tiboro und die Maria nahmen viele Pfeile und Bogen und Hängematten und vieles andere mit sich und gaben uns keine Äxte und Buschmesser. Das war nicht gut.

Und jetzt bist du gekommen. Auch du hustest nicht. Das ist gut. Du arbeitest viel und jagst viele Affen und bist nicht bösartig. Du wirst hierbleiben und nicht mehr fortgehen. Wir sind nur mehr wenige Tupari: wir haben nur noch zwei Häuser, meines und das von Kuarumä. Aber wir arbeiten viel und haben viel Mais und Erdnüsse, Yams und Yuca für uns und unsere Frauen und Kinder. Und wir trinken viel Chicha und singen und tanzen. Das ist gut. Hier, wo wir jetzt wohnen, sterben nicht mehr viele Leute. Die Tárüpa sagen wohl, wir sollen nach São Luis wohnen kommen. Aber das ist nicht gut für uns. Wir wollen hier bleiben. In diesen großen Häusern ist es gut zu wohnen. Bei den Tárüpa gibt es viele Krankheiten, und die Gummisammler laufen allen Frauen nach. Dort ist kein gutes Leben. Nach São Luis wollen wir nur gehen, wenn wir keine Äxte und Messer mehr haben. Dann arbeiten wir für die Tárüpa und kehren wieder heim in unsere Maloca. So ist es gut."

---

*) Der Journalist aus Buenos Aires und seine Begleiter

Die Männer kamen in kleinen Gruppen von ihrem Jagdzug zurück und nahmen die Feldarbeit wieder auf. Ich begleitete Waitó zu der Rodung Pakudjá's, auf der wir kürzlich das Unterholz geschlagen hatten. Hier sah ich etwas, das mir erneut bewies, wie sehr die Tupari ihr Leben mit unsichtbaren Mächten verbunden glauben. Als wir aus dem schmalen Waldpfad auf die eben begonnene Rodung heraustraten, warteten bereits ein paar Männer auf den Häuptling, — unter ihnen Manii, dessen Kind vor ein paar Wochen „getauft" worden war. Von der Fastenkur hatte er sich wieder ordentlich erholt. Nun wechselte er mit dem Oberzauberer ernste Worte und begann mit bedächtigen Hieben einen kleinen Baum zu fällen.

Waitó bedeutete mir, ich solle stehen bleiben und ihm nicht etwa nachlaufen. Und er ging zu der Stelle, wo die Krone des Baumes ungefähr hinfallen mußte. Der Baum stürzte. Sogleich unterwarf ihn der Zauberer einer Reihe von umständlichen Beschwörungen. Er sog und zog daran, als hole er aus ihm ein unsichtbares Wesen oder eine geheimnisvolle Kraft heraus und zauberte sie dann in seinen eigenen Körper hinein. Darauf trat er wieder zu uns und plauderte, als wäre nichts geschehen.

Pakudjá reichte mir seine Axt und hieß mich ein paar kleinere Bäume fällen. Man hatte mich seit kurzem für fähig befunden, nicht nur wie ein Knabe mit dem Buschmesser dünne Bäumchen zu schlagen, sondern wie ein Großer die Axt zu handhaben und mich an dickere Stämme zu wagen. Die Männer schauten mit ernsten Gesichtern, wie ich mich abmühte. Erst als ich in Schweiß gebadet war, und die blutig mit Blasen bedeckten Hände die Axt nicht mehr zu halten vermochten, nickten sie zufrieden. Aber nicht mit böser Absicht oder gar aus Lust zu plagen, ließen sie mich so schuften. Hier gab es einfach keine Gäste und Herren. Wenn ein Fremder Wochen und Monate lang bei ihnen wohnt, so erwarten die Tupari, daß er auch wie ein Mann arbeite.

Mit der Zeremonie um den gefällten Baum war das Zauberwerk aber noch nicht getan. Waitó führte mich auf ein Erdnußfeld, das tief im Walde versteckt lag. Es gehörte Manii, und seine Frau war am Ernten. Sie hatte den Zauberer erwartet. Waitó kauerte vor ihr und dem Säugling nieder, und nun setzte er die Beschwörung im umgekehrten Sinne fort: das Wesen oder die Kraft, die er aus dem Baum herausgeholt und in seinem Körper mitgebracht hatte, zauberte er jetzt mit vielerlei Gestikulationen und Hauchlauten wieder aus seinen Gliedern heraus und in das kleine Kind hinein.

„Der Kleine würde sehr krank werden und vielleicht sogar sterben", bedeutete er mir, „wenn sein Vater den Baum nicht gefällt und wenn ich, der Zauberer, diese Beschwörung nicht unternommen hätte."

Am Nachmittag schlugen wir auf Waitó's alter Rodung ein paar niedere, dicke Aricurí-Palmen, die allein auf dem Felde stehengeblieben waren.

„Die Frauen werden die Stämme dieser Tage verbrennen", erklärte der Häuptling. „Die Asche tragen sie nach Hause und lösen sie in Wasser auf und kochen sie ein. So machen die Tupari-Frauen ihr Salz, mit dem sie die Speisen würzen. Es ist gutes Salz und hilft auch gegen viele Krankheiten."

Auf mich wartete aber noch eine Überraschung ganz anderer Art. Statt auf geradem Pfade heimzukehren, führte mich Waitó auf einem Umweg tiefer in den Wald hinein. Dann blieb er stehen.

„Hier wird deine Pflanzung sein", sagte er gewichtig und holte mit der Hand zu einem weiten Bogen aus. „Jetzt kommt die Regenzeit. Und wenn die Regenzeit vorbeigeht und wieder Sonnenzeit ist, werden wir hier deine Rodung machen."

Ich schwieg betroffen. Schon lange hatten die Tupari, Männer, Frauen und Kinder, rätselhafte Andeutungen gemacht, und auch Waitó hatte mir oft davon gesprochen, ich werde nicht mehr weggehen, sondern für immer bei ihnen bleiben. Ich hatte das bisher halb als Scherz, halb als freundliche Höflichkeit aufgefaßt. Jetzt aber wurden die Pläne des Häuptlings bedrohlich konkret, und ich wußte nicht, wie ich ihm meine über kurz oder lang bevorstehende Abreise ankündigen sollte, ohne ihn zu beleidigen. Konnte ich ihm die banale Tatsache erklären, daß ich nur noch meine Leica erwartete, um dann, die Spulen voller Aufnahmen, auf und davon zu ziehen?

Waitó fuhr fort:

„Du wirst immer bei uns bleiben und nicht mehr von hier weggehen. Du bist ein guter Mensch, und ich, der Häuptling Waitó, bin auch gut und habe dich, den Francisco, sehr gern. Du arbeitest viel und jagst viele Affen und bist nie bösartig. Auch die andern Männer und die Frauen sagen, du sollst hierbleiben und ein Häuptling sein. Die Frauen haben der neuen Yuca-Pflanzung dort drüben schon deinen Namen gegeben: ‚Francisco-mañ'. Sie gehört mir und dir."

Wieder schwieg ich. Da begann Waitó zu klagen:

„Ich werde nicht mehr lange leben. Ein Mann aus unserem Hause hat

…erzupfen der Baumwolle vor
…em Spinnen.

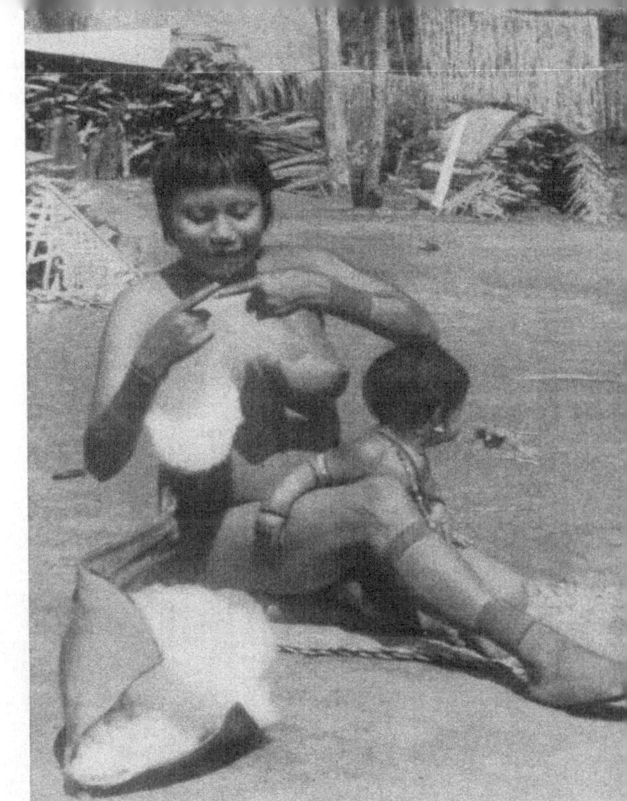

…ine Hängematte entsteht.
…wei Stecken werden in den
…oden gerammt und ein end-
…oser Faden als Kette darum
…ewunden.

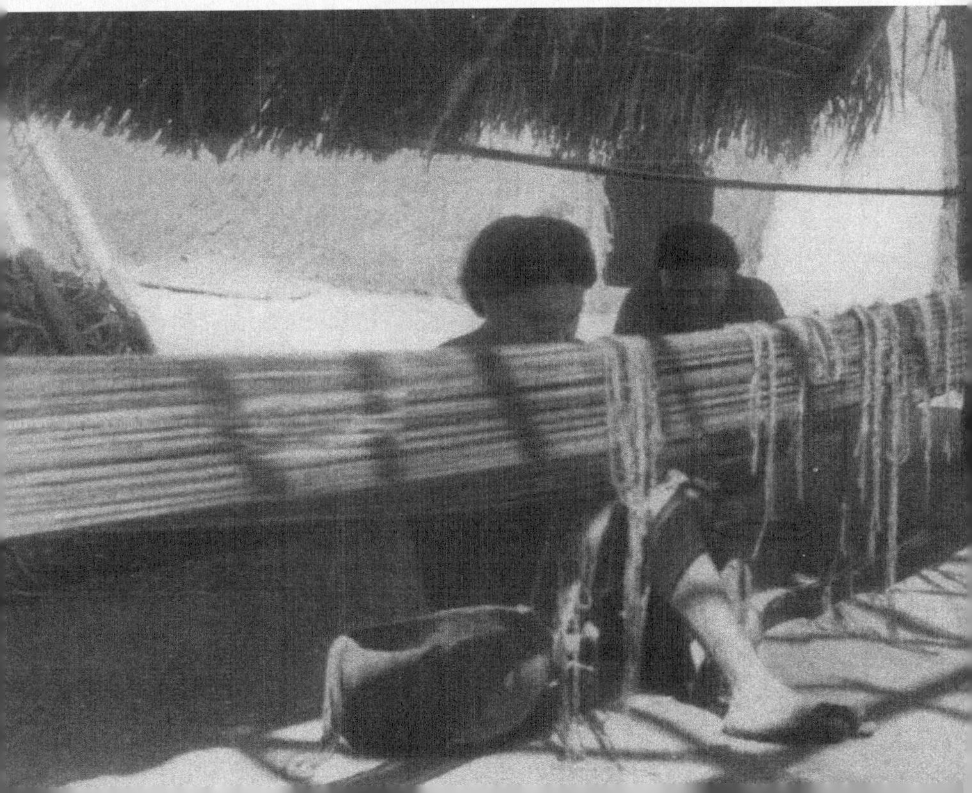

Pakudjá, der große Jäger, widmet der Herstellung seiner Pfeile besondere Sorgfalt.

Kuayó schabt einen neuen Bogen. Als Hobel dient ihm ein Schneckenhaus.

Das Feuerbohren.
In einem kleinen Baumwollbausch als Zunder wird der Funken aufgefangen.

mir Gift in die Chicha getan. Oft bekomme ich Bauchweh und bald werde
ich sterben. Dann ist hier kein Häuptling mehr, der für die Leute arbeitet. Nur du arbeitest viel und hältst auch die jungen Burschen zur
Arbeit an, wenn ich gestorben bin."

— Man wird mich vielleicht gefühlsselig schelten, wenn ich zugebe, daß
mich die Worte des nackten Waitó tief ergriffen. Es tat mir weh, ihn von
seinem nahen Tode sprechen zu hören, so lieb hatte ich ihn im Laufe
der Zeit gewonnen. Und ich empfand es als die größte Auszeichnung,
daß mich der tüchtige Häuptling als seinen Nachfolger sehen wollte.
Und doch mußte ich ihn enttäuschen. Wie aber konnte ich es vermeiden,
ihn zudem noch zu kränken? Ich appellierte an den großen Familiensinn
der Tupari:

„Meine Eltern und meine Geschwister wissen nicht, wo ich bin. Und sie
weinen sehr, weil sie denken, ich sei tot. Ich muß heimgehen, damit sie
sehen, daß ich am Leben und gesund bin", begann ich stockend.

Der Häuptling blieb lange nachdenklich stehen.

„Gut, gehe zum Stamm deines Vaters", sagte er endlich. „Und bleibe
dort so viele Tage und Nächte" — er zählte seine Finger und Zehen ab
— „und dann kommst du wieder zurück."

„Ich werde nicht mehr zurückkehren", wagte ich zu widersprechen. Aber
Waitó tat, als hörte er mich nicht. Schweigend gingen wir weiter, nahmen
in einem kleinen Bach ein Bad und suchten die Maloca auf.

Die Nachricht, daß ich den Stamm vielleicht bald verlassen würde, lief
schnell durch die beiden Häuser. Es ging nicht lange, da versammelte
sich eine Schar Weiber, allen voran die Häuptlingsfrau Kamatsuka und
ihre mandeläugige Tochter Maäroka, rings um meine Hängematte. Sie
bestürmten mich, ich sollte bei ihnen bleiben und nicht ans Weggehen
denken.

Ich führte meine Argumente an, aber sie entgegneten mir kurz und
bündig, sie seien jetzt meine Mütter, Großmütter, Schwestern, Töchter
und Enkelkinder. Hier sei es gut, hier gäbe es viel Chicha, viel Mais,
Erdnüsse und Yamsknollen und Papaya-Früchte, Affen, Gürteltiere und
Waldhühner. All das gäbe es beim Stamme meines Vaters nicht, und ich
würde dort Hunger leiden, krank werden und sterben. Ich wußte bald
nicht mehr, wie ich mich des liebevollen Drängens erwehren sollte. Aber
da lenkte neue Aufregung die Weiber ab.

Yübä, ein tüchtiger Jäger, hatte meine Flinte und ein paar Patronen
verlangt. Kaum war er im Busch verschwunden, als ein Schuß krachte
und der Wald vom wilden Gekläff der Hunde widerhallte. Wir rannten
vor das Haus und brauchten nicht lange zu warten, da trieben die rasend

bellenden Köter ein großes Reh auf den Platz. Das arme Tier humpelte
mühsam. Das Schrot hatte ihm ein Bein zerschmettert. Es keuchte verzweifelt und fiel zu Boden. Die Hunde schlugen dem wehrlosen Tier
ihre Zähne in den Leib.
Niemand machte Anstalten, das Reh zu töten. Es schien den Leuten zu
lustig, das Tier in seiner Todesangst zucken zu sehen. Endlich brachte
ein Junge ein Messer; zwei Burschen drehten das Tier auf den Rücken
und zogen seine Beine auseinander. Ein junger Mann schnitt ihm das
Fell mitten über den Bauch von der Gurgel bis zum After auf und begann, es vorsichtig von dem hellroten Fleisch abzutrennen. Hier und dort
verriet eine zuckende Ader den rasenden Herzschlag des gequälten Tieres,
und die entblößten Muskeln krampften sich im Schmerz zusammen. Das
war das erstemal, daß ich die Tupari einem Tier das Fell abziehen sah.
Sie brieten und verspeisten ihre Beute sonst immer samt der Haut.
Die Metzger hielten einen Augenblick ein. Das Messer war stumpf und
mußte geschliffen werden. Da sprang das Reh unvermutet auf und versuchte auf seinen drei gesunden Beinen zu entkommen. Die Hunde
brachen in wütendes Bellen aus und rissen mit ihren Zähnen an dem halb-
gelösten Fell, das wie eine Jacke lose um das Tier hing. Belustigt schauten
die Indianer zu. Das Reh starrte in seiner Todesangst nach allen Seiten.
Es sah wohl, daß es kein Entrinnen mehr gab. Mutlos ließ es sich auf
den abgehäuteten Bauch nieder.
Endlich verlor einer der Burschen die Geduld. Mit einem Knüppel schlug
er dem Tier ins Genick, und es legte sich mit verdrehten Augen zur
Seite.
Am Abend brodelte ein Gulasch von Rehfleisch und Yamsknollen in
meinem Kochtopf. Selten machte ich einen Versuch, auf europäische
Weise zu kochen, sondern zog aus Neugier und Bequemlichkeit immer
die Speisen der Indianer vor. Nun aber saß ich erwartungsvoll und
hungrig am Herdfeuer neben meinem Wohnlager. Und die Tupari-Buben,
die rings um mich hockten, waren nicht weniger gespannt auf das Ge-
koche des fremden Doktors. Dazu ratschlagten sie über meine Zukunft
und suchten mich wieder einmal zu überzeugen, ich müsse bei ihrem Stamm
bleiben.
„Haräm kikiorab — ä-aütsi parabtenna Kabatoar!“ schloß einer der
kleinen Wichte. „Bleib hier bei uns. Du sollst doch Kabátoa zur Frau
bekommen!“
Die kleine Kabátoa galt im Stamm als eine Perle von Mädchen. Und
die Buben konnten sich nicht vorstellen, daß ich solcher Verlockung lange
werde widerstehen können. —

Viele wolkenlose Tage waren vergangen. Nun zogen sich im Westen wieder schwere, schwarze Wolken zusammen. Es war erstickend schwül, und niemand konnte einschlafen. Wir hörten etwas Radiomusik. Dann legte sich Waitó in die Hängematte und sang alte Tupari-Lieder und ein paar Weisen des längst verschollenen Nachbarstammes der Kuairú, an den sich die ältesten Stammesgenossen noch erinnerten. Die Kinder tanzten im Kreis herum, und Waitó's kleiner Enkel, der eben erst laufen gelernt hatte, schrie zornig, bis man ihn mit in den Reigen nahm.
Endlich brach der Sturm herein und rüttelte gewaltig an dem baufälligen Kuppelgewölbe. Aber er tat keinen Schaden, und es fielen kaum ein paar Tropfen. Die Zauberer schmunzelten selbstgefällig: Zweifellos wäre jetzt ein fürchterlicher Sturzregen niedergegangen, wenn sie nicht vor ein paar Wochen die feierliche Wetterbeschwörung abgehalten hätten.

Wenig später gab es wieder Besuch aus dem Urwald. Diesmal war es kein Reh, sondern eine große Wildkatze erschien am hellheitern Tage in der Lichtung und schnappte ein Hühnchen. Das gackerte jämmerlich, und die Hunde wurden aufmerksam. Sie verfolgten und stellten den Räuber, und Waitó erlegte ihn mit Pfeil und Bogen. Die Buben waren gleich zur Stelle, sengten dem Raubtier die Haare ab, weideten es fachmännisch aus und legten es auf einen Bratrost. Am späten Abend luden sie mich zum Schmause ein. Wie vor ein paar Wochen beim Schlangenbankett, so durften auch hier verheiratete Leute nicht mithalten, von den Zauberern gar nicht zu reden. Sie würden sterben, wenn sie davon äßen, erklärten mir die Jungen ernsthaft.
Es war schon Nacht geworden, als ich meine Portion Wildkatzenbraten bewältigt hatte. Entgegen seiner Gewohnheit war der Häuptling vor dem Hause sitzen geblieben, und als ich an ihm vorbei in die Hütte wollte, hieß er mich Platz nehmen. Wir plauderten über dies und jenes. Ein paar Buben setzten sich ringsherum und verfolgten unser Gespräch. Die wenigen portugiesischen Wörter, derer wir uns in unserem Kauderwelsch bedienten, versuchten sie so gut wie möglich nachzusprechen. Und die fremden Laute klangen ihnen so komisch, daß sie bei jedem Versuch in helles Gelächter ausbrachen.
Der halbe Mond stand hoch am Himmel und übergoß den Platz und die Behausung mit seinem fahlen Licht. Plötzlich schickte Waitó die Jungen weg. Sie gehorchten sofort. Und nun trug mir der Häuptling mit ernster Miene und mit bewegter Stimme sein Anliegen vor. Er mochte seit Wochen daran herumgebrütet haben. Nun hielt er die Zeit für gekommen und begann ohne Umschweife:

„Tonga, meine Base, hat dich sehr gern. Sie will dich zum Mann haben."
Und er wiederholte die traurige Geschichte der armen Frau, die er mir
schon mehrfach erzählt hatte.

„... sie will überhaupt keinen Tupari-Mann mehr", fuhr er fort. „Tonga
sagt, die Tupari-Männer seien sehr wild. Wenn sie Chicha trinken, schie-
ßen sie auf ihre Frauen und schlagen sie. Einen Tupari will sie nicht
mehr. Nur dich will sie als Mann haben!"
Ich sei Tonga's einziger Wunsch, wiederholte er ernst und streckte einen
Zeigefinger in die Höhe:
„Kiäm ... kiäm ... — Einzig ... einzig ..."
Ich saß wie auf glühenden Kohlen. Waitó blickte mich prüfend von der
Seite an und fuhr fort:
„Tonga sagt, du bist ein guter Mensch. Du wirst sie nicht schlagen und
nicht auf sie schießen. Du arbeitest viel und jagst viele Affen. Tonga ißt
sehr gerne Affenfleisch."
Noch immer starrte ich stumm vor mich nieder. Und Waitó sprach
weiter:
„Tonga ist ein gutes Weib. Sie ist jung und gesund. Sie arbeitet viel auf
dem Feld und macht viel Brennholz. Sie braut viel Chicha und ist
immer fröhlich. Immer lacht sie und singt, und nie hat sie Launen ...
Und schließlich ist Tonga meine Base!" fügte er mit Nachdruck hinzu.
„Du wirst Tonga ein Kleid, ein Messer, eine Schere und Spiegel, Kamm
und Seife geben!"
Das also erwartete die junge Frau als Werbegabe von mir. Für seine
eigenen guten Dienste als Heiratsvermittler oder als nächster Verwandter
der Braut erhob Waitó hingegen keine besonderen Ansprüche — einstweilen wenigstens nicht.
Ich schätzte den Häuptling zu hoch, um wegen einer Antwort nicht verlegen zu sein. Wie sollte ich es dem guten Freund nur sagen, daß ich mich
beim besten Willen nicht entschließen konnte, in seine Familie hinein-
zuheiraten?
Waitó deutete mein Schweigen anders. Er glaubte, ich hätte ein Auge auf
Aid-aid, das ungetreue Weib seines Bruders Iad, geworfen, und ich ver-
schmähte darum seine tüchtige Cousine.
„Aid-aid ist ein schlechtes Weib", mahnte er mit väterlichem Ernst. „Sie
arbeitet nicht, drückt sich immer beim Chicha-Mahlen und will nicht
essen, was ihr Mann von der Jagd heimbringt. Und wenn sie Chicha
trinkt, dann läuft sie allen Männern nach wie eine Hündin. Aid-aid
taugt nichts."
Ich begleitete all seine Worte mit nichtssagendem „Hm ... hm ...", aber

damit ließ sich der Häuptling nicht abspeisen. Er schien entschlossen, aufs Ganze zu gehen, und kündigte mir nach kurzer Pause an:

„Morgen holen die Frauen Yuca von meiner Pflanzung und brauen Chicha, dann werden wir trinken und singen und tanzen. Wenn die Chicha ausgetrunken ist, dann werden sie Yuca holen von dem Felde meines Bruders, und wir werden Iad's Chicha trinken und singen und tanzen. Dann binden wir deine Hängematte und Tonga's Hängematte nebeneinander!"

Nun strahlte Waitó über das ganze Gesicht. Er hielt Tonga und mich für ein herrliches Paar und war glücklich über die geplante Vermählung.

Mir brach der helle Angstschweiß aus. Verzweifelt suchte ich nach einer überzeugenden Entgegnung. Der Mond über dem großen Haus lächelte breit ob meiner Ratlosigkeit. Da tat ich einen tiefen Atemzug und sagte dem Häuptling, daß ich ihn sehr gern habe und daß ich auch seine Cousine Tonga sehr zu schätzen wisse, daß ich aber keine Frau haben wollte, sondern bald zum Stamme meines Vaters zurückkehren müßte, weil dort meine Eltern und Geschwister um mich weinten.

„Nein! Sie weinen nicht!" fiel mir Waitó schroff ins Wort. „Geh zum Hause deines Vaters und hole deinen Vater und deine Mutter und deine Brüder und Schwestern hierher. Hier haben wir viele Erdnüsse, Mais, Yuca, Yams und Bananen. Wir trinken viele und gute Chicha, und im Wald gibt es genug Affen, Gürteltiere, Rehe und Tapire. Wo dein Vater wohnt, gibt es nichts zu essen, dort leidet man Hunger, und dort ist viel Husten und Krankheit."

„Mein Vater und meine Mutter leiden keinen Hunger und werden nie hierher kommen", protestierte ich schwach. „Das ist viel zu weit."

„Nein, das ist nicht weit!" Der Häuptling war gereizt. Mit finsterer Miene griff er nach dem Schemel und erhob sich. „Es ist Nacht, und ich habe lange an der Sonne gearbeitet. Ich bin müde und will schlafen gehen", knurrte er.

Mit schwerem Kopf legte ich mich in die Hängematte und versuchte über das Gespräch mit Waitó nachzudenken. Da tauchten im Dunkel die Weiber und Kinder des Häuptlings auf.

„Wir wollen Musik hören", befahl Kamatsuka und machte es sich kurzerhand auf dem Boden bequem. Ich zog den Radioapparat aus dem Gummisack, drückte und drehte an den Knöpfen und suchte, froh über die kleine Abwechslung, ernste und heitere Musik aus aller Welt. Ich saß in der Hängematte. Tonga hockte vor mir. Sie hob meine bloßen Füße von der Erde auf ihre vollen, warmen Schenkel, streichelte und liebkoste sie, ohne ein Wort zu sagen.

Wohl zwei Stunden saßen wir so. Dann verabschiedete ich die Zuhörer und versorgte den Apparat. Als ich schon in meinen Decken lag, kam Tonga nochmals und brachte mir eine Schale frischer Yams-Chicha. Ich leerte sie mit leisem Unbehagen. Diese Flut von Liebeswerbungen begann mich zu verwirren.

„Komm, schöpf nun mir heraus", flüsterte das junge Weib, als ich ihr die leere Schale zurückgeben wollte. Und sie zog mich an einen großen Hafen, der bis zum Rande gefüllt war.

In der Hütte war es finster und ruhig. Nur schwach glimmten die Feuerlein der schlafenden Indianer. Tonga schmiegte sich an mich.

„Du mußt hierbleiben und darfst nicht fortgehen. Du gehörst mir und ich will mit dir leben. Aber wenn ich ein Kind bekäme, das keinen Vater hat, das wäre sehr schlimm. Du mußt mein Mann sein, und ich muß deine Frau sein." — Ich reichte ihr die volle Schale und sagte gequält:
„Wärabatsiä, omä-koon-otäd! — Ich habe Schlaf und will mich niederlegen!"

Sie ließ mich los und verschwand im Dunkeln. Ich zog meine Decken von neuem zurecht und schlüpfte in die Hängematte.

Aber der Schlaf floh mich noch lange Stunden. Im Halbschlummer verwandelten sich die von den flackernden Feuerchen matt beleuchteten Stützpfeiler, Holzstöße, Körbe und Flaschenkürbisse in gespenstische Tiere und riesige nackte Weiber, die mich von allen Seiten belauerten und zu umfangen drohten. Und als ich endlich einnickte, jagte ein wilder Traum den andern.

Es gibt blutige Köpfe —

Ein Krokodil beißt die Sonne und den Mond —

Und ein kleines Kind stirbt

16. August 1948:
Zwei Monate dörrt nun schon die brütende Sonne die gefällten Bäume der neuen Rodung, auf der mir die Tupari die erste praktische Lektion über Landwirtschaft im Urwald erteilt haben. Heute hielt Waitó die Zeit zum Abbrennen der Lichtung für gekommen. Die Buben banden Streifen von Rohgummi an lange Stecken, und der Häuptling ließ sie an allen Seiten der Rodung dürres Reisig unter das Geäst häufen.
Die Sonne brannte unbarmherzig vom Zenith, und kein Lüftchen be-

wegte das Laub des Waldsaumes. Aber die Jungen schienen die Hitze nicht zu spüren. Mit trockenen Palmblättern hatten sie ein Feuerchen angefacht. Daran setzten sie die Gummistreifen in Brand und stoben dann mit diesen Fackeln unter lautem Freudengeheul auseinander.

Wie auf Kommando stiegen rundum kleine Rauchsäulen auf, und im Nu loderte ein Riesenfeuer von mehreren Hektaren. Überall prasselte, zischte und krachte es wie bei einem großen Feuerwerk. Riesige schwarze Rauchschwaden begannen den Himmel zu verfinstern. Eine unerträgliche Hitze trieb uns in den Wald zurück. Der Häuptling ging bald hierhin, bald dorthin nachsehen, wie der Brand sich entwickelte. Alles schien gut zu gehen.

Da aber schaute Waitó besorgt zum Himmel und machte sich erschreckt auf, heim zur Maloca. Ein ziemlich starker Wind hatte sich erhoben und trug die Funken in Richtung auf die Häuser. Auch die Buben verstummten und einige rannten dem Häuptling nach. Doch der Wind drehte, und Waitó kam beruhigt zurück.

„Diese Funken sind schlecht", sagte er „Dem Tokürürü ist einmal das Haus abgebrannt mitsamt dem Mais und den Erdnüssen. Sogar die Hängematten verbrannten, und die Leute mußten lange Zeit auf dem Boden schlafen. Auch ein Kind ist dabei verbrannt." —

Das Feuer hat kaum einen Winkel der großen Rodung verschont. Als es nur noch ruhig flackerte, kehrten wir nach Hause zurück. Unterwegs holte uns ein Stammesgenosse ein. Er schwitzte und war ganz außer Atem. Er war auf der Jagd gewesen, und als er die Rauchschwaden sah, hatte er geglaubt, die Hütten ständen in Flammen.

17. August 1948:

Die Rodung ist zum größten Teil vorzüglich verbrannt. Waitó scheint sehr zufrieden. Zwischen den rauchenden Baumstämmen fand die kleine Kabátoa in einer Erdmulde ein Gürteltier fertig gebraten. Wahrscheinlich hatten es die Flammen im Schlaf überrascht.

Der Häuptling war heute so guter Laune, daß ich fürchte, er hat die Ablehnung des Heiratsantrages einfach überhört. Er scheint vielmehr zu hoffen, die Sache lasse sich sehr wohl noch einmal besprechen und zu unserer beider Zufriedenheit regeln. Seine Familie gibt mir weiterhin zu essen, und meine Befürchtung, ich würde wegen Widerspenstigkeit auf Hungerration gesetzt, erfüllt sich einstweilen nicht.

Freundschaftlich wie immer plaudert Waitó mit mir. Als wir in einer Arbeitspause ausruhten, berichtete er von den vergangenen Liebesnöten des kleinen, tüchtigen, aber sehr reizbaren Tárima:

Tárima hatte die hübsche junge Panno zur Frau bekommen. Die beiden lebten einige Zeit miteinander, aber sie bekamen keine Kinder. Das ist bei einem Tupari-Paar oft gefährlich. Denn solange keine Sprößlinge da sind, kann die Frau dem Mann und der Mann der Frau davonlaufen.

Panno lief ihrem Tárima davon und zog zu Äruai, einem kräftigen gutmütigen Häuptlingssohn. Tárima war untröstlich über die Untreue seiner Frau. Gegen den starken und beliebten Äruai konnte er nichts ausrichten. Das Glück des neuen Paares jeden Tag mitanzusehen, ging jedoch über seine Kraft. Verbittert verließ er den Stamm und zog zu den befreundeten Makuráp, die etwa acht Tage weit weg hausten. Auch zu den Weißen ging er und arbeitete in der Gummibaracke.

Endlich verwand er den Liebesgram. Das Heimweh packte ihn und er kehrte in die Maloca zurück. Da lebte Panno glücklich mit seinem Nebenbuhler Äruai und hatte diesem schon ein Töchterlein geschenkt. So war sie dem Tárima für immer verloren. Aber Tárima fand eine neue Liebe. Die stämmige Tsanya hatte mit einem Stammesgenossen das Glück versucht, aber ihre Launen waren dem Mann zuviel geworden. So war sie frei für den heiratslustigen Heimkehrer. Tárima und Tsanya wurden schnell handelseinig, und in kurzer Zeit bekamen sie zwei Kinder. Tárima schlage seine Frau recht oft, wenn er betrunken sei, schloß Waitó, aber auch das war nicht so schlimm. Tárima wußte, das seine Tsanya gern Zuckerrohr lutschte, und so pflanzte er jedes Jahr auf seiner Rodung einen besonders großen Streifen Zuckerrohr. Damit war der Ehefrieden trotz Hieben und Launen sichergestellt. —

Auch auf das große Blutbad, das seinerzeit André unter dem weißen Personal von São Luis angerichtet hatte, kamen wir zu sprechen. Waitó schien damit keineswegs einverstanden. Im Gegenteil: als er André nach dem großen Morden wieder einmal begegnet sei, so sagte er, habe er ihn scharf getadelt:

„Gewiß hat euch der Verwalter schlecht behandelt. Woher nehmen wir nun aber die Äxte und Messer, wenn die Fremdlinge São Luis für immer verlassen? Bevor die Weißen in unser Land kamen, mühten wir uns elend ab mit Holzknüppeln und Steinbeilen. Mit den eisernen Äxten und Messern haben wir es leicht und können viel größere Pflanzungen anlegen mit viel weniger Arbeit. Nun habt ihr die Weißen umgebracht, und wenn sich keine Fremden mehr nach São Luis trauen, sitzen wir wieder im alten Elend!“ —

Die Weißen kehrten aber wieder. Gummi, Kautschuk, Paranüsse, Ipeca-Wurzeln und die billige Arbeit der Indianer waren zu kostbare Schätze, um sie wegen ein paar Toter aufzugeben.

18. August 1948:
In dreitägiger Arbeit haben die Weiber die mächtigen Häfen wieder mit
Festbier gefüllt. Gestern holten die Männer Bambusrohr und schnitten
die Blasinstrumente zurecht. Die ganze Nacht wurde durchgetanzt. Dies-
mal nicht nach Tupari-Art, sondern nach den Weisen und im Tanzschritt
der Makuráp, genau wie ich es vor Monaten beim Feste Jabirú's in São
Luis gesehen hatte.
Wieder stehen mir drei ekelhafte Sauftage bevor.

19. August 1948:
Walätä, mein alter Nachbar, hat ein gutes Mittel gefunden, mir die Zeit
zu vertreiben. Ich saß am Morgen gelangweilt in der Hängematte, da
langte er mir mit schelmischem Lächeln eine Kürbisschale herüber. Die
Schale war leer.
„Geh, bring allen Weibern Chicha zu trinken!" forderte er mich auf.
Ich habe keinen eigenen Chicha-Hafen. Aber Walätä riet mir, einfach da
und dort herauszunehmen, wo viel Chicha drin sei.
„Die Frauen sollen nicht traurig im Dunkeln sitzen. Sie sollen trinken
und tanzen und lustig sein. Zuerst mußt du den Häuptlingsfrauen Chicha
bringen, der Kamatsuka und der Apinuitsa, und dann allen andern."
Schon lange wollte ich gern einmal die Nase in alle Winkel der Hütte
stecken, aber ich hatte gefürchtet, den Argwohn der Leute zu wecken.
Jetzt ließ ich mich nicht zweimal bitten und widmete mich mit Feuereifer
der neuen Aufgabe.
Die Frauen lagen teils untätig in ihren Hängematten, teils kochten sie,
spannen oder waren mit dem Ausbessern eines Tragnetzes beschäftigt. Sie
schienen über meine Kellnerdienste amüsiert und höchst erfreut. Aber
nicht allen Frauen konnte ich es auf den ersten Anhieb recht machen. Sie
wollten nicht irgendwelche beliebige Chicha trinken. Sie wollten nur aus
dem Kübel, der ihrem eigenen Mann, Sohn oder Bruder zugewiesen war.
Ich mußte also die Chicha wieder zurückleeren und aus dem Topf
schöpfen, der den Damen genehm war. Und dazu mußte ich ihnen ein
paar freundliche Worte sagen. Ohne das ging es nicht.
„Hier, Mama, hast du deine Chicha! Trink aus!"
Jüngere Frauen durfte ich nicht „nyã" oder gar „papa", Mutter und
Großmama, nennen, sondern „ukoidj" — „meine Schwester", oder
„wag" — „mein Töchterlein". Am liebsten aber „wangämtsíd", — „mein
Enkelkind".
Andere Weiber wieder seufzten in geheuchelter Bescheidenheit. Sie seien
schon voll, sagten sie. Und dann mußte ich besonders flattieren, bis sie

endlich die Schale an die Lippen setzten und die Chicha hinuntergossen
— meistens in einem Zuge und mit sichtlichem Vergnügen.

Besonders die alten Großmütter aber machten nicht viel Umstände. Sie
tranken den ganzen oder halben Liter ohne abzusetzen und verlangten
nach mehr. Sie seien noch nicht satt! Ging dann nichts mehr in ihren
Magen hinein, erbrachen sie sich vor meine Füße und tranken weiter.

An gewöhnlichen Tagen sprechen die Frauen wenig mit mir — das schickt
sich wohl nicht. Heute sahen sie keinen Anlaß, sich eine Plauderei entgehen zu lassen. Sie gaben mir ganz einfach die Trinkschale nicht zurück,
bevor sie mir ihr Herz ausgeschüttet hatten. Das Zuhören ging leicht,
verstehen und antworten war jedoch bedeutend schwieriger. Die Frauen
sprechen kein Wort portugiesisch, und sie wissen auch nicht, was ich von
ihrem Geplauder verstehe und wo sie mit Zeichen und Gebärden er-
gänzen sollten. Ich begriff aber doch, was die gesprächigen Weiber bedrückte. Je stärker ihnen die Chicha in den Kopf stieg, um so mehr
schienen sie an ihre Toten zu denken. An den Fingern zählten sie auf,
wieviele Kinder sie in den letzten Jahren durch den Katarrh verloren
hatten.

„*Umämtsiräd täparoara — pün — noon pün — noon pün...*", klagten
sie. Und dabei zeigten sie jedesmal mit der flachen Hand auf die Erde, in
der sie ihre Kinder und Enkelkinder eines nach dem andern begraben
hatten.

Auch um ihre Söhne klagten sie, die zu den Weißen gezogen und nicht
wiedergekommen waren. Ich müsse ihnen ausrichten, ihre Mütter und
Schwestern weinten jeden Tag. Sie sollten doch ja bald heimkehren.

So hatte ich genug zu tun, die siebzig Frauen und Töchter unseres eigenen
und des nachbarlichen Hauses zu bedienen und mir ihre Klagen und Erzählungen anzuhören.

Der Abend kam schnell und unbemerkt. Alle Stammesgenossen — soweit sie nicht betrunken in den Hängematten lagen — setzten sich auf
den Platz. Die Frauen verteilten Erdnüsse und die Männer tauschten die
Jagdbeute und die kleinen Fische aus, die sie in den letzten Tagen nach
Hause gebracht hatten. Waitó saß wie ein Patriarch in dem Gewimmel der
Stammesgenossen, die mit ihren Leckerbissen hin und her liefen und fröhlich scherzten und lachten. Nie sah ich den Häuptling so glücklich, wie
wenn er unter seinen Leuten saß, die bei solchen Festen wie eine Familie ohne Feindschaft und Rivalität schienen, ohne Argwohn und Hin-
tergedanken.

Während ich schnell zum Baden gegangen war, hatte jedoch das festliche
Treiben ein jähes Ende gefunden. Ein Junge suchte aufgeregt nach mir.

Ich solle schnell kommen, nötigte er mich angsterfüllt.

Vor den Hütten bot sich mir ein schauerlicher Anblick. Neben der Tür unseres Hauses stand blutüberströmt Woyatsiri, der ledige Sohn des alten Walätä, und mitten auf dem Platz tobte betrunken der Nachbarhäuptling Kuarumä. Neben ihm lagen Pfeile und Bogen. Er schwang seine lange schwere Espada wie toll, und mit großen Sätzen sprang er bald hierhin, bald dorthin, gestikulierte und stieß dazu wilde Verwünschungen und Drohungen aus. Weiber und Kinder, die eben noch fröhlich schmausend und plaudernd auf dem Platz gesessen, hatten erschreckt Reißaus genommen und schauten aus sicherer Entfernung.

Nur Waitó saß noch auf dem Platz. Er zeigte keine Furcht und hielt einen ernsthaften Monolog, ungeachtet der Schmähreden, die sein tobender Amtsbruder ausstieß. Zwischen den beiden herrschte kein Streit, das war wohl zu sehen. Jeder sagte unabhängig vom andern, was er glaubte sagen zu müssen. Und ich mußte unwillkürlich lachen beim Anblick der zwei Häuptlinge, die unermüdlich aneinander vorbeiredeten.

Ich schickte einen Buben nach einer Schale Wasser und holte meine Reiseapotheke hervor. Die Stirne des Verletzten war bis auf den Schädel aufgeschlagen, und er zitterte vor Schmerz und verhaltener Wut. Seine Schwestern standen daneben, heulten und schluchzten, und sein Vater hütete uns mit Pfeil und Bogen in der Hand. Ich wusch Woyatsiri's Gesicht, wartete, bis das Blut etwas stockte und legte ihm dann einen prächtigen Verband an, wie man ihn wohl bei den Tupari noch nie gesehen hat.

Kuarumä tobte weiter, und Waitó unterbrach nicht seine Rede, die er in ruhigem, vorwurfsvollem Ton an den Wütenden richtete.

Plötzlich sprang Kuarumä mit einem Satz auf uns los, holte zum Schlage aus und schmetterte die Espada über unsere erschreckt geduckten Köpfe hinweg gegen den Türrahmen des Hauses. Wie mit dem Messer geschnitten flatterten die dürren Palmblätter zu Boden.

Die Tupari waren mir bisher immer fast zu brav und zahm vorgekommen, aber da wurde mir ungemütlich. Ich nahm Woyatsiri Pfeile und Bogen weg und nötigte ihn in die Hütte. Er folgte mir nur widerstrebend.

Was geschehen war, erfuhr ich endlich von Konkwad. Nicht der Häuptling Kuarumä hatte das Unheil angerichtet, sondern sein Sohn, der vielgereiste Curumí. Er hatte mit Woyatsiri und andern Burschen gescherzt und dann ohne ersichtlichen Grund plötzlich mit seiner Espada ausgeholt und sie dem Woyatsiri auf den Kopf geschlagen.

Sein betrunkener Alter war erschreckt aufgefahren! Er mochte die Rache der Nachbarn fürchten und hatte offenbar gleich vorbeugen und zeigen wollen, mit wem sie es zu tun hätten, wenn sich jemand getrauen sollte, seinem Erstgeborenen ein Haar zu krümmen.

— Jetzt hat sich der Lärm gelegt. Der helle Mond steht am Himmel. Waitó hockt auf dem sauberen Vorplatz, der sich von der Türöffnung seines Lagers in Richtung auf das Bächlein hin ausdehnt. Er ist stark angeheitert, und das Fieber seines Kollegen hat ihn angesteckt. Mit einem alten Nachbarn diskutiert er hitzig eine blutige Szene, die weiß Gott wann und wo stattgefunden haben mag.

Und nun ahmt Waitó diesen Kampf vor den Augen der aufmerksamen Stammesgenossen mit allen Einzelheiten nach. Dabei spielt er die Rollen beider Widersacher. Der eine scheint Pfeil und Bogen zu tragen, der andere die lange Espada. Der Mann mit Pfeil und Bogen will seinen Gegner niederschießen. Aber der bleibt ihm dicht auf dem Leibe und zerschlägt jeden Pfeil mit geschickten Streichen, bis dem Schützen die Geschosse ausgehen und nur noch der Bogen zur Abwehr bleibt. Da schlägt ihm der Fechter mit der Espada den Bogen aus der Hand, bodigt ihn mit gewaltigen Hieben und zerschmettert ihm den Schädel.

Waitó springt bald auf die eine, bald auf die andere Seite und schwingt die Espada. Immer mehr Leute versammeln sich. Jeder hat etwas Ähnliches zu erinnern. So wird der friedliche Waldrand zu einem Exerzierplatz indianischer Fechtkunst. Mit brennenden Augen folgen die Jungen jeder Bewegung des Häuptlings, und Waitó zeigt ihnen mit dem Stolz des erfahrenen Kämpfers, wie man den Streitprügel zu fassen und den Gegner anzuspringen hat, um seinen Schlägen auszuweichen und ihn mit wirkungsvollen Hieben lahmzuschlagen. Ich fürchtete, die allgemeine Erregung könnte mit fortschreitender Trunkenheit in eine blutige Schlägerei ausarten. Aber nichts dergleichen geschieht. Die Männer beruhigen sich und machen sich erneut hinter die vollen Chicha-Häfen. Eine kleine Gruppe singt und tanzt noch, andere sitzen friedlich am breiten Eingang neben meiner Hängematte, trinken, erbrechen sich, scherzen und lachen. Viele aber haben sich schon hingelegt, um ihren Rausch auszuschlafen.

20. August 1948:

Noch spät in der Nacht holte mich Konkwad von meinem Lager weg: „Hier kannst du nicht schlafen", sagte er. „Da trinken und schreien die Leute. Komm, leg dich in meine Hängematte. Dort ist es ruhig."

Mir schien das ein guter Einfall, und ich legte mich in die Hängematte meines kleinen Freundes. Konkwad streckte sich in dem langen, bequemen Netz seines Vaters aus. Denn Waitó trank ohnehin die ganze Nacht hindurch und hatte keine Zeit zum Schlafen.

Neben meinem neuen Lager aber wohnte die Häuptlingsbase Tonga. Kaum wurde es ruhig ringsum, da setzte sie sich vorsichtig zu mir, probierte zuerst, ob die Hängematte das Gewicht von beiden wohl aushielte, und begann mir wieder ihre Liebe zu beteuern. Warum ich immer davon rede, zu meinem Stamm, den „Suissos“, heimzukehren, wollte sie wissen. Ich sei hier zu Hause, und sie wolle meine Frau sein. Und was ich ständig in der andern Hütte drüben zu suchen hätte? — dort wohnen nämlich die zwei hübschen ledigen Weiber Aid-aid und Nyänkiab, und Tonga witterte gefährliche Rivalität. Ein Geräusch in der Nähe ließ Tonga abbrechen. Sie duckte sich und huschte in ihre Hängematte. Sie hatte viel getrunken und schlief sofort ein.

Nicht lange darauf tauchte aus dem Dunkel eine Gestalt auf und hockte sich zur Hängematte Kamatsuka’s, der Häuptlingsfrau. Es begann ein Tuscheln, das kein Ende nehmen wollte. Ich erkannte die Stimme des hübschen Moam. Mehrmals fiel der Name Tonga’s. Das schien mir verdächtig, denn Moam war ein Don Juan, von dessen Streichen mir die Jungen schon manches erzählt hatten. War etwa auch Tonga eine seiner heimlichen Bräute? Und diente Kamatsuka vielleicht als Kuppelmutter?

Ich stellte mich schlafend, atmete tief und vernehmlich und schnarchte sogar ruhig und überzeugend. Aber Moam war vorsichtig. Er flüsterte noch eine gute Weile mit der Häuptlingsfrau, versicherte sich, daß ringsum alles schlief und auch die unermüdlichen Trinker von ihren Chicha-Häfen in der Mitte des Hauses nicht herübersahen. Dann schlich er lautlos zwischen den Hängematten und sachte glimmenden Herdfeuern zu Tonga und legte sich zu dem schlafenden Weibe. Im schwachen Schimmer der Glut sah ich, wie Tonga halb erwachte und seine keck zugreifende Hand fortschob. Aber sie machte keine Miene aufzustehen oder den heimlichen Besucher fortzuschicken. Bevor der junge Liebhaber einen neuen Eroberungsversuch unternehmen konnte, übermannte auch ihn der Schlaf und die Trunkenheit, und bald klang von der Hängematte herüber ein Duett von tiefen Atemzügen und leisem Schnarchen.

Ich erhob mich. Dabei mußte ich wohl an Kamatsuka’s Hängematte gestoßen sein. Sie erwachte und bemerkte mich.

„Bleib hier bei deiner Frau!“ befahl sie mir in dem üblichen Kommandoton. Die alte Kupplerin dachte wohl, ich hätte geschlafen und der liebebedürftige Moam sei gewiß schon längst wieder über alle Berge.

„Ich habe keine Frau! Schau doch her: Tonga ist die Frau von Moam!“ gab ich ihr, zum Widerspruch entschlossen, zur Antwort. Sie setzte sich mit einem Ruck in der Hängematte auf, blies ihr Feuerlein an und rief leise:

„Tonga! Tonga!“

Aber Tonga rührte sich nicht. Die beiden jungen Leute schliefen fest und tief, und ich wünschte nur, der ganze Stamm möchte kommen und das schnarchende Paar entdecken, damit der Skandal die Heiratspläne wirksam untergrübe.

Während so auf der einen Seite des nächtlichen Hauses ein Frauenherz sich nicht entschließen konnte, den sicheren Buhlen einer unsicheren Liebe wegen fortzujagen, kam es in einem Wohnlager gerade gegenüber zu einem blutigen Auftritt. Der trinkfeste Miakoo brachte seiner Frau Kankan eine volle Schale zur Hängematte. Kan-kan schimpft gern und viel über ihren Mann, und sie weigerte sich nun auch, die Chicha anzunehmen, die er ihr mitten in der Nacht so liebevoll ans Lager brachte. Da war das Maß voll. Miakoo zauderte nicht lange. Er schlug ihr die Espada mit solcher Wut auf den Kopf, daß sie blutüberströmt zusammensackte.

Jetzt liegt sie klagend und stöhnend in der Hängematte, und eine kundige Nachbarin stopft ihr von Zeit zu Zeit die geschabte Rinde eines heilkräftigen Baumes in die tiefe Stirnwunde. —

Waitó schämt sich offenbar wegen des Spektakels, den sein Kollege Kuarumä gestern aufgeführt hat. Unermüdlich beteuert er, Kuarumä und sein Sohn Curumí seien die einzigen wilden Kerle im Stamm. Alle andern Tupari seien gute und friedliche Leute, vor allem er selber und sein Bruder Iad.

„Schau her", bekräftigte er seine Behauptung. „Ich gehe zum Chicha-Trinken in der Hütte herum ohne Pfeil und Bogen und ohne Espada."

In der Tat läßt ein Tupari auch in der Maloca kaum die Waffen aus der Hand. Wahrscheinlich nur, um mir einen guten Eindruck zu machen, hat Waitó heute die Waffen abgelegt.

Kuarumä hockt den ganzen Tag vor seinem Chicha-Hafen, leert eine Schale nach der andern und sucht sein schlechtes Gewissen in der Chicha zu ertränken. Gestern sei das einzige Mal gewesen, daß er „ein wenig zornig" geworden sei, versicherte er mir. Sonst sei er ein friedlicher und guter Mensch. Ein richtig wilder Kerl sei dagegen Waitó. Und er zählte mir alle Übeltaten auf, die Waitó vollbracht hatte: Mord und Totschlag habe er begangen, Frauen verführt, Männer, Frauen und Kinder verhext und noch manches andere mehr. Er, der Häuptling Kuarumä, wolle mit seinen Gefolgsleuten wieder weit weg von Waitó's Behausung ziehen. An einem Bach, wo er bis vor kurzem gewohnt habe und wo es viel mehr zu jagen gäbe, wolle er ein neues Haus bauen. Dann werde er auch keinen Streit bekommen mit Waitó und seinen Männern, die alle bösartig und händelsüchtig seien.

24. August 1948:
Wieder ist ein dreitägiges Trinkfest überstanden, diesmal im Nachbarhaus. Ich habe diese Saufereien restlos satt und legte mich abends früh in die Hängematte. Da sah ich plötzlich im Scheine der Herdfeuer zwei dunkle Gestalten miteinander ringen. Es waren der kleine, schmächtige Tárima und sein stämmiges Weib Tsanya. Tárima hatte aus irgendeinem Grunde seine Frau verdreschen wollen, aber sie hatte den Schlag rechtzeitig abgefangen und suchte ihm nun die Espada zu entreißen. Ich erhob mich und ging Frieden stiften. Tárima schien Vernunft anzunehmen und zog ins Nachbarhaus, um dort weiterzutrinken. Tsanya überließ ihm mißtrauisch und widerstrebend den Kampfstecken und ging mit dem Kleinen schlafen. Auch ich legte mich wieder hin, stolz über den Erfolg meiner Vermittlung. Aber es dauerte nicht lange, da hörte ich einen dumpfen Schlag und das Schmerzgeschrei eines Weibes. Kinder begannen zu heulen und ein paar Hunde stimmten ein in den Lärm. Tárima hatte sich herangeschlichen und der schlafenden Frau den Knüppel auf den Kopf geschlagen. Tsanya sprang auf und lief hinter dem Übeltäter her, ein langes Holzscheit in der Hand. Sie sah das Nutzlose ihres Vorhabens bald, doch Rache mußte sein! Schluchzend und keifend riß sie die Waffen ihres Mannes vom Lagergestell herunter und zerbrach alle Pfeile.
Den kunstvoll geschabten Bogen warf sie ins Feuer, und den zierlichen, in langer Arbeit aus einem Stück geschnitzten Hocker schlug sie auf den Boden, bis er zerbarst. Nach vollbrachter Tat legte sie sich wieder in die Hängematte, ihren Säugling im Arm, und schimpfte und schluchzte leise vor sich hin. Da kehrte Tárima ins Haus zurück und sah die Bescherung. Mir wurde ungemütlich. Aber Tárima dachte nicht daran, noch mehr Prügel auszuteilen. Er warf sich in Positur und begann, auf seine Espada gestützt, eine ernsthafte Ansprache. Mehrfach nannte er ausdrücklich seinen eigenen Namen und schlug sich jedesmal mit der flachen Hand kräftig auf die nackte Brust.
Die Rede war lang und feierlich, und ich nickte darüber ein. Aber plötzlich ertönte ein Krachen, wie wenn ein schwerer Blumenstock zur Erde fällt und zerspringt. Tárima hatte den großen vollen Kochtopf seiner Frau gepackt und zu Boden geschmettert. Dann schritt er stolz wie ein Spanier über die Scherben hinweg zur Tür hinaus und ging ins Nachbarhaus, von wo fröhliches Singen und Gröhlen herüberschallte.

30. August 1948:
Ich habe Kamatsuka's Starrköpfigkeit entschieden unterschätzt. Als ich heute abend mit Waitó's Familie vor dem Hause saß, ließ die energische

Häuptlingsfrau die Base Tonga holen. Kamatsuka hieß sie neben mir Platz nehmen und befahl mir, der jungen Frau von den Speisen herauszuschöpfen.

„*Äarumna, waütsi, iká, — ké...!* — Hier nimm, mein Weib, und iß!" sollte ich Tonga sagen, so verlangte sie. Mir verschlug es die Sprache vor so viel Unverfrorenheit, und es wurde mir wieder unbehaglich zumute wie immer, wenn die Rede auf die geplante Heirat kommt. — Nun fürchte ich wirklich, der Tag ist nicht mehr fern, an dem ich öffentlich und endgültig mit der Schieläugigen getraut werden soll. —

„*Wabtsiärum on!* — Ich verstehe nicht, was du sagst!" entgegnete ich Kamatsuka und wünschte die aufdringliche Alte ins Pfefferland. Da packte sie meinen Kopf mit beiden Händen und schrie mir aus Leibeskräften ins Ohr:

„*Äabtsi-kümä umnä...?* — Hast du denn kein Ohrenloch?"

Und sie begann eine gewichtige Ansprache. Auch der Häuptling hörte schweigend zu und winkte mir unmutig ab, als ich den Redeschwall unterbrechen wollte.

„Was erzählt Kamatsuka denn eigentlich?" fragte ich ihn nach einer Weile. Mit einer müden Geste erzählte er mir die alte Geschichte: ich solle hierbleiben, ein Weib — natürlich Tonga — nehmen und endlich aufhören, vom Heimgehen zu sprechen.

Ein Glück, daß in diesem Augenblick der alte Tokürürü mit einer Schale Chicha kam und mich aufforderte, ihm einen Trunk herauszuschöpfen. Er war stark angetrunken und merkte nicht einmal, aus welch peinlicher Situation er mich erlöste.

Noch zwei Tragödien spielten sich an diesem Abend ab. Nicht weit von meinem Schlafplatz wohnt der fröhliche Abo, der sich von seinem Unfall schon wieder ordentlich erholt hat. Man erzählt von ihm, daß er seine Frau dann und wann schlägt, weil sie faul und nachlässig sei. Nun vernahm ich von seinem Lager her ein heftiges Schluchzen und ich fragte einen Buben aus gewohnheitsmäßiger Neugier, ob Abo seine Frau wieder einmal verprügelt habe.

„Nein, es ist Abo, der weint", bekam ich zu hören. „Er weint, weil seine Frau so böse ist", setzte der Junge traurig hinzu.

Wenig später sah ich Iad, den Unterhäuptling, mit seiner Hängematte aus der Hütte laufen. Alles Verhauen seiner Frauen habe nichts genützt, erklärten mir seine Nachbarn. Er wolle nicht mehr bei ihnen schlafen. So spannte er die Hängematte am Waldrand auf, um vor seinen Weibern Ruhe zu haben. —

In einer meiner alten Zeitungen wird von einem Ehemann berichtet, der

verzweifelt über seine rebellische Frau das Köfferlein packte und ins
Hotel schlafen ging ...

In der Morgenfrühe des letzten Augusttages weckten mich laute Stimmen.
Wie gewöhnlich wärmten sich die Männer schon lange vor Morgengrauen
an einem großen Feuer. Aber der Ton des Gespräches war heute ein anderer. Selten hatte ich den Häuptling so besorgt gesehen, und was er
mir mitzuteilen hatte, war in der Tat aufregend genug: Mit dem Mond
wäre etwas nicht in Ordnung, ein Krokodil sei daran, ihn aufzufressen,
so sagte er.
Die Tupari-Männer starrten in größter Besorgnis zum östlichen Himmel.
Aber ich konnte mit dem besten Willen nichts entdecken, außer daß die
Mondsichel in rötlichem Dunst über dem Waldrand schwebte. Unbegreif-
lich, was die Indianer so erschreckt haben mochte, und niemand gab mir
eine vernünftige Erklärung.
Ich zog mich an, und Pakudjá kam aus dem Nachbarhaus, um mich zum
Reisessen zu holen. Er schien der einzige Tupari zu sein, der von den
Weißen das Pflanzen von Reis angenommen hatte. Und er war recht
stolz darauf. Sein tüchtiges Weib Keya hatte einen Topf davon mit Erdnüssen vermischt gekocht, und so schmeckte er vorzüglich. Unser Gespräch
kam bald auf die große Sorge, die die Gemüter bedrückte. Auch Pakudjá
wiederholte, ein riesiger Kaiman habe den Mond angefallen und ihm
ein Leid zugefügt. Ich löffelte den Reisbrei und kam aus dem Staunen
nicht heraus.
Inzwischen war Waitó mit den Frauen auf das Yuca-Feld gezogen, um
die letzten Säuberungsarbeiten für die bevorstehende Saat zu Ende zu
bringen. Aber bald kehrten Frauen und Häuptling zurück. Waitó blickte
noch besorgter drein als am Morgen.
„Die Frauen wollen nicht arbeiten", erklärte er ernst. „Der Mond ist
krank, und auch die Sonne ist krank. Die Frauen haben große Angst.
Die Zauberer sollen eine Schnupfzeremonie abhalten, sagen sie."
Es war zum närrisch werden. Ich ging wieder vor das Haus und betrachtete den Himmel nochmals eingehend nach allen Richtungen. Gewiß,
die Atmosphäre war trübe und die Sonne schien blaß und schwach. Aber
sonst war nichts zu sehen, und schon gar nicht das Blut und das Krokodil, von dem die Tupari so überzeugt erzählten.
Wie ich so ratlos zum Himmel starrte, kam Konkwad aus der Hütte. Er
erriet wohl, was in meinem Kopfe vorging. Er streckte die flache Hand
aus und hieß mich dasselbe tun. Dann befühlte er den Handrücken und
schaute zur Sonne hinauf.

„Die Sonne wärmt nicht mehr, sie ist sehr krank", sagte er tiefernst. „Fühlst du nicht?"

Da fiel es mir wie Schuppen von den Augen. Im tropischen Südamerika werden in der Trockenzeit nicht nur die neuen Rodungen verbrannt, sondern überall in den Savannen des Matto Grosso und von Mojos stecken die Viehhirten die riesigen Weideflächen in Brand. Beim ersten Regen soll das junge Gras ungehindert sprießen. Und mit dem alten, harten Gras sollen auch das Unkraut und das zahllose Ungeziefer verbrannt und vertrieben werden, angefangen von den winzig kleinen Mucuim-Flöhen bis zu den Schlangen, Vogelspinnen und Skorpionen. Kein Regen wäscht in diesen Monaten die ungeheuren Rauchschwaden vom Himmel, und der Wind trägt sie über unermeßliche Strecken. Eine solche Rauchschicht lagerte beinahe unsichtbar über unserem Waldstrich und hatte den nächtlichen Mond blutrot gefärbt. Und darum auch ging die Sonne wie in Blut gebadet auf, leuchtete blaß und war ohne Kraft und Wärme. Die Tupari aber glaubten, den fernen Gestirnen sei Ungeheuerliches zugestoßen und es sei höchste Zeit, daß ihnen die Zauberer des Stammes zu Hilfe kämen.

Yübä, einer der Zauberlehrlinge, mahlte und mischte unverzüglich die narkotischen Schnupfpulver und bereitete auf dem Platz vor dem Hause alles für die feierliche Zeremonie. Ich hatte diesen Vormittag zu einer viel prosaischeren Arbeit bestimmt und ging zum Bächlein hinunter, meine Wäsche waschen, die dort schon seit Tagen eingeweicht lag.

Als ich zur Hütte zurückkehrte, fand ich die Öffnung des Haupteinganges mit Matten und losen Palmblättern verschlossen. Die Zaubersitzung war in vollem Gange. Die vier Zauberer standen auf dem Platz und beschworen die Sonne und das ganze Firmament mit magischen Gebärden, nicht viel anders, wie sie jeweils ihre Kranken zu behandeln pflegten. Dann bemühten sie sich sehr, etwas Unsichtbares von dem Hause wegzuzaubern, und schließlich streckte Waitó der Sonne eine brennende Maisblattzigarette entgegen.

Daran rauche die Sonne, erklärten mir später die Indianer, und sie werde davon gesund und bekäme neue Kraft.

Am nächsten Tag hielten die Zauberer noch eine Zeremonie ab, diesmal drinnen in der Hütte. Zwischen den zwei Schnupfrunden erhob sich Kuayó, der zweite Zauberer, und stieß irgendein böses Wesen zum Hause hinaus. Endlich rief Waitó den jüngsten der Zauberer, Padí, und träufelte ihm etwas in die Augen. Padí ächzte und stöhnte und kehrte mit geröteten, tränenden Augen an seinen Platz zurück.

Nach der Sitzung erklärte mir Waitó den Zweck dieser Tortur: Ein alter

Zauberer war gestorben, erst kurz vor meiner Ankunft. An seine Stelle
war Padí gerückt. Damit er nun ebensoviel von den Geistern sähe wie
sein Vorgänger und mit ihnen in Verbindung treten könne, träufele ihm
der Oberzauberer ein paar Tropfen Pfeffersaft in die Augen. — Dieser
Pfeffer, dessen Saft die Augen der Zauberer öffnet, wächst nicht auf
dieser Erde, versicherte mir Waitó. Den brächte ein Himmelsgeist, mit
dem die Zauberer des Nachts im Schlaf verkehren.

Vom Mond und der Sonne und dem Krokodil, das die zwei Gestirne
hatte fressen wollen, sprach niemand mehr. Die Bemühungen der Zauberpriester schienen ihre Wirkung nicht verfehlt zu haben. Denn schon
strahlte der Himmel in seiner alten Bläue, der Mond war nicht mehr blutrot aufgegangen, und auch die Sonne schien aus der drohenden Gefahr heil
und stark wie immer hervorgegangen zu sein. So konnten die Frauen
wieder unbesorgt auf dem Feld arbeiten und die Männer gaben sich
einem neuen Trinkgelage hin und stärkten sich für die nächsten Tage.
Auch sie sollten noch einmal mit dem Buschmesser auf die alte Rodung,
um den Boden für die kommende Yuca-Saat zu reinigen.
Nur einer der eifrigsten Trinker war lahmgelegt. Der alte Tokürürü
klagte über starke Schmerzen in der Brust. Vergeblich suchte ich ihn zu
bereden, er solle für einige Zeit das Chicha-Saufen bleibenlassen.
Die gute Chicha sollte schuld an seiner Krankheit sein? — Er schaute
mich ganz entsetzt und verständnislos an. Ich holte ihm ein paar Tabletten — nützt es nichts, so wird es auch nichts schaden.
Da heulte dicht neben mir ein Weib laut auf. Es war die Frau von
Ününün, eines Enkels des Tokürürü. Sie saß im Halbdunkel und weinte
und schluchzte haltlos.
„Ihr Kind ist gestorben", sagte Tokürürü. Als die Frauen auf dem Feld
arbeiteten, hatte das Kleine plötzlich angefangen zu weinen, und in
wenigen Augenblicken schon war es tot gewesen. Das war der erste
Todesfall seit meiner Ankunft beim Stamm.
Endlich kam auch der junge Vater. Ününün war selber beinahe noch ein
Kind. Er ließ sich auf einen Schemel nieder vor seiner untröstlichen Frau,
die den toten Säugling in den Armen hielt und immerfort weinte. Un-
beweglich starrte er auf die kleine Leiche, und plötzlich brach er in
Schluchzen aus:
„Waöb ... waöb ... waöb ...!" — „Mein Sohn ... mein Sohn ... mein
Sohn ist tot!"
Das Leben im Hause ging weiter, als wäre nichts geschehen. Die Säufer
kümmerten sich nicht um das klagende Paar, das abseits im Dunkel

um sein totes Kind trauerte. Sie tranken immerzu und lachten und
gröhlten.

An dem traurigen Ereignis war nichts mehr zu ändern. So erwachte
meine Neugier, wie und wo man wohl das Kind begraben werde. Als
nach Mittag der Häuptling mit den Frauen vom Felde kam, fragte ich
ihn danach.

„Das Kind ist nicht mehr hier", sagte er, „sie haben es eben begraben,
dort drüben, wo das alte Haus stand."

Waitó rief mich zu seinem Lager. Apinuitsa hatte einen Topf frisches
Bohnenmus mit Gürteltierfleisch gekocht. Da trat Pagwab, das junge
Weib Kamam's, zu uns und lispelte eine Weile mit dem Häuptling. Sie
tat es schüchtern, mit niedergeschlagenen Augen. Waitó lachte mich zufrieden an.

„Kamam lädt dich zum Essen ein, weil du ihn gesund gemacht hast",
sagte er. — Kamam war in der Tat lange krank gelegen, und alle Beschwörungen der Zauberer hatten das sonderbare Weh nicht austreiben
können, das ihm in den Kopf, in den Hals und ins Genick gefahren
war. Die Cibazol-Tabletten, mein Universalheilmittel, hatten aber Wunder gewirkt, und das wohl kaum vierzehnjährige Frauchen hatte zum
Dank einen Topf voll „Kuläba" gekocht. Kuläba war eine Delikatesse
der Tupari, die sie sich nicht häufig leisteten, ein Brei von Erdnüssen,
Yuca-Knollen und dem frischen Fleisch von Steißhühnern oder anderem
zarten Geflügel. Das Rezept jedoch war das Geheimnis einiger besonders
tüchtiger Köchinnen und der kleinen Pagwab offenbar noch unbekannt.
Das Zeug schmeckte scheußlich, aber ich tat, als äße ich ihr Kuläba mit
größtem Genuß. Und Kamam und seine Familie schienen glücklich, mir
ihre Dankbarkeit beweisen zu können.

Indianer-Koketterie —

Geschichten von Menschenfressern —

Von wilden Nachbarn —

Und geheimnisvolle Besuche aus dem Totenreich

Die Yuca-Bestände auf den Feldern und der Mais auf den Vorratsgestellen der Tupari schienen unerschöpflich zu sein. Ein Trinkgelage löste das andere ab. In den ersten Wochen waren die Chicha-Feste eine Ausnahme und Belohnung gewesen. Jetzt aber sah es aus, als würden nur gelegentlich ein paar Arbeitstage oder ein Jagdzug eingeschaltet, um vom Trinken, Singen und Tanzen ein wenig auszuruhen.

Tapfer ging ich während der Saufereien meiner neuen Beschäftigung nach, den Frauen vom Morgen bis zum Abend Chicha zu servieren, mir ihre Scherze und Sorgen anzuhören und ihnen zum tausendstenmal zu wiederholen, daß meine Eltern noch lebten, wieviele Brüder und Schwestern ich habe, wie sie alle hießen, daß meine Großeltern schon gestorben seien, daß ich keine Frau noch Kinder habe, und was sie sonst noch alles wissen wollten. So lernte ich endlich alle Bewohner des Gemeinschaftshauses kennen und fand heraus, wer wessen Frau und wer wessen Mann war, welche Eltern und Kinder, Großeltern und Enkel zusammengehörten, welche Männer zwei oder drei Frauen hatten und wer verwitwet oder geschieden war. Zudem konnte ich die „familiären" Sitten und das Benehmen meiner Nachbarn genauer beobachten.

An gewöhnlichen Tagen plaudert ein Mann selten mit einer Frau, die nicht zu seiner Verwandtschaft gehört, und auch die Frauen vermeiden jede Vertraulichkeit mit den Nachbarn. Während der Trinkgelage aber wurde wie überall auf der Welt gern getändelt und geflirtet. Je mehr Chicha die Männer tranken, um so kecker und anzüglicher wurden die Bemerkungen, die sie den Frauen zuwarfen, und selten blieben diese eine Antwort schuldig.

Doch selbst in den dunklen Nächten der ausgelassensten Trinkgelage war in der Maloca kaum je etwas zu sehen, was einen noch so gestrengen Sittenrichter ernstlich hätte ärgern können. Ungeschriebene Gesetze und die wachsamen Augen von alt und jung sorgten dafür, daß der fröhliche Betrieb in erlaubten Bahnen blieb. Die Eheleute hielten ihre bessere Hälfte gut im Auge, ältere Männer ließen ihre jungen Frauen nicht in der dunklen Umgebung der Häuser herumstreichen, sondern hießen sie beizeiten schlafen gehen. Und manche eifersüchtige Indianerin zog ihren Mann sanft aber energisch weg, wenn sie ihn in zu langem, zu vertraulichem Gespräch mit einer netten Nachbarin überraschte.

Selbst Tonga, die Häuptlingsbase, hielt es für angebracht, mich gebührend zu überwachen, und in den Kindern Waitó's, Konkwad und Kabátoa, fand sie willige Privatdetektive. Eines Abends konnte sie sich sogar nicht enthalten, die kleine Aid-aid, die wieder an meiner Seite tanzte, aus dem Kreis zu ziehen und leise auszuschelten, so daß sich das arme Mädchen weinend an einen Hauspfosten lehnte und beide Hände vor das Gesicht schlug. —

Als bei einem dieser Feste das Bier in den vielen Töpfen von Waitó's Haus zur Neige ging, meldeten die Nachbarn, daß in ihrer Hütte die Häfen gefüllt seien und uns zum Weitertrinken erwarteten. Manii, der die Yuca und den Mais dazu gestiftet hatte, widmete mir mit feierlicher Miene eines der kleineren Gefäße.

„Du hast sehr viel gearbeitet auf meiner Pflanzung", erklärte er. Ich freute mich über die Anerkennung meiner Verdienste als Waldroder, nahm die Ehrung dankbar an und schenkte mit besonderem Stolz von der eigenen Chicha aus.

Aber — oh Schreck — bald bemächtigte sich Tonga meines Topfes. Sie sei meine Frau, behauptete sie, und sie habe das Recht, sich mit meiner Chicha zu betrinken. Mein Protest blieb unbeachtet. Alle nahen und fernen, wirklichen und eingebildeten Verwandten Tonga's begannen mich „mänyom", „Schwager", zu nennen und wollten mit mir trinken. Aber nicht nur trinken wollten sie: ein Hemd, eine Hose, ein Messer, Kamm und Spiegel sollte ich ihnen geben. Das ist der „mänyom" seinen Schwiegerleuten schuldig. Ärgerlich versuchte ich der aufdringlichen Gesellschaft auszuweichen und ging mit einem jungen Burschen, der noch halbwegs nüchtern schien, auf die Jagd. Als die Nacht hereinbrach, zog ich mich in unsere einsame Hütte zurück und legte mich schlafen.

Aus dem Nachbarhaus klang das Lachen und Singen der Indianer herüber wie aus einer andern Welt. Ich hoffte, endlich wieder einmal eine ruhige Nacht zu verbringen. Aber weit gefehlt! Neben meiner Hängematte begann ein leises Tuscheln. Ich blinzelte zwischen halbgeschlossenen Augenlidern. Zwei kräftige Weiber beugten sich vorsichtig über mich: Kamatsuka, die Häuptlingsfrau, und Tonga! Was Teufels mochten die wieder im Schilde führen? Ich war entschlossen, mich nicht mehr zum Tanzen herausholen zu lassen, stellte mich schlafend und atmete in meine Wolldecke gehüllt so tief und ruhig, daß kein anständiger Mensch es wagen konnte, mich aus der Ruhe zu stören.

Da spürte ich, wie mir jemand die Decke aufhob, und ehe ich mich dessen versah, war das junge Weib zu mir in die Hängematte geschlüpft. Kamatsuka, die alte Kupplerin, breitete die Decke über uns beide, flüsterte ihrer Freundin noch etwas zu und verschwand.

Ich war sprachlos, und Tonga machte keine Miene, sich wieder aus der endlich eroberten Position verscheuchen zu lassen, sondern rekelte sich wohlig an meiner Seite. Ich nahm nichts anderes an, als daß Kamatsuka nun wie von ungefähr mit einer ganzen Schar Zeugen herüberkommen würde, um das glückliche Paar in dieser so hübsch kompromittierenden Situation zu überraschen, und floh trotz meiner Müdigkeit in die Nachbarhütte. Schon auf dem finsteren Platz holte Tonga mich ein. Aber der Zauberer Padí stieß zu uns, schaute mich prüfend an und nötigte mich zu seinem Chicha-Hafen.

Als ich endlich schlaftrunken zurückkehrte, hatte Pamäng, mein Wächter, seine Hängematte wieder neben der meinigen aufgespannt und ein kleines Feuer angefacht. —

Nach diesem doppelten Trinkgelage wartete eine ernsthafte Arbeit auf Waitó und seine Zaubergesellen. Das Knäblein, das vor acht Tagen starb, war ein Urenkel von Tokürürü gewesen, und dem Alten lag viel daran, daß die Zauberer zum Wohlergehen des kleinen Toten in angemessenen Abständen drei Schnupfsitzungen abhielten. Ich war gespannt, ob ich bei diesen Zeremonien endlich hinter die Geheimnisse des Totenglaubens der Tupari kommen würde, und erfüllte gern den Wunsch des Oberzauberers, die notwendigen schwarzen Affen herbeizuschaffen. Am Morgen der Geisterbeschwörung hielt es Waitó jedoch für besser, ich ginge nochmals Affen schießen, statt der Zeremonie beizuwohnen. Erst spät am Abend kam ich mit der mühselig erbeuteten Ladung zurück und fand Waitó krank in der Hängematte. Während der Schnupfsitzung hatte er plötzlich Bauchweh bekommen. Die Schuld daran gab er den vielen Hunden und Hühnern, die ihn während der Zeremonien gestört hatten, und als Heilmittel leckte er von Zeit zu Zeit ein wenig Salz.

In diesen Tagen machte ich wieder einen Versuch, die Tupari zu überreden, sie sollten mich zu einem der unbekannten Nachbarstämme führen. Ich hatte mir in den Kopf gesetzt, es wenn möglich, nicht bei dem Besuch der Tupari bewenden zu lassen, sondern nach irgendeiner Richtung weiter vorzustoßen. Im Laufe der vergangenen Monate hatten mir meine Freunde vieles von den Völkern erzählt, die ihre Großväter noch gekannt und gelegentlich besucht hatten. Von andern Stämmen wußten auch sie nur vom Hörensagen, und wie nicht anders zu erwarten, gab es besonders von diesen phantastische Dinge zu berichten.

Da lebten zum Beispiel weit weg im Osten die sagenhaften Wakotsón. Das waren wilde Kerle, die weder ordentliche Behausungen noch Pfeil und Bogen kannten. Statt das Wild zu schießen, lähmten sie es kraft ihrer Beschwörungen und schlugen der hilflosen Beute den dicken Streitknüppel ins Genick. Ebenso einfach wurden sie mit ihren Feinden fertig: sie lauerten ihnen im Dickicht auf, lähmten sie mit magischer Gewalt und erschlugen sie gefahrlos mit ihren Keulen.

Von anderer Art waren die Kiakob-kinka, die Sonnverbrannten. Sie lebten nicht im Wald, sondern in der offenen Savanne. Die Sonne hatte sie dunkel verbrannt und deshalb hieß man sie „kiakob-kinka". Das Merkwürdigste war aber ihre Körpergestalt. Es waren Zwerge, die einem gewöhnlichen Menschen kaum bis zum Bauchnabel reichten. Sie bauten keine Hütten, und ihre Frauen knüpften keine Hängematten. Alle schliefen auf dem nackten Boden wie die wilden Tiere.

Diese beiden Stämme und noch andere, deren Namen mir die Tupari nannten, hausten sehr weit weg, „so viele Tage als wir Finger an den Händen und Zehen an den Füßen haben!" —

Drei weitere Völkerschaften aber wohnten so nahe, daß man wohl in drei bis vier Tagen zu ihren Lagern gelangen könnte, wenn es nur einen Pfad gäbe und jene Nachbarn nicht so bösartig und wild wären.

Da waren vor allem die Kuairú. Sie mußten etwa fünf Tagemärsche im Südosten wohnen. Zuerst hatten die Tupari diese Nachbarn immer als ganz üble Gesellen geschildert, die ihre Feinde mit dicken, handlichen Keulen umzubringen und dann zu fressen pflegten. Auch wären sie nur nach mühseligem Überschreiten hoher Berge und dem Durchqueren gefährlicher Flüsse zu erreichen. Mit der Zeit aber erhielt ich durch geduldiges Herumfragen und Lauschen ein genaueres Bild.

Noch zu Zeiten der Väter hatten die beiden Stämme freundschaftlich miteinander verkehrt. Die Kuairú waren nicht zahlreich und lebten in etwa einem halben Dutzend Hütten im Walde verstreut. Neidlos gaben die Tupari zu, daß die Nachbarn wahre Meister der Blasmusik und des Gesanges waren, und sie zeigten mir eine viergriffige Flöte, auf der sie ihre Melodien zu spielen verstanden. Diese Kunst hatten damals auch die Tupari gelernt, aber heutzutage beinahe wieder vergessen. Sie bliesen nur noch ihre einfachen, herkömmlichen Bambusflöten.

Auch stellten die Kuairú aus Nußperlen und Muschelschalen vielerlei Schmuck her, den die Tupari von ihnen ertauschten und auch selber zu machen lernten. So war das gute Einvernehmen mit den tüchtigen Nachbarn recht lehrreich und einträglich gewesen. Und das Vertrauen war so groß, daß sie auf ihren Besuchen sogar Frauen und Kinder mitnahmen. Das alles war keineswegs in grauer, sagenhafter Vorzeit vor sich gegangen. Vielmehr hatten mehrere der ältesten Stammesgenossen — Walätä, Tokürürü, der Zauberer Kuayó und die Mutter Päkirik's — als Kinder noch selber die Maloca der Kuairú gesehen. Anyi, die uralte Großmutter Waitó's, war in ihren jungen Jahren sogar mit einem Kuairú-Häuptling verheiratet gewesen. Dann starb eines Tages ihr kleines Kind, und sie kehrte zu ihrer Familie zurück.

Nicht alles aber war so erbaulich, was ich von dem fernen Völklein hörte. Die Tupari behaupteten unbeirrbar, daß die Kuairú ihre Feinde und selbst eigene Stammesgenossen zu schlachten und zu verzehren pflegten. Dabei taten sich, sagten sie, besonders die alten Häuptlinge und Zauberer hervor, welche nicht mehr auf die Affenjagd gehen konnten und deshalb bei passender Gelegenheit große und kleine Waisenkinder umbrachten und ihr zartes Fleisch auf dem Roste brieten.

Warum die Tupari den Verkehr mit ihren ehemaligen Freunden abgebrochen und jede Berührung mit ihnen verloren hatten, blieb mir lange zweifelhaft. Waitó, als guter Indianer, versuchte immer den andern alles Böse in die Schuhe zu schieben, und nach seinem Bericht war die Entfremdung der Stämme so gekommen: Eines Tages machten die Alten einen der gewohnten Besuche bei den Kuairú. Man bot ihnen die übliche Begrüßungs-Chicha. Als die Reihe an Waitó's Großvater kam und er die Kürbisschale zum Trinken ansetzte, da schlug ihm ein Kuairú hinterrücks die Streitkeule ins Genick. Der Schlag war kräftig gewesen, wenn auch nicht tödlich, und die Tupari flohen erschreckt vor den arglistigen Gastgebern, um nie wieder zurückzukehren.

Später hörte ich eine Erklärung, die mir viel wahrscheinlicher klang: Als die Kuairú zu Besuch weilten, mischten ein paar bösartige Tupari den guten Freunden Gift in die Chicha, so daß diese heftiges Bauchweh bekamen und beinahe starben. Seither ließen sich die Kuairú nicht mehr blicken, und auch die Tupari wagten sich nicht wieder zu den erzürnten Nachbarn.

So war denn kein Tupari Indianer zu bewegen, die verschollenen Nachbarn aufzusuchen. Eine Zeit lang schien es zwar, als hätte der Häuptling Waitó nicht übel Lust, mich zu begleiten. Aber es genügte mir zu wissen, daß Waitó vor allen Unternehmungen seine zwei Frauen zu konsultieren hatte, um von vornherein auszuschließen, daß er jemals eine solche Reise wagen dürfte. Schließlich mußte ich mir auch sagen, daß die

Kuairú, ebenso wie die Stämme des Rio Branco und Colorado, inzwischen wahrscheinlich von den Gummisammlern aufgestöbert und vielleicht schon vernichtet oder in die Gummibaracke irgendeines Nebenflusses des Guaporé verschleppt worden waren. —

Gerade auf der entgegengesetzten Seite, im Norden oder Nordwesten, wohnten die sagenhaften Amazonen. Die Tupari nannten sie „ãrãmirãäköb-tsirú", das heißt „die pfeiltragenden Weiber". Von ihnen erzählten sie manche sonderbare Geschichte:

„Die ‚ãrãmirã' wohnen nicht weit von hier, vielleicht drei oder vier oder fünf Tage. In ihren Malocas gibt es keine Männer. Die Frauen leben allein und bauen selber ihre Hütten, fällen den Wald für die Rodungen und bestellen die Felder. Sie gehen auch allein auf die Jagd mit Pfeil und Bogen und schießen Affen und andere Tiere. Nur wenn sie Chicha gebraut haben, dann kommen die Männer und trinken und tanzen und schlafen mit ihnen. Sonst aber wohnen die Männer weit weg und haben ihr eigenes Dorf. Die Knaben bleiben bei ihren Müttern nur solange sie die Brust saugen. Sobald sie laufen lernen, kommen sie in die Häuser der Männer. Nur die Mädchen werden von den Müttern großgezogen.

Unsere Väter und Großväter und auch wir selber haben die pfeiltragenden Frauen nie gesehen. Die Jabutí, unsere Nachbarn, gingen sie einmal besuchen. Sie wollten wissen, wo diese Weiber wohnten und wie sie arbeiteten und jagten. Eine Schar von Jabutí-Jägern fand das Dorf, und die Weiber empfingen sie freundlich. Sie brauten viel Chicha, sangen und tanzten mit ihnen und gingen auch mit ihnen schlafen. Am Morgen aber kamen die Männer aus der fernen Hütte. Sie sahen die fremden Besucher bei ihren Weibern und wurden sehr zornig. Sie schossen auf sie mit ihren Pfeilen und nur wenige Jabutí-Männer entkamen. Nun gehen die Jabutí nicht mehr zu den pfeiltragenden Weibern."

Das klang natürlich alles sehr legendär. Aber Tatsache war, daß ein paar Tupari auf einem Jagdzug in Richtung der sagenhaften Amazonen zwei niedergebrannte Hütten und auch Bratroste gesehen hatten. Waren es auch nicht die Mannweiber, so war es doch sehr wohl möglich, daß dort in erreichbarer Nähe ein anderer Stamm hauste, der bisher den Augen der Zivilisation entgangen war. Aber so oft ich einen Vorstoß machte, um die tüchtigsten und unternehmungslustigsten der Tupari zu einem kleinen Erkundungszug zu ermuntern, immer stieß ich auf hartnäckige Weigerung und vage Ausflüchte.

„Was willst du bei den pfeiltragenden Weibern? Gibt es denn hier nicht Frauen genug?"

Noch schlimmer war es im Osten und Nordosten bestellt. Dort hausten die Hamno, eine zahlreiche Horde, deren Namen man nur zu erwähnen brauchte, um den tapfersten Tupari das Grausen einzujagen. Immer wieder erzählten sie von den Untaten dieser wilden Kerle, und die Gefahr aus dem Osten schien noch keineswegs beschworen. Denn die Hamno wohnten angeblich nur etwa drei Tage entfernt, und ihre Jagdpfade stießen beinahe mit denen der Tupari zusammen. Keiner der lebenden Männer hatte selber einen Hamno gesehen, auch Waitó nicht. Aber die bösen Nachbarn hatten manchen der Väter und Großväter umgebracht und sich erst zurückgezogen, als es dem Großvater von Curumí's Frau gelang, einem ihrer Häuptlinge einen Pfeil zwischen die Rippen zu schießen.

Wollte man dem einstimmigen Zeugnis der Tupari Glauben schenken, so hatten die Hamno in der Tat sehr unsympathische Gepflogenheiten. Sie schlichen sich in die Nähe der Nachbarstämme heran. Aus dem Hinterhalt schossen sie einzeln gehende Jäger und Brennholz suchende Frauen nieder, schnitten ihnen mit wüstem Gebrüll die Köpfe ab, nahmen diese mit nach Hause und kochten sie, zusammen mit Yuca-Wurzeln und Erdnüssen, um sie mit Weib und Kind zu verspeisen.

Ich brauche nicht erst zu sagen, daß um alle Güter der Welt kein Tupari zu bewegen gewesen wäre, in jener Richtung einen Schritt über die gewohnten Jagdpfade hinauszugehen. So gab ich es endlich auf, wenigstens für dieses Mal, meinen Namen in der Galerie der Entdecker unbekannter Völker verewigt zu sehen, und tröstete mich mit dem Gedanken, daß der erste Besucher eines wilden Stammes gewöhnlich ohnehin nur wenig erfahren kann wegen der natürlichen Scheu und des Mißtrauens der Naturmenschen. Und umgekehrt vergessen wir viel zu leicht, daß sich bei scheinbar wohlbekannten Völkern oft überraschende Neuigkeiten zeigen, wenn ein aufmerksamer Beobachter Geduld und Glück hat.

— Ob mich bei den Tupari-Indianern dieses Glück begleitete, begann ich allerdings zu bezweifeln, und auch die schon in mancher Lage reichlich erprobte Geduld wollte mir langsam ausgehen. Seit meinem Zusammentreffen mit den Tupari waren bald vier Monate vergangen, und ein Vierteljahr lang schon hatte ich keinen Weißen mehr geschen. Zunächst war das Leben in dem Gemeinschaftshaus der Tupari recht unterhaltend gewesen. Aber dann wurde es zur Gewohnheit und allmählich langweilig. Noch war nicht abzusehen, wann meine Sprachkenntnisse es erlauben würden, das intimste Denken dieser Indianer kennenzulernen. Und was mich besonders wurmte, war die vollständige Ohnmacht, mit

der ich vor den verschlossenen Türen ihres Geisterhimmels und des Toten-
reiches stand.

Auch war da noch manches andere, was mir langsam unerträglich schien.
Die Trinkgelage widerten mich immer mehr an, und das Drängen der
guten Freunde und Freundinnen, ich müsse bei ihnen bleiben und endlich eine Frau nehmen, brachte mich fast täglich von neuem in Verlegenheit.

Der größten Langeweile hatte ich mich bisher durch häufiges Jagen auf
glückliche Weise entziehen können. Es wurde mir wahrhaft zur Leidenschaft, mit ein paar Jungen oder mit einem erfahrenen Jäger einer
fliehenden Affenherde nachzurennen, um am Abend die Beute stolz den
Häuptlingsfrauen zum Kochen zu übergeben. Aber auch diese Zer-
streuung nahm ein Ende. Meine Flinte begann zu spuken: die Schüsse
lösten sich erst nach vier- oder fünfmaligem Abdrücken, wenn die Affen
schon weiß Gott wohin geflohen und die Waldhühner längst das Weite
gesucht hatten. Pulver und Blei gingen mir aus, und die Jagd mit Pfeil
und Bogen zu erlernen, traute ich mir nicht recht zu. Die unentbehrlichen
Marschschuhe, deren bergmäßige Benagelung die Tupari nicht genug be-
tasten und bestaunen konnten, platzten langsam aus den Nähten und
wurden zudem ein Opfer der hungrigen Mäuse und Laufkäfer. Um mich
und meine Kleidung zu waschen, hatte ich bald keine Seife mehr. Nackt
aber konnte ich nicht herumlaufen, denn an die sonderbare, für einen
nackten Mann jedoch obligate Miniaturschambedeckung der Tupari hätte
ich mich wohl nie gewöhnt. Auch fand man tagsüber keine Ruhe vor
den kleinen Mücken, es sei denn, man zog sich in das Dunkel des Hauses
zurück.

Aber das war noch nicht alles. Seit einiger Zeit plagte mich ein Übel,
gegen das es keine Arznei in meiner Apotheke gab. Eine Menge kleiner
Würmer trieb in meinen Gedärmen ihr Unwesen, und immer häufiger
litt ich an scheußlichem Bauchgrimmen. Die Tupari meinten, das Bauchweh komme davon, daß man den Würmern nicht genug zu essen gebe;
besonders während der Trinkfeste bleibe diesen mangels einer soliden
Nahrung nichts anderes übrig, als in die Därme zu beißen. Das einzige
Heilmittel für die Schmerzen wäre also, möglichst viel zu essen, um so
die Würmer zu beschwichtigen und von den Eingeweiden abzulenken.

Was wunder, daß mir endlich auch die Indianerkost zu widerstehen begann, daß ich meinen Bauchriemen zusehends enger schnallen mußte, und
daß ich immer häufiger träumte von kräftigen Suppen, dicken Brat-
würsten und saftigen Erdbeeren mit Eis und Schlagrahm und ähnlichen
Herrlichkeiten einer fernen Welt. Welche Ernüchterung, wenn mich beim

Erwachen ein nackter Indianer angrinste und mir in einer seit Tagen
nicht gewaschenen, säuerlich riechenden Kürbisschale eine Portion roher
Chicha anbot!
So schrieb ich endlich einen Brief für Herrn Angele, den Verwalter der
Gummibaracke São Luis. Ich bat ihn, er möchte mir ein wenig Seife,
Pulver und Blei sowie ein wirksames Wurmmittel schicken, ferner die
Flinte von einem Amateur-Mechaniker unter den Gummisammlern nach-
sehen lassen und mir Nachricht geben, ob meine Leica wohl bald an-
kommen werde. Sonst wäre ich entschlossen, in diesen Wochen, auch ohne
zu photographieren, nach São Luis zurückzukehren und endlich nach
Europa zu fahren.
Ein Bote nach São Luis fand sich bald. Curumí, der vielgereiste, war
bereit, mit ein paar anderen Burschen auf die Wanderschaft zu gehen.
Acht Tage Fußmarsch bis zum nächsten Laden, um etwas Seife und
Munition einzukaufen, und acht Tage wieder zurück durch die Wildnis!
Ein Weg von vielleicht vierhundert Kilometern!
Die Reise eile aber nicht, entschied Curumí. Zuvor müßten die Burschen
noch helfen, die verschiedenen Felder mit Yuca zu bepflanzen, und dann
wollten sie noch wenigstens ein Trinkgelage mitfeiern.

Der Häuptling war mit unserer peinlich ausgeführten Reinigungsarbeit
zufrieden. Alles was Beine hatte, zog auf sein großes Feld, das im vergangenen Jahr schon gewaltige Mengen von Mais, Erdnüssen, Bohnen
und verschiedene Arten von nahrhaften Wurzelknollen geliefert hatte,
und wo jetzt eine Reihe von Bananenstauden die ersten Früchte ansetzte.
Zuvor hatten die Frauen vom alten Feld in ihren Tragnetzen Yuca-
Zweige geholt. Diese wurden nun zurechtgeschnitten und paarweise in
die Löcher gesetzt, welche die Männer mit langen Grabstöcken in den
Boden scharrten. Denn eine Stechgabel oder gar einen Pflug hatten die
Tupari noch nie gesehen. Nur zwei oder drei von ihnen hatten bei den
Weißen eine alte Hacke bekommen oder mitlaufen lassen.
Fast den ganzen Tag pflanzten wir Yuca. Am Abend lud mich der junge
Zauberer Padí zu einem kleinen Fischessen und einer Schale Chicha ein.
Die Sonne war schon untergegangen, und hinter dem Waldrand stieg der
volle Mond auf. Auf dem Platz vor den Hütten tanzten und sangen
die Frauen und Mädchen.
Wir traten vor das Haus und schauten den Tänzerinnen zu. Da zeigte
Padí zum Mond hinauf und sagte:
„Puäpa toto ... karampód ... wamoá ...! — Der Mond ist ein alter
Großvater und ein Zauberer!" Von der Sonne aber meinte er, sie sei

eine Greisin und ebenfalls eine mächtige Zauberin. Ob ich denn nicht spüre, wie sie am Tage wärme?

Auch die Sterne seien Menschen, fuhr er fort und nannte mir einige beim Namen. Von einem Stern, der hoch im Zenith stand, wußte er sogar zu berichten, er hätte besonders lange Beine, und Amärawa, unser langbeiniger Stammesgenosse, sei sein Sohn. Jener Stern, „Waro-waro-köbtán" geheißen, sei in der Nacht heruntergestiegen und habe Amärawa's Mutter geschwängert. Darum hätte ihr Sohn so lange Beine bekommen. Dann strich Padí über meinen Bart.

„Mein Vater hat auch einen solchen Bart gehabt", sagte er, „mein Vater war ein großer Zauberer und ein sehr wilder Mann."

Da ergriff ich die Gelegenheit, einem Gerücht nachzuspüren, das mich seit langem beschäftigte:

„Ist es wahr, daß dein Vater Leute umgebracht und aufgefressen hat?" unterbrach ich Padí in möglichst gleichgültigem Ton.

Und der junge Zauberer begann zu erzählen. Amäkoarä, so hieß sein Vater, habe in der Tat in seinen jungen Jahren eine Frau erschlagen und gebraten. Das war so zugegangen: Eine Frau vom benachbarten Stamm der Wayoró hatte die üble Gewohnheit, immer und immer auf die Tupari zu schimpfen: sie arbeiteten nichts und hätten darum auch nichts! Eines Tages fand Amäkoarä eine günstige Gelegenheit, das Lästermaul zu stopfen. Er erschlug die Frau mit der Keule und zerlegte sie waidgerecht. Kopf und Eingeweide warf er in den Wald, das Fleisch aber packten er und seine Gefährten auf den Rücken und trugen es nach Hause. Dort schritten die Männer mit ihrer seltsamen Beute um den Platz herum und errichteten mächtige Bratroste, um das Fleisch zu schmoren.

Am nächsten Morgen hielten die Zauberer eine große Schnupfsitzung ab, und die Frauen mischten ein Getränk aus Wasser und Pfefferschoten, denn sie hatten keinen Mais und keine Yuca mehr, um Chicha zu brauen. Die ganze Nacht sangen und tanzten sie, und am dritten Tag war das Fleisch endlich gut durchgebraten. Amäkoarä verteilte es an die Männer und Frauen. Und alle aßen sich damit voll. Dazu tranken sie das Pfefferwasser.

„Hast du auch von dem Fleisch der Frau gegessen?"

„Nein, damals war ich noch nicht auf der Welt. Die dabei waren, sind alle gestorben."

„Wie mag das wohl geschmeckt haben?"

„Hast du denn noch nie Menschenfleisch gegessen?" Padí schaute mich fragend an. „Die Alten sagten, es schmecke sehr gut, ganz ähnlich wie das Fleisch der schwarzen Affen. —

Auch der Vater des Torobä hat Leute umgebracht und gegessen. Er war ein Häuptling, aber kein Zauberer. Er ist schon lange tot. Aber als er jung war, da war er ein sehr wilder Mann. Er erschlug einen Stammesgenossen, briet ihn und aß ihn auf. Es war Regenzeit und der Wald war naß, und er mochte nicht auf die Affenjagd gehen. Dann tötete er auch die Frau und fraß sie auf und zuletzt noch ihr Kind. Als die Regenzeit vorüber war, hatte er alle drei aufgefressen. Aber die Tupari, die heute leben, tun das nicht mehr. Sie sind alle gut."

— Mein Bedarf an Kannibalismus war gedeckt. Und ich fragte Padí nach der Zaubersitzung, die für den nächsten Tag angekündigt war:

„Äräd-nä aimpä-ka? — Werden wir morgen Zauberpulver schnupfen?"

„Amanhã tabaco!" bestätigte Padí. Und dann fügte er hinzu, morgen werde Waitó, der Oberzauberer, ein *„curumí pequenino"*, ein kleines Menschlein, aus dem Boden ziehen, seine Gesichtszüge formen und es dann in den Himmel entsenden.

Padí schwieg eine Weile. Auf seine Espada gestützt stand er ernst und gedankenvoll. Und dann hob er die Hand und zeigte gegen Südosten:

„Dort weit drüben", sagte er feierlich, „ist ein großes Wasser und da liegt ein großes Dorf. Dort leben die Tupari, die gestorben sind ... die Pabid. Niemand kann sie sehen. Nur die Zauberer besuchen die Pabid in ihren Träumen." Und morgen, so schloß der junge Zauberer, werde Waitó die Pabid durch die Luft herbeizaubern in unsere Maloca.

Das also waren die Totenseelen: *„Pabid!"*

Endlich war das Schlüsselwort gefallen, das mir vielleicht Eingang verschaffen würde in das Reich der Tupari-Religion und das Dunkel erhellen sollte, welches diese Totenseelen und eine ungeahnte Welt von Geistern und Kobolden bis zu diesem Tag umgab.

Am nächsten Morgen rüstete der alte Tokürürü alles zur Sitzung. Zwei der Zauberer waren auf der Jagd. Aber das störte den Gang der Zeremonie nicht. Waitó und Padí schafften es auch allein. Und zwei gewöhnliche Männer halfen aus, den Zauberern und Adepten das Schnupfpulver in die Nase zu blasen. Unter den magischen Geräten, die auf und unter dem Zaubertischchen lagen, fiel mir ein sonderbares Ding auf, das ich noch nie gesehen hatte: eine Rassel aus einer kaum faustgroßen kugelrunden Paránußschale. Ein dünner Stiel war mitten hindurchgesteckt. Waitó erklärte mir bereitwillig die Aufgabe dieses Instrumentes. Wenn er es während bestimmter Riten schüttelte, dann kamen die Toten durch die Luft aus ihrem Reich herbeigeschwebt und versammelten sich in der Hütte.

An diesem Tage aber diente es einem andern Zweck. Tokürürü's Urenkel, das kleine Kind, das gestorben war, müsse aus dem Boden herausgezaubert werden, sagte Waitó. Und das war offenbar nicht möglich ohne wiederholtes Rasseln und andere stundenlange Beschwörungen.

Schon am nächsten Tag folgten weitere Zauberzeremonien. Die „Pabid", die Totenseelen aus dem fernen Dorf, sollten kommen und in unserem Haus empfangen und bewirtet werden.

Die Zauberrassel lag samt dem anderen Gerät bereit, und daneben stellte Unünün, der Vater des kleinen Verstorbenen, drei Töpfe mit verschiedenen Speisen. Die Männer, darunter auch der Urgroßvater des Toten, versammelten sich, ein jeder mit seinem Schemelchen, und die Zauberer setzten sich wie gewohnt zunächst der Türe.

Wie groß war meine Enttäuschung, als sie mir freundlich aber bestimmt bedeuteten, meine Anwesenheit sei heute nicht erwünscht. Ich könnte den günstigen Verlauf der wichtigen Zeremonie stören.

Es schien mir unklug zu widersprechen. Der junge Tsito holte mich in den Wald. Er hatte ein Bienennest entdeckt und wollte es endlich ausnehmen. Widerwillig zog ich mit den Burschen, und während wir den Baum fällten, das Bienennest heraushackten und schließlich den köstlichen Honig schleckten, dachte ich immer an die Zauberer, die inzwischen zu Hause den Besuch aus dem Totenreich empfingen.

Aber der Heimweg hielt auch für mich noch eine Überraschung bereit. Am Ufer des Bächleins stand ein junger Mann in Hemd und Hose. Er plauderte mit ein paar Männern und Frauen, die sich wuschen oder Wasser schöpften. Meine Begleiter blieben unwillkürlich stehen.

„*Tárüpa...!* — Ein Fremder ...!" flüsterten sie sich zu. Dann erst erkannten sie den Ankömmling. Es war der Stammesgenosse Idum. Schon ein paar Jahre arbeitete er in São Luis, und die Weißen nannten ihn João Tuparí, „der Tuparí-Hans".

Das war der erste fremde Mensch, dem ich seit Monaten begegnete. Und außer „Guten Abend" — *Bôa tarde!* — fiel mir einstweilen gar nichts ein, was ich Idum hätte sagen können. Er fand die Sprache schneller. Angele hatte ihn als Boten geschickt. Und der Bursche versicherte mir ein übers andere Mal, daß er die Briefe und auch den Photoapparat mit allergrößter Sorgfalt auf seinem Rücken hergetragen habe.

Wie lange hatte ich diese Dinge herbeigesehnt! Nun lagen sie vor mir wie etwas Fremdes, mit dem ich nicht das Geringste zu tun hatte.

Die Tuparí scharten sich um meine Hängematte. Sie wollten sehen, was es neues gab.

„Sind die Pabid gekommen und haben sie gut gegessen?" fragte ich

aten, Hacken oder gar Pflüge gibt es nicht. Mit groben Grabstöcken wird der
oden ein wenig aufgewühlt.

eim Pflanzen der Yuca-
ecklinge.

Spielduelle mit dem langen Palmholzschwert, der „Espada", sind eine beliebt Unterhaltung.

Auch dem Ballspiel widmen sich die Tupari in faulen Stunden mit Begeisterung

Waitó. Er machte ein betrübtes Gesicht und gestand, daß die Zauberzeremonie elend gescheitert war. Wohl wären die Pabid aus dem fernen
Dorf herbeigeschwebt und hätten sich in dem Hause versammelt, eben
da, wo wir jetzt säßen. Da hatten in der Nähe zwei Schüsse gekracht,
mit denen Idum seine Ankunft anmelden wollte. Solche Geräusche seien
den Totenseelen unbekannt — sie hätten nämlich keine Flinten — und
sie wären dermaßen erschrocken, daß sie ohne das Ende der Zeremonie
abzuwarten zur Türe hinaus in ihr fernes Dorf geflohen waren. —
Erst nach acht Tagen wiederholten die Zauberer diese außerordentliche
Zeremonie, die Idum durch die unzeitigen Flintenschüsse auf beinahe
sakrilegische Art unterbrochen hatte. Diesmal ließ ich mich nicht mehr
aus der Maloca komplimentieren. Ich erklärte Waitó, ich würde mich
hinter dem Holzstoß neben dem Durchgang verstecken, durch den Photoapparat gucken, und dann mit den Bildern, die dabei entstünden, meinem
Vater und meinen Brüdern daheim zeigen, wie er, der Oberzauberer der
Tupari, mit den Geistern und Totenseelen umzugehen verstände. Das
leuchtete ihm ein, und trotz der besorgten Blicke und Mahnungen der
Stammesgenossen durfte ich meinen Beobachtungsposten beziehen.
Die Vorbereitungen, welche die Beteiligten zu treffen hatten, waren
nicht so einfach wie andere Male. Hinter der Schnupfgesellschaft stand
eine Reihe von Töpfen: einer mit gekochten Gemüseblättern, ein anderer
mit einem Gericht aus Mais, Erdnüssen und Rebhuhnfleisch, dann wieder einer mit Mais-Chicha und endlich ein vierter mit Wasser, in dem
eine Handvoll grüner Blätter schwamm. Ferner lagen da zwei gebratene
Affen, die vor ein paar Tagen meiner Flinte zum Opfer gefallen waren.
Daneben breitete ein Indianer auf einer Palmblättermatte verschiedene
Gegenstände aus, welche nach und nach und nicht ohne langes Hin- und
Herfragen zusammengetragen wurden: Ohrenfedern, Nasen- und Lip-
penstäbchen, Armketten, Armringe, eine Halskette aus Perlmutterscheibchen, ein Kamm, ein kleiner Ballen Urucú-Farbe und eine Schale Urucú-
Fett. Nur ein geeigneter Federkopfschmuck konnte nirgends aufgetrieben
werden, und Waitó runzelte ärgerlich die Stirne.
Nach den zwei Schnupfrunden, endlosen Beschwörungen und wieder-
holtem, andauerndem Schütteln der Zauberrassel schienen die Totenseelen
endlich in die Hütte einzuziehen. Die Männer in meiner Nähe sahen mit
Besorgnis, wie ich photographierte. Und sie flehten mich an, doch bitte
stillzusitzen, sonst würde ich sterben.
Die Totenseelen befanden sich nun offenbar im Innern des Hauses
zwischen dem Eingang und den vollen Chicha-Häfen. Waitó näherte
sich ihnen voll Ehrfurcht. Er war der einzige, der sich ungestraft erheben

und aufrecht durch die sakrale Sphäre schreiten durfte. Es wären sehr viele Pabid gekommen, flüsterte mir einer der Indianer zu.

Einem der Totengeister — war es wohl die Seele des toten Kindes? — schien der Zauberer ganz besondere Sorgfalt zu widmen. Wie wenn er das unsichtbare Wesen leibhaftig vor sich hätte, wusch er es mit dem frischen Wasser und kämmte ihm die Haare. Dann bot er ihm den Schmuck für Ohren, Nase und Lippen, ferner die Hals- und Armketten und den Armring, immer gemächlich eins nach dem andern, damit der Geist Zeit genug habe, die Schmuckstücke anzulegen. Schließlich salbte er das unsichtbare Wesen mit dem Urucú-Öl. All das tat er bedächtig und würdevoll und unter beständigen Beschwörungen, Gestikulationen, Hauchen, Fauchen, Pusten und Schnalzen.

Und endlich erhielten die Besucher aus dem Totenreich auch zu essen. Waitó langte mit den Fingern ein wenig von jeder Speise heraus und streckte es den Unsichtbaren mit großer Geduld entgegen. Auch von der Chicha schöpfte er mit der winzigen Kürbiskelle in eine Schale und reichte sie den geheimnisvollen Gästen zum Trunk. Nur die Affen wurden ihnen nicht angeboten. — Diese seien ohnehin zu zäh für die Pabid, erklärte mir einer der Männer.

Schließlich wurden die Geister entlassen. Waitó begleitete sie mit erhobenen Armen zur Türöffnung und sang dazu halblaut ein kleines Lied. Kaum waren die Pabid verschwunden, da begannen die Indianer hastige Eß- und Schluckbewegungen auszuführen und mit den Händen in der Luft herumzuwirbeln. Auch ich durfte nicht untätig dasitzen, sondern mußte den Photoapparat einen Augenblick beiseite legen und mittun.

„Wir essen den Atem der Pabid", flüsterte Tokürürü.

Der Oberzauberer saß erschöpft auf seinem Schemel. Aber sein Werk war noch nicht getan. Noch mußte er die Affen und andere Speisen irgendwelchen Geistern anbieten, die vor der Türöffnung weilten. Und sie bekamen auch von der Chicha, die ihnen Waitó wohl eine Viertelstunde lang entgegenstreckte. Erst nach etwa fünf Stunden war die Zeremonie beendet. Die müden Zauberer und ihre Adepten konnten sich endlich mit einem Bad erfrischen und der Chicha zusprechen, die in den bauchigen Gefäßen reichlich auf sie wartete.

Idum, alias „João Tuparí", hatte sich inzwischen in Kuarumä's Haus einquartiert, beim Lager seiner verwitweten Mutter und seiner Schwester, einer der zwei Frauen des Zauberers Padí. Ich hatte mir von seiner Anwesenheit viel versprochen. Idum verstand gut portugiesisch und ich hatte geglaubt, er würde einen tauglichen Dolmetscher abgeben und vieles erklären können, was mir von den Gebräuchen, Überlieferungen und Zauberriten seines Stammes rätselhaft geblieben war.

Aber meine Hoffnungen schwanden bald. Idum entpuppte sich als ein Muster an Borniertheit. Dennoch, oder gerade deshalb, nannte er sich stolz einen „civiliçado". Den nackten und unwissenden Stammesgenossen fühlte er sich himmelweit überlegen. Grundsätzlich redete er sie immer in seinem gebrochenen Portugiesisch an, nicht nur die Männer, sondern auch Frauen und Kinder, gerade weil er wußte, daß diese kein Wort davon verstanden. Aber sie sollten merken, was für ein Tausendsassa er da draußen in der Welt geworden war. Und dazu zeigte er Manieren, die deutlich seine „Zivilisiertheit" bewiesen.

Aß er zum Beispiel eine Banane, so warf er die Schale mitten im Hause auf den Boden. Einem der ihren eleganten Onkel mit aufgerissenen Augen anstaunenden Jungen befahl er dann, sie aufzulesen und vors Haus zu tragen. Brachte man ihm zuvorkommend einen Schemel, damit er sich setze, dann schaute er mitleidig auf das hübsche Schnitzwerk und schickte nach einem seiner Hemden, um seinen ehrwürdigen Hosenboden ja nicht mit einem so gewöhnlichen Möbel in Berührung zu bringen. Dazu spuckte er nach rechts und nach links, schlimmer als ein tabakkauender Italiener. Und seine Stammesgenossinnen begaffte er, als wäre er nicht mit ihnen zusammen aufgewachsen, sondern sähe zum erstenmal in seinem Leben eine nackte Frau. So schien er ständig darauf bedacht, das Gebaren der Gummisammler nachzuäffen, ja, er benahm sich noch ungehobelter und flegelhafter als die rüpelhaftesten unter ihnen.

Einem solchen Herrn etwas zu zeigen, worüber er nicht hochnäsig gelächelt hätte, war nicht leicht. Als ich aber eines Abends den Radioapparat andrehte, hockte er sprachlos und hatte keine Erklärungen mehr abzugeben. In São Luis war er nicht dabei gewesen, wenn wir Radio hörten. Und bei den Gummisammlern hatte er erst recht nie etwas ähnliches gesehen. Es war wie eine Erlösung, daß es doch noch etwas gab in der Welt, was Idum zum Staunen bringen konnte.

Ich selber hatte allerdings auch Anlaß zum Staunen, nämlich daß die Batterie nach fünf Monaten noch funktionierte. Aber ich wußte auch, daß dies für eine gute Weile der Schwanengesang meines „Zenith" sein würde. Denn schon hatte ich die Batterie auf dem Bratrost — neben einem schmorenden Klammeraffen — aufwärmen müssen, um ihr das letzte Lebensströmlein zu entlocken.

Noch in São Luis hatte ich gehört, daß Idum eine Freiersfahrt zu seinem Stamme machen wolle. Und beim ersten Trinkgelage schon wurde es offenbar, auf welches Mädchen er sein Auge geworfen hatte. Mit Nyänkiab, dem Töchterlein des Nachbarhäuptlings Kuarumä, wandelte er unzertrennlich durch die festlichen Häuser, plauderte, trank und schäkerte mit ihr. Ich fragte Curumí, ob Idum wirklich sein Schwager werde. Der schnitt statt einer Antwort eine Grimasse und überraschte mich mit dem Entschluß, mit seinen Genossen endlich aufzubrechen, um in São Luis meine Einkäufe zu erledigen. Er wollte auch schauen, ob die Äxte und Buschmesser angekommen waren, die man im Barracão den Tupari schuldig geblieben war.

Idum kehrte einstweilen nicht zur Gummibaracke zurück. Zuvor wollte er seine Herzensangelegenheit regeln. Und er schien damit schnell voranzukommen. Schon nach wenigen Tagen sah ich seine Hängematte beim Lager des Brautvaters aufgespannt, wenn auch noch ein paar Schritte vom Schlafplatz seiner Zukünftigen entfernt. Mühelos aber und ungetrübt war das Glück von Idum's junger Liebe durchaus nicht. Kaum war das Chicha-Fest vorüber, da nahm ihn der energische Brautvater mit auf seine ausgedehnte Pflanzung und ließ ihn in der brütenden Sonne Unkraut jäten und das wuchernde Gesträuch aushauen.

Von dem eleganten Gecken blieb wenig übrig. Auch scheute Kuarumä sich nicht, Ernsthaftes an dem Schwiegersohn zu rügen: der junge Mann kam von der Gummibaracke hergelaufen, um seine Tochter zu freien, — und dabei hatte er weder eine Axtklinge noch ein neues Buschmesser gebracht, um den Brautpreis zu bezahlen!

Es gibt Nachwuchs —

Und die Tupari erzählen schauerliche Dinge von den Totenseelen

Die kleinen Mädchen wagten sich dieser Tage an eine wichtige Arbeit. Sie hatten nichts Geringeres vor, als es einmal ihren Müttern und großen Schwestern gleichzutun und auch ein paar Töpfe voll Chicha zu brauen. In ihren niedlichen Tragnetzen schleppten sie die schweren Wurzelknollen heran, schälten, zerstückelten und kochten sie, kauten dazu den nötigen Gärbrei und spuckten ihn in die Töpfe. Unter Aufbietung aller Kräfte drehten sie die schwere Mörserkeule und siebten und mischten die dicke Chicha, bis sie ihnen nach zwei Tagen harter Arbeit endlich süffig genug schien, um sie den feinschmeckerischen Vätern und Brüdern anzubieten. Und die Männer machten keinen Hehl aus ihrer Begeisterung über den Arbeitseifer der zukünftigen Hausfrauen. Sie rissen sich beinahe um den

Trank und taten, als hätten die Kinder sie in letzter Stunde vor dem
Verdursten gerettet.

— Und dann gab es Nachwuchs im Stamm. Eine der beiden Frauen
Päkirik's gebar ein Mädchen. Dieses Geschäft erledigen die Mütter in
einer kleinen Hütte, die wenige Schritte vom Gemeinschaftshaus entfernt
liegt. Nach der Geburt bleibt die junge Frau ein paar Tage in der
Gebärhütte und kehrt dann mit dem neuen Sprößling zum Stamm
zurück.

Den Indianerkindern pflegt über den ganzen Kopf, von den Augen bis
zum Nacken, ein häßlicher dunkler Flaum zu wachsen. Und die junge
Mutter beeilte sich, die Stirne ihres Kleinen mit einem scharfen Gras-
halm zu rasieren und dem affenhaften Köpflein mit schwarzer Farbe
eine perfekte Frisur aufzumalen. Sie durchstach ihm auch gleich die
Ohrläppchen und zog durch die Löcher feine Fäden, die sie auf dem
Oberschenkel aus zarten Palmblattfasern drehte. Und nach der Mode der
Erwachsenen zierte sie das winzige Gesichtchen mit schwarzen Strichen
und Punkten.

Ich ließ die Gelegenheit nicht vorbeigehen, um am Kleinen den Mongolenfleck zu suchen. Viele Indianer tragen bei der Geburt als Erinnerung
an ihre asiatische Herkunft in der Gegend des Steißbeines ein bläuliches
Mal. Der etwa talergroße Fleck schwindet bei Indianern meist nach
kurzer Zeit. Auch Mischlingskinder in ganz Südamerika weisen dieses
Rassezeichen auf, — zur Freude ihrer Eltern oder auch zu ihrem Ärger,
je nachdem, ob sie stolz sind auf die „rote" Abstammung oder nicht.
Die Tupari allerdings glaubten, kein Mensch würde ohne „paniau-köd"
geboren, und sie dachten, ich wolle sie zum Narren halten, als ich versicherte, unsere weißen Kinder kämen ohne Mongolenfleck auf die Welt.

25. September 1948:
Päkirik ist ernsthaft besorgt. Sein Kleines schreckt nachts oft schreiend
aus dem Schlaf. Heute hat ihm die besorgte Mutter mit Urucú-Farbe
einen runden Fleck auf den Wirbel gemalt. Der rote Urucú-Fleck auf
dem Hinterkopf soll den „Tárüpa", den bösen Geist, der in der Nacht
das arme Kindlein ängstigt, ein für allemal verscheuchen.

26. September 1948:
Die Tage verlaufen ruhig. Ich helfe Waitó auf den Feldern. Curumí hat
meine Flinte mit nach São Luis genommen — zur Reparatur — damit
ich auf der Rückreise eine zuverlässige Schußwaffe zur Hand habe. So
kann ich nicht jagen. Dafür ging ich mehrmals zuschauen, wie ein

Gürteltier aus der Höhle getrieben wird. Wenn das Tatú von der Nahrungsuche in seinen Bau zurückkehrt, verstopfen die Jäger den Ausgang der Höhle mit dürren Palmblättern. Dann zünden sie diese an, und mit einem aus zartem Palmwedel schnell geflochtenen Fächer treiben sie den Rauch in die Höhle. Das Gürteltier sucht dem beißenden Qualm zu entfliehen. Aber schon schlägt ihm der wachsame Indianer einen Knüppel oder das Buschmesser auf den Kopf.

Ist jedoch kein Feuer zur Hand, dann müssen sich die Jäger mit mehr Geduld wappnen. Sie verschließen den Ausschlupf mit einem primitiven korbähnlichen Gitter und warten, häufig die ganze Nacht, bis das Gürteltier vom Hunger getrieben hervorkriecht und in den Korb gerät. Vergeblich sucht es sich durch das Lianengeflecht zu zwängen, und bevor es die Gefahr wittert und sich wieder in die Höhle zurückziehen kann, schießt ihm der Jäger einen Pfeil durch den zarten Panzer. —

Das einzige große Jagdwild im Bereich der Tupari ist der Tapir, ein harmloser, ungeschlachter Pflanzenfresser, den man vergleichen möchte mit einem Esel, dessen Beine zu kurz geraten sind und dem die Natur in einer sonderbaren Laune einen langrüsseligen Schweinekopf aufgesetzt hat. Oft sehen wir die tiefen Spuren seiner dreizehigen Füße an den Ufern der kleinen Bäche und auch auf den Jagdpfaden. Ja, die Tapire bahnen sich selber richtige Pfade durch das Dickicht, und zum großen Gelächter der Indianer verlor ich oft den Weg und folgte einer solchen breit ausgetretenen Fährte.

In der Trockenzeit pflegen die Tapire vor den Schwärmen von großen und kleinen Bremsen in das kühle Wasser der Bachmulden zu flüchten. Wenn die Dickhäuter dann wohlig in dem angenehmen Bade liegen und nur noch die Nasenspitze sehen lassen, schleichen sich die Indianer vorsichtig heran und schießen ihnen die lanzenförmigen Pfeile durch das Fell. Solch eine Jagdpartie plante auch Kuarumä. Und er lud mich freundlich dazu ein. Leider scheint er sich die Sache doch wieder überlegt zu haben: Bevor er mit seiner Familie auszog, entschuldigte er sich betrübt und verlegen. Ich solle doch besser zu Hause bleiben, meinte er. Mit den genagelten Schuhen würde ich auf den Kieselsteinen der Bäche zu viel Lärm machen und die scheuen Tiere frühzeitig warnen.

Tapire jagen durfte ich also nicht. Dafür ging ich fischen mit Walätä und dem stämmigen Woyatsiri.

In der Nähe der Maloca winden sich nur kleine Bächlein durch die Wälder. Große Fische gibt es da natürlich nicht. Aber einzelne Mulden wimmeln jetzt in der Trockenzeit von kleinen Dingerchen, selten größer

als ein Finger. Um dieser Fischlein habhaft zu werden, kennen die Tupari
ein probates Mittel: nämlich Gift!

Walätä und sein Sohn sammelten unterwegs ein paar Bündel einer giftigen Liane und schnitten zwei handliche Keulen aus hartem Holz. Dann
stiegen wir die steile Böschung hinunter zu einem kleinen Bach. Ich zog
die Schuhe aus und hängte sie über den Rücken. Zwar stieß ich die
Zehen an den glitschigen Bollensteinen, aber im Urwald darf man nicht
wehleidig sein. Wir folgten eine gute Weile dem schmalen Bett. Auf
Schritt und Tritt fanden wir deutliche Spuren: hier hatten schon andere
Stammesgenossen ihr Fischerglück versucht. Endlich stießen wir auf eine
große Mulde, die noch nicht ausgebeutet schien. Meine Begleiter legten
eines der Bündel auf einen flachen Uferstein und zerklopften die Lianen
mit den Keulen. Dann schwenkten sie es im Wasser, zerquetschten es
weiter mit kräftigen Hieben und schwenkten es wieder.

Das Gift der Liane muß recht stark sein. Denn schon erschienen die
ersten Fische an der Oberfläche, schnappten nach Luft und trieben bald,
den weißen Bauch nach oben, in der kaum merklichen Strömung.

Ich krempelte die Hosen auf und half einsammeln. Walätä und Woyatsiri gingen ganz systematisch zu Werk. Keine Stelle der ausgedehnten
Mulde blieb vom Gift verschont, und in jeder Spalte der großen Stein-
brocken schwenkten sie ihre Lianenbündel. So vergingen Stunden, bis
schließlich keine Hoffnung mehr bestand, daß weit und breit noch ein
lebendes Fischlein steckte. Am sandigen Ufer lagen etwa zweihundert
Fische aller Art, solche die aussahen wie Sardinen und andere mit
flachen, breiten Mäulern und langen Fühlern. Die zwei Indianer packten
sie sorgfältig in große Sororoca-Blätter, und dann traten wir den
Heimweg an.

Immer wieder bückten sich meine Begleiter, um einen Stein aufzuheben.
Und hatten sie Glück, so verbarg sich darunter ein kleiner Krebs oder
sonst ein Wassertierchen, das sie dann zwischen ihre kräftigen Zähne
schoben und genießerisch zermalmten.

28. September 1948:

Den ganzen Stamm hat das Jagdfieber ergriffen.

In kleinen Gruppen verließen heute fast alle Tupari die Maloca. In der
Linken den Bogen und ein dickes Bündel Pfeile — über den Rücken
die kleine Reisehängematte und ein paar Maiskolben. Fünf oder sogar
zehn Tage gedenken sie zu jagen und Fischlein zu vergiften. Manche
nahmen Frau und Kind mit ins Jagdrevier.

Waitó hat auch mir den Vorschlag gemacht, die Arbeit auf den Feldern zu unterbrechen. Aber ich kann die Maloca jetzt nicht verlassen. Herr Angele hat mit Idum geschrieben, er erwarte jeden Tag die Sendung von Äxten und Messern, die er dann gleich herbringen lassen wolle. Wenn ich bei ihrem Eintreffen nicht hier bin, weiß der Teufel, was dann mit den Sachen geschieht. Zudem ist meine Flinte ja auch noch in São Luis.

Waitó schien zwar ein wenig verschnupft:

„Du kannst mit der Flinte von Curumí Affen schießen, Curumí hat seine Flinte hier gelassen", wandte er ein. Aber Curumí's Gewehr ist so wackelig, daß ich mich nicht trauen würde, damit auch nur einen Schuß abzugeben.

Nun hat Waitó auf das Vergnügen einer mehrtägigen Jagdpartie verzichtet — wohl zum erstenmal in seinem Leben — und so sind wir noch drei wehrfähige Männer in der Maloca: Waitó, der alte Zauberer Kuayó und ich. —

Seit einiger Zeit schon führt sich Tonga, die Häuptlingsbase, anders auf als früher. Sie schaut mich nicht mehr an, sondern geht mir sichtlich aus dem Wege. Auch bringt sie mir keine Chicha mehr, und der junge Konkwad holte mich nicht wieder zu ihrem Lager, um gekochte Erdnüsse und andere Leckerbissen zu genießen.

Geradezu sträflich jedoch vernachlässigt mich ihre Freundin Kamatsuka. Und mit knurrendem Magen frage ich mich manchmal, ob diese Weiber sich wohl verschworen haben, mich auszuhungern, wenn ich nicht endlich kapituliere und Tonga zur Frau nehme. Fast jeden Tag fordert mich Kamatsuka auf, mit dem jungen Weib allein in den Wald zu gehen, „um Brennholz zu holen":

„Kobkab ara ätära ä-aütsí ä-anna! Watsikadkara-nä-koon!" — „Jetzt geh endlich einmal mit deiner Braut zum Holzhacken! Sonst werde ich eine Wut auf dich haben!" — Holz holen will ich wohl gern, aber mit einer ledigen Frau allein in den Wald zu gehen, das kommt für die Tupari einem Einverständnis zur Heirat gleich. Denn daß es dann nicht beim Holzmachen bleibe, scheint ihnen eine ausgemachte Sache.

Auch Waitó läßt mich merken, wie bitter ich ihn enttäuscht habe. Er ist sich wohl klargeworden, daß ich weder seine Base noch sonst eine Tupari-Frau heiraten will und in der Tat daran denke, ihn und seinen Stamm über kurz oder lang für immer zu verlassen. Nur kann er nicht verstehen, warum ich dann überhaupt so lange bei ihm geblieben bin, mich um ihre Angelegenheiten so eingehend gekümmert und bemüht habe, ihre Sprache zu erlernen und aufzuschreiben.

2. Oktober 1948:
Die Frauen sind unerbittlich in ihrer Konsequenz: entweder heiraten oder
hungern. Die fetten Tage, an denen ich nicht wußte wohin mit den vielen
Speisen, scheinen für einmal vorbei — hoffentlich nicht für allemal. Denn
ich werde Tag für Tag magerer, und noch weiß ich nicht, wann ich meinen
Rückmarsch nach São Luis antreten kann.
Aber auch der Häuptling hat unter den Launen seiner Weiber zu leiden.
Gestern abend saß ich vor dem Hause und verzehrte die milde Gabe
einer alten Nachbarin. Waitó hockte neben mir und arbeitete schweigend
an einem Pfeil. Höflichkeitshalber bot ich ihm von meinen armseligen
Maiskörnern an. Heißhungrig griff der Häuptling zu.
„Ja, hast du denn noch nichts gegessen?" fragte ich ihn verwundert.
„Ich habe den ganzen Tag noch nichts gehabt", gestand er ein wenig klein-
laut. Seine Frauen hatten nichts gekocht. Die eine, Apinuitsa, lag mit
ihrem chronischen Bauchweh in der Hängematte. Und die andere, Kamatsuka, kochte ihm auch nichts. Sie schmollte wieder einmal. So kann es
also auch dem höchsten Würdenträger des Stammes passieren, daß er
mit leerem Magen schlafen gehen muß.
Warum?
Ein Indianer aus dem Nachbarhaus hat mir dieser Tage im Vertrauen gesagt:
„Jetzt schlägt Waitó seine Frauen nicht, weil du hier bist und immer
sagst, man soll die Frauen nicht schlagen. Aber wenn du weggehst, dann
wird er wieder wild sein wie früher und Apinuitsa und Kamatsuka verhauen."
Auf die sanfte Apinuitsa lasse ich nichts kommen. Sie leidet tatsächlich an
einem üblen Bauchweh, aus dem weder ich noch die Zauberer klug werden und gegen das wir umsonst alles versucht haben. Was aber Kamatsuka anbetrifft, so braucht sie wohl von Zeit zu Zeit eine rechte Tracht
Prügel. Dann wird ihr das Schmollen schnell vergehen, und sie wird auch
wieder kochen lernen.

3. Oktober 1948:
Noch sind die Männer fern auf ihren Jagdzügen, da hat auch die Frauen
die Wanderlust gepackt. In großen und kleinen Gruppen sind sie früh
ausgezogen rundum in den Wald, und in unserer Behausung wurde es
wirklich unheimlich still. Erst am Abend kehrten sie mit ihrer Beute
zurück. Da gab es vor allem kleine Fische, die sie durch Ausschöpfen
kleiner Bachmulden gefangen hatten, ferner Krebse und andere Schalen-
tiere, Engerlinge, Grillen, Käfer und Raupen aller Art. Die dünsteten die

Weiber nun in Moquecas über der Glut ihrer Herdfeuer, und dazu
rösteten sie Mais und brieten Wurzelknollen.
Die Nacht brach herein, und die zuvor totenstille Hütte toste vom Ge-
schnatter. Denn heute gab es keine bösen Männer, die Ruhe geboten
hätten. Da war ein Erzählen, wo eine jede gewesen und was sie gesehen
und an Leckerbissen gefunden hatte. Zwei Frauen waren sogar auf die
frischen Spuren eines großen Jaguars gestoßen.
Erst spät in der Nacht verebbte der Lärm. Und während die Männer
weit weg im Walde die Feuer ihrer Bratroste hüten und zwischenhinein
wohl etwas schlummern, träumen daheim Frauen und Kinder von den
Strapazen und Erlebnissen des außergewöhnlichen Tages. —

Gegen Ende der Woche kehrten auch die Jäger zurück und trugen neben
der Jagdbeute noch manches andere heim. In ihren Taschen brachten sie
Bündel von weißlichem Palmstroh und sorgfältig in Blätter verpackt
Klumpen eines klebrigen Harzes. Die Palmblattstreifen kochten sie und
kämmten sie aus, bis sie die langen und strähnigen Fasern ordentlich
bündeln konnten. Daraus wollen sie den Faden drehen, den sie mit
schwarzem Harz gepicht zur Befestigung der Pfeilfedern gebrauchen. Das
frische Baumharz verklopfen sie mit verkohlter Rinde zu der zähen
schwarzen Masse, die zum Haltbarmachen der Fäden und sogar als Kitt
bei allerlei Handarbeiten dient.
— Und auch eine Zaubersitzung wurde inzwischen abgehalten. Auch
diesmal erlaubte man mir, hinter dem Holzstoß neben der Türöffnung
zu hocken und zu photographieren.
Es lohnte sich. Nicht nur, daß ich wieder ein paar dramatische Bilder
aufnehmen konnte, sondern ich sah einige Beschwörungen, die ich bisher
noch nie beobachtet hatte. Im Laufe der Zeremonie richtete sich der Oberzauberer auf und schritt mit erhobenen Armen durch das ganze Haus. Er
tastete überall in der Luft herum und schien mit großer Sorgfalt etwas
zu suchen.
„Was ist los?" fragte ich Tokürürü, der mir zunächst saß.
„Sei still und rühr dich nicht!" flüsterte der Alte. „Waitó sucht den
Tárüpa, der Toraú krank gemacht hat."
Toraú saß im Kreis der Männer und wartete apathisch, daß sein Schwager, der Oberzauberer, mit dem bösen Geiste fertig würde. Da schien
Waitó den „Tárüpa" gefunden zu haben. Mit beiden Händen faßte er
das unsichtbare Wesen, trug es vorsichtig zur Tür und stieß es mit ge-
waltiger Gebärde ins Freie. Die Zaubergemeinde atmete hörbar auf.
Nun nahm die Sitzung ihren gewohnten Fortgang — Stunden und Stun-

den lang. Als die Schnupfgesellschaft endlich aufbrach, hatte Waitó ganz allein noch eine Beschwörung zu bewältigen. Er rückte zu seinem kranken Schwager und unterwarf ihn einer ganz ungewöhnlichen Heilkur.

Bisher hatte ich die Medizinmänner immer nur mit Saugen und Spucken die Gebresten aus den Gliedern ihrer hilfesuchenden Patienten ziehen sehen. Heute aber ließ es Waitó damit nicht bewenden. Das Übel schien hartnäckig und nach wirksameren Mitteln zu verlangen. Die Frau des Kranken, Waitó's Schwester Aboika, trug eine riesige Moqueca herbei, und der Zauberer packte zu meinem Staunen einen ganzen gedünsteten Pfeifaffen aus den angesengten großen Blättern.

Waitó war todernst. Er hieß mich ein Messer bringen und dem Affen den Kopf abschneiden. Ich gehorchte etwas verblüfft. Und da fauchte Waitó auch schon unwillig:

„Gib mir endlich den Affenkopf her! Und trample nicht so laut auf dem Boden herum!"

Ich reichte ihm den Affenkopf und schlich an meinen Platz. Der Häuptling wandte sich wieder dem Kranken zu. Toraú hockte mit geschlossenen Augen, und der Zauberer strich ihm mit dem Kopf des Pfeifaffen unter vielfachen Beschwörungen und sonderbaren Lauten hauchend und schnalzend über den ganzen Körper.

Endlich durfte Toraú sich zurückziehen. Waitó schaute mich wieder freundlicher an und wollte mir die Erklärung der sonderbaren Zeremonie nicht länger schuldig bleiben: Ein Zauberer vom Stamme der Wayoró war vor einiger Zeit zu den Tupari gekommen, um ein Weib zu suchen. Denn seine Frau war gestorben, und die Wayoró hatten weniger Frauen als Männer. Aber keines der ledigen Tupari-Weiber wollte ihn heiraten und den Stamm verlassen, und kein Vater wollte seine Tochter abtreten. Wütend über den Korb kehrte der Freier zu seinem Stamm zurück und schickte aus Rache einen bösen Zauber. Der Zauber traf Toraú, und bis heute hatte ihn keiner der Medizinmänner des Stammes austreiben können. Die letzte Hoffnung setzte Waitó wohl auf den Kopf des Pfeifaffen. Dieser hat die Kraft, Krankheiten aus dem Körper zu saugen und zu verzehren.

„Jetzt wird Toraú bald gesund sein", meinte der Häuptling zuversichtlich und hob zum Abschluß der Zeremonie eine Schale voll Chicha gegen die Kuppel der Hütte. Die müsse er den *„Wamoá-apoga-pod"* anbieten, erklärte er mir — den Seelen der verstorbenen Zauberer, weil sie ihm bei den Beschwörungen geholfen hätten.

So denken sich die Tupari auf eigentümliche Weise mit der Überwelt verbunden und haben eine sonderbare Vorstellung vom Fortleben des Menschen nach dem Tode. Seit mir der junge Zauberer Padí in jener unvergeßlichen Mondscheinnacht zum erstenmal von den Totenseelen, den Pabid, erzählte, bin ich diesen Dingen immer wieder mit besonderem Eifer nachgegangen. Es war keine leichte Arbeit. Denn gerade bei solchen übersinnlichen Angelegenheiten läßt mich unser gemeinsamer Sprachschatz im Stich. Und doch konnte ich im Laufe der Wochen endlich dies und jenes aus den Tupari herausfragen:

Wenn ein Tupari stirbt, dann verlassen ihn die Augensterne und verwandeln sich in einen „Pabid". Der Pabid geht nicht auf der Erde wie lebende Menschen, sondern sein Weg ins Reich der Toten führt über den Rücken von zwei großen Krokodilen und zwei riesigen Schlangen, einem Männchen und einem Weibchen.

Gewöhnliche Menschen können diese Krokodile nicht sehen, nur die Zauberer sehen sie im Traum. Manchmal bäumen die Schlangen sich gegen den Himmel, und wenn es regnet, werden sie allen Menschen sichtbar. Das ist der Regenbogen.

So schreitet der Pabid über den Rücken der Schlangen und Krokodile zum Dorf der Toten. Er kommt auch an zwei mächtigen Jaguaren vorüber, die ihn mit ihrem Gebrüll erschrecken. Aber sie können ihm nichts tun.

Endlich gelangt der Tote in seine neue Heimat, die an dem großen Fluß Mani-mani liegt. Aber er sieht nichts von alledem, denn seine Augen sind noch geschlossen. Zuerst empfangen ihn zwei dicke, lange Würmer, ein Männchen und ein Weibchen. Die bohren ihm ein Loch in den Bauch und fressen alle seine Eingeweide. Dann kriechen sie wieder hinaus.

Nun kommt Patobkia, der Oberzauberer und Häuptling der Maloca der Toten. Er schüttet dem Ankömmling beißenden Pfeffersaft in die Augen, und erst jetzt sieht der neue Pabid, wohin er gekommen ist. Erstaunt schaut er sich um und erblickt lauter Unbekannte. Alle haben hohle Bäuche, weil ihnen die Würmer die Därme herausgefressen haben. Und ihre Zähne sind ganz kurze Stummel. Traurig fragt er Patobkia:

„Wo bin ich? Und wer sind all diese Leute?"

„Das sind deine Eltern! Das sind deine Brüder und Schwestern!" lacht Patobkia höhnisch.

Aber das ist eine grausame Lüge. Der Pabid sieht weder Eltern noch Geschwister. Lauter fremde Wesen starren ihn stumpf an.

„So bin ich also wirklich gestorben und zu den Pabid gegangen", sagt der Tote. Und mit Grauen bemerkt er, daß auch er nur noch kurze Zahnstummel und keine Eingeweide mehr hat. Da reicht ihm Patobkia eine Schale voll Chicha. Der neue Pabid trinkt sie aus, und Patobkia führt

ihn weiter in das Dorf der Toten hinein. Dort wartet ein altes Paar von
riesigen Urzauberern auf den Ankömmling. Wenn er ein Mann ist, dann
muß er vor den Augen aller die greise Riesin Waug'ä begatten. Ist es
aber eine Frau, die ankommt, dann muß sie sich dem alten Mpokáläro
hingeben.

Später begatten sich die Pabid nicht mehr nach Menschenart, sondern die
Männer behauchen ein Bündel Blätter und werfen es den Frauen an den
Rücken. So werden die Frauen schwanger und gebären Kinder.

Die Pabid leben in großen, runden Häusern, aber sie haben keine Hängematten, sondern schlafen stehend in der Hütte. Sie lehnen sich gegen die
Stützpfosten und bedecken die Augen mit den Armen. Sie roden keinen
Wald und pflanzen keine Felder an. All das besorgt Patobkia mit zau-
berischer Handbewegung und mit seinem magischen Hauch.

Die Chicha, welche die Frauen der Pabid aus Erdnüssen brauen, gärt
aber nicht, und so können sich die Toten nicht betrinken. Dennoch singen
und tanzen sie häufig in vollem Federschmuck, und die Zauberer der
Tupari hören ihre Lieder, wenn sie im Traum das Dorf der Pabid besuchen. Wird ein Pabid einmal krank, dann ißt er von den Papaya-
Früchten. Die Papaya der Pabid ist viel größer und süßer als bei den
Lebenden und macht die Kranken gesund und Alte wieder jung.

— So sagten die Tupari von den Pabid. Aber bald fand ich heraus, daß
sie sich mit dem Fortleben in einer einzigen Seele nicht zufrieden geben.
In ihren Erzählungen spukte vielmehr noch eine zweite Totenseele, die
nicht nach der Maloca der Pabid wandert, sondern einige Zeit nach dem
Tode irgendwohin in ferne Höhen entschwebt:

„Wenn jemand stirbt und seine Augensterne zu den Pabid wandern,
dann begraben wir ihn im Hause oder dort, wo wir ein altes Haus
niedergebrannt haben. Sogleich beginnt im Leibe des Toten das Herz zu
wachsen, und nach ein paar Tagen ist es so groß wie der Kopf eines
Kindes. Im Herzen drin entsteht ein kleines Menschlein, das immer größer wird und das Herz sprengt, gleich wie ein Vogel die Eierschale. Das
ist der „Ki-apoga-pod". Er kann aber nicht aus der Erde herauskriechen
und weint vor Hunger und Durst. Darum gehen die Verwandten des
Toten auf die Jagd. Wenn sie zurückkommen, halten sie mit den Zauberern drei Schnupfsitzungen ab. Der Oberzauberer zieht den Ki-apoga-
pod aus der Erde heraus, reinigt ihn und formt ihm das Gesicht und die
Glieder. Denn wenn er aus der Erde kommt, ist er noch wie ungeformter
Lehm. Dann gibt ihm der Zauberer zu essen und zu trinken und entläßt
ihn in die Höhe. Dort droben wohnen die Ki-apoga-pod. —
Wenn der Tote aber ein Zauberer war, dann entschwebt der „Apoga-

pod" nicht in jene Fernen, sondern bleibt in der Maloca. Da essen die Seelen der verstorbenen Zauberer von unseren Speisen und trinken von unserer Chicha. Von der Kuppel des Hauses herunter bezaubern sie uns in der Nacht und erzeugen unsere Träume. Auch die Seelen der toten Frauen der Medizinmänner schweben dort." —

Noch vieles wußten die Tupari über das Schicksal, das uns nach dem Tode erwartet, und sie kannten eine erstaunliche Menge unsichtbarer Wesen, die im Himmel, in fernen Erdstrichen und sogar unter dem Erdboden hausen. Auch vom Ursprung der Menschheit und von der Natur der Gestirne hatten sie eine feste Vorstellung, und aus der sagenhaften Geschichte des Stammes und der benachbarten Völkerschaften wußten sie Wunderdinge zu berichten.

Nur, wie gesagt, mit dem sprachlichen Verständnis haperte es leider noch sehr. Glaubte ich aber etwas begriffen zu haben, dann setzte ich mich zu einem andern Gewährsmann und fragte ihn aus nach derselben Geschichte. Oft staunte der, woher ich schon so viel erfahren haben mochte. Aber dann berichtigte er dies und jenes und fügte manches hinzu, so wie er es von seinen Eltern oder Großeltern gehört hatte. Und schließlich rundete sich für mich das Bild, wie diese Waldmenschen das Jenseits und all die Dinge erklären, nach denen zu fragen wohl der Geist aller Menschen veranlagt ist, seien es Gelehrte und Weise hoher Kulturen oder nackte Indianer in den tropischen Urwäldern.

Was wunder, daß ich während solcher spannenden Nachforschungen meinen Photoapparat stark vernachlässigte. Auch das Mißtrauen und Unbehagen, das manche Männer und Frauen zeigten, wenn ich mit dem Kasten auf sie zielte, trug dazu bei. Und so knipste ich beinahe nur noch aus einer Art Pflichtgefühl die lange Liste der Sujets, die ich in den letzten Monaten als „unbedingt zu photographieren" aufgestellt hatte.

Und dennoch fand die Photokunst zwei neue Anhänger: Waitó und sein Sohn Konkwad. Ich hatte sie gelehrt, die Leica zu halten, durch den Sucher zu gucken und abzudrücken. Zuerst hatten sie mißtrauisch gezögert, aber nun schien ihnen das Knipsgeräusch in den Ohren zu klingen wie himmlische Musik. Gleichzeitig gewannen sie eine gewisse Sicherheit: wenn ich mich ohne Scheu von ihnen photographieren ließ, dann konnte mit diesem sonderbaren Apparat kein böser Zauber verbunden sein. Sie brauchten also keine Angst zu haben, sich ihrerseits von mir knipsen zu lassen. —

Langsam begann ich meinen Rückmarsch vorzubereiten. Von den Sitten und Überzeugungen der Tupari glaubte ich das Wesentliche erfahren zu haben und photographiert hatte ich für meine Zwecke genug. Besonders glücklich war ich, daß mir wohl manche gute Aufnahme von den Zauberzeremonien gelungen war. Nun wollte ich bei meinen Nachbarn noch dies und jenes eintauschen, um es zur Erinnerung mit nach Hause zu nehmen.

Da merkte Waitó, daß es mir ernst war mit der Abreise, und mich weder die Aussicht, Häuptling zu werden, noch sein zierliches Töchterchen Kabátoa noch die fleißige Tonga an den Stamm binden konnten. So beschloß er, mir bis São Luis das Geleit zu geben. Zuvor müßten wir jedoch den Mais säen und zwei große Chicha-Feste feiern, verfügte er. Erst dann könnten wir aufbrechen.

„Wann werden wir den Mais säen?" fragte ich. Seine Frauen und Töchter hatten schon zwei Häfen voll Samen ausgelesen und hinter dem Hause bereitgestellt.

„Der Boden ist jetzt hart und trocken", erklärte Waitó. „Wenn es regnet, dann werden wir Mais säen."

Und er schaute mich an, als wollte er fragen: „Bist du wirklich so dumm oder tust du nur so? Das weiß doch jedes Kind, daß man den Mais nicht in den ausgedörrten Boden säen kann!"

Es galt also, noch eine Zeitlang auszuhalten. Aber Waitó sorgte dafür, daß mir das Warten nicht lang wurde. Tagtäglich holte er mich auf seine Felder: auf der neuen Rodung mußte ich unendlich lange Reihen von Löchern in den Boden hacken, in welche die Häuptlingsfrauen Hualusa- und Yamsknollen pflanzten. Ich mochte an der brennenden Sonne schwitzen und seufzen. Waitó ließ nicht locker, und seine Frauen warteten geduldig mit den Saatknollen.

Einige Streifen hatte das Feuer außerdem nicht recht sauber gebrannt. Waitó schien nicht gewillt, diesen Boden bei der kommenden Maissaat zu verlieren. Also mußten wir zwei mit dem Buschmesser wacker dahintergehen.

Und dann hatten wir endlich noch große Mühe auf dem Yuca-Felde — „meinem Yuca-Felde" — mit dem Nachpflanzen mehrerer Flecken, welche die Mannschaft bei der gemeinsamen Saat aus lauter Liederlichkeit unbestellt gelassen hatte.

„Die Männer sind faul und taugen nichts", klagte Waitó finster. „Nur ich, Waitó, und du, Francisco, wir sind fleißig und arbeiten viel."

Es schien in der Tat kein Schleck, ein Tupari-Häuptling zu sein. Der Häuptling mußte das Mehrfache von einem gewöhnlichen Stammesgenossen arbeiten. Für Waitó war das eine Selbstverständlichkeit, aber ebenso selbstverständlich erwartete er, daß ich bei all seinen Arbeiten

nach Kräften half. Er hatte mich nämlich einmal gefragt, ob mein Vater
bei dem Stamm der „Suissos“ ein Häuptling sei. Und ich hatte leicht-
sinnigerweise ja gesagt. Nun aber hieß es beweisen, daß ich ein würdiger
Häuptlingssohn war und vor der Arbeit nicht zurückschreckte!

Mit Ausrupfen der Haare feiern die Tupari Hochzeit —

Kopfjäger in Sicht —

Und wir machen große Tauschgeschäfte

So weilten meine Gedanken halb bei den Tupari und bei ihren Geistern
und Totenseelen, halb schon zurück in der fernen Zivilisation. Es schien
mir, als hätte ich die Welt der Weißen nicht erst vor wenigen Monaten,
sondern vor Jahren verlassen. Ich hatte das Indianerleben satt. Ich wollte
wieder einmal etwas anderes sehen —, und ich ahnte nicht, was für
Überraschungen noch meiner harrten.
Eines Abends ließ Waitó sonderbare Bemerkungen fallen über Nyänkiab,
die von Idum umworbene Tochter des Nachbarhäuptlings. Ich wurde
nicht klug aus seinen Erklärungen, aber da war offenbar etwas Merk-
würdiges im Gange.
Am andern Morgen suchte ich das Nachbarhaus auf und fand einen Teil
von Kuarumä's Lager mit einem Verschlag aus Stangen und Strohmatten
abgeteilt. Ich schaute durch den kleinen Eingang und sah am Boden
Nyänkiab sitzen. Kabátoa, Waitó's Töchterlein, begleitete mich, und ich
blickte sie fragend an.
„Nyänkiab bekommt fünf Tage nichts zu essen und nichts zu trinken,
und sie muß hier sitzen. Die Leute könnten ihr Blut sehen“, erklärte die
Kleine scheu.
„Äaripódkara-nä-än? — Hast du Hunger?“ fragte ich Nyänkiab, die
bleich und mager dahockte und nicht aufzuschauen wagte.
„Waripódkara on“, wimmerte sie und drehte weiter an ihrer Spindel. Ich
zog mich diskret zurück und hatte wieder einen Stoff, mit dem ich meinen
Freunden tagelang in den Ohren lag, bis ich endlich herausfand, welch
sonderbaren Kasteiungen eine Tupari-Braut unterworfen wird, bevor sie
ruhig und ungestört mit ihrem Mann leben darf.
Wenn ein Tupari mit einem Mädchen einig geworden ist, dann wird mit
ihrem Vater ein ernstes Wort gesprochen und ein Kaufpreis angeboten:
Bogen, Pfeile, Espadas oder Schmuckgegenstände, die der junge Mann

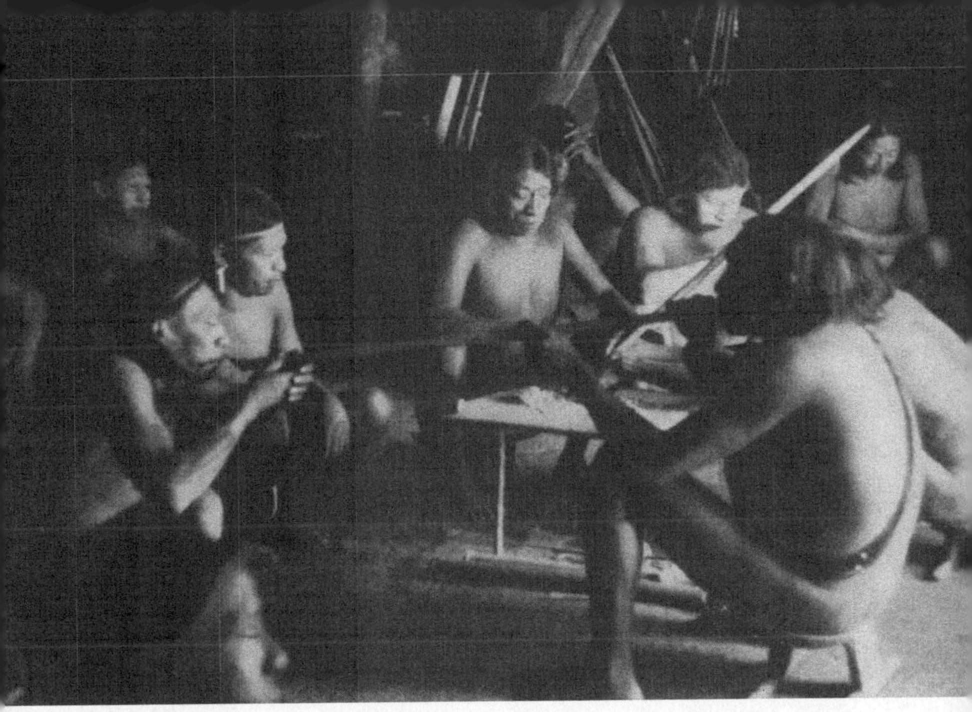

Beginn der Geisterbeschwörung blasen sich die Zauberer gegenseitig ätzendes
uschpulver in die Nase.

as Ausstoßen des bösen Gei-
es ist eine der wichtigsten
ufgaben des Zauberpriesters.

Wie in flehentlichem Gebet hebt der Oberzauberer die Hände empor im Verkehr mit den Geistern.

Waitó zieht die Seele eines v[...]
storbenen Kindes aus dem Bod[...]
— Gespannt verfolgen die Zaube[...]
das Gehabe der Geister. —
Verkehr mit den Totenseelen ist [...]
Zauberrassel unentbehrlich.

Die Seelen der verstorbenen Zauberer werden mit Maisbier bewirtet.

besonders geschickt herzustellen versteht. Bei einem modernen Tupari-Vater kann es allerdings vorkommen, daß er sich damit nicht zufrieden gibt, sondern vom Freier verlangt, er solle bei den Weißen eine Axt oder ein Buschmesser verdienen gehen.

Ist der Bräutigam ein junger Mann, dann zieht er mit der Hängematte und seinen Siebensachen zum Schwiegervater und muß mit ihm arbeiten. Einem älteren Freier, besonders einem Häuptling, wird das nicht zugemutet. Er nimmt die junge Frau zu sich. Nun kann das Eheglück beginnen — jedoch nur für kurze Zeit. Gelegentlich einer Besorgung im Walde, sei es beim Holzsammeln oder auf dem Wege zu einer Feldarbeit, entjungfert der Mann seine junge Frau.

— Und damit findet das eheliche Zusammenleben schon wieder ein Ende. Denn die junge Frau muß ihrer Mutter von dem Geschehnis Mitteilung machen, und diese berichtet es dem Oberzauberer. Unverzüglich wird in der Maloca aus Stangen und Palmblattmatten eine Wand errichtet und die Braut dahinter arretiert. Fünf Tage lang erhält sie weder Speise noch Trank, bis der Zauberer endlich einen kleinen Hafen dicker unvergorener Chicha für sie segnet. Und auch während der folgenden Monate bildet solche Chicha die Hauptnahrung der Braut. Vor allem darf sie kein Fleisch noch Fisch berühren. Sie soll ihren Verschlag nicht verlassen, sich nicht baden oder waschen. Sie hockt nur immer am Boden und spinnt Baumwolle, um später für ihren Mann eine Hängematte zu knüpfen. Und in dieser ganzen Zeit darf sie ihren Mann weder sehen noch sprechen.

Erst nach zwei oder drei Monaten wird die Haft aufgehoben. Der junge Mann zieht mit seinen Verwandten für zehn Tage auf die Jagd.

Die Braut aber muß wieder fünf Tage streng fasten, und die Frauen bestreichen ihr den Kopf mit nasser, fauliger Erde, um ihre Haarwurzeln aufzuweichen. Kommen die Jäger zurück, dann veranstalten die Zauberer mit ihnen eine Zeremonie. Alle Teilnehmer schnupfen dabei Tabakstaub und Aimpä, und der Oberzauberer überschüttet die ausgehungerte Braut mit umständlichen Beschwörungen. Die Frauen reißen ihr die Haare aus, und ihr Körper und der nacktgerupfte Schädel werden mit roter und schwarzer Farbe bemalt. Vom harten Fasten schier ohnmächtig, erhält die Braut vom Zauberer endlich auch wieder die ersten Speisen in den Mund gestopft.

Sind alle diese Torturen und magischen Riten überstanden, dann kehrt die Braut in die Stammesgemeinschaft zurück. Aber erst wenn ihre Haare wieder ordentlich nachgewachsen sind, darf sie mit ihrem Mann zusammenleben.

Oft verloben die Indianer noch kleine Mädchen. Es ist aber selbstverständlich für einen Tupari, daß er das Mädchen nicht berührt, bis es nach allgemeinem Stammesbrauch als reif gilt. Auch ist die Ehe niemals endgültig, bevor Kinder kommen. Erst wenn ein Kind geboren wird, gehören die Eheleute für immer zusammen.

Junge Burschen und Mädchen also, die finden, man habe sie dem unrechten Partner anvertraut oder sie hätten sich in der Wahl getäuscht, können den Handel rückgängig machen, wenn sie sich etwas beeilen. Und ist man einmal der Ehe überdrüssig, so findet sich auch schnell ein Vorwand zur Trennung: Tsito zum Beispiel behauptete, er hätte auf seine ausnehmend hübsche Braut nur verzichtet, weil sie doch einen zu dicken Bauch gehabt habe. Und Tsonnim hatte ihren ersten Mann vom Arikapú-Stamme angeblich verlassen, weil er zu dicke Lippen und obendrein noch große, wackelnde Hinterbacken gehabt hätte. Auch eine etwas dunklere Hautfarbe oder gar eine unschöne Hautkrankheit des Partners genügten zur Scheidung.

Aber ich hörte auch ernsthaftere Klagen. Eine Frau hatte schon zwei Männer verloren, weil sie keine Kinder gebar. Faulheit und auch Untreue der Gattin gelten als besonders wichtige Scheidungsgründe. Und was manche Frau von ihrem Manne wegtrieb, war sein heftiges Temperament und die üble Gewohnheit, sie im Rausch zu verprügeln oder gar auf sie zu schießen.

All das erfuhr ich nach und nach an langen Feierabenden, wenn wir uns auf der Jagd hinsetzten, um etwas auszuruhen, oder während der Trinkgelage, wenn nichts die Aufmerksamkeit zerstreute und die Tupari besonders aufgelegt waren, mir Gutes und vor allem Übles von ihren Frauen und Stammesgenossen zu hinterbringen.

Tagsüber war nicht viel Zeit zum Plaudern. Es gab noch Arbeit in Hülle und Fülle, wollte der Stamm dem kommenden Jahr ruhig und zuversichtlich entgegensehen. Die großen Felder der Häuptlinge waren zwar für die Saat bereitet und zum Teil schon mit Yuca bepflanzt. Aber die anderen Männer hatten noch ihre eigenen kleinen Rodungen zu versorgen. Sie konnten dabei nicht auf die geschlossene Hilfe des ganzen Stammes rechnen wie etwa die Häuptlinge. Sie arbeiteten mit Frau und Kind und ein paar guten Freunden, zu denen gewöhnlich auch Waitó gehörte samt mir, seinem ständigen Begleiter.

So waren diese Wochen — bis endlich der Regen einsetzen und das Zeichen zur Maissaat geben würde — mit Abbrennen und Bepflanzen der Rodungen und mit Jagen und Fischleinvergiften reichlich ausgefüllt. Schob sich wirklich einmal ein müder Vormittag ein, dann widmeten sich

die Männer mit Begeisterung dem Kopfballspiel. In zwei Parteien standen sie sich gegenüber, stießen den Gummiball hin und zurück, und wenn der Ball davonrollte oder ein Spieler ihn mit der Hand oder dem Fuß berührte, war seiner Partei ein Punkt verloren. Und je nach Glück und Geschick gewannen oder verloren die Indianer dabei manchen Pfeil. — Bevor sie jedoch einen solchen Pfeil als Kampfpreis einsetzten, rieben sie ihn andächtig unter der Achsel:
„Riechst du nach mir, dann kommst du auch zu mir zurück!" —

Wieder saß ich in der Hängematte und schrieb mein Tagebuch. Etwa die Hälfte der Männer befand sich auf der Jagd. Die andern dösten oder bastelten an einem Pfeil oder Bogen. Ein besonders geschickter Bursche klebte feine Stückchen Tukanfeder an ein dünnes Holzstäbchen, um sich einen hübschen Nasenpflock zu machen.
Da kehrte eine Jagdpartie zurück. Und plötzlich schien große Aufregung das ganze Haus durcheinander zu bringen. Immer wieder hörte ich den Namen der Hamno, der abscheulichen Kopfjäger, von denen mir die Tupari so oft erzählt hatten. Mit angsterfüllten Augen berichtete mir Karandärä, einer der Jäger:
„Dort drüben, zwei Tage weit weg, haben wir die Fußspuren der Hamno gesehen und Späne von Bambuspfeilen und frisch abgebrochene Knüppel."
Karandärä war den Spuren gefolgt und hatte die greulichen Stimmen der Hamno deutlich gehört, genau so, wie die Großväter sie nachzuahmen pflegten, erzählte er. Auch Tadjurú, der dickbäuchige Zauberpriester, war von der Partie gewesen. Er hielt sich nicht lange mit Schwatzen auf, ging in den Wald, fällte eine Paxiuba-Palme, zerteilte den Stamm in lange Bretter und verschloß damit den hinteren Eingang des Hauses, an dem sich sein Lager befand.
In der Nachbarhütte waren nur wenige Bewohner daheim, und sie folgten dem Beispiel Tadjurú's in großer Eile. Sie flochten dichte Matten aus Palmblättern und maßen sie sorgfältig der Türöffnung an. Sie wollten verhüten, daß die Hamno aus der sicheren Deckung des nahen Busches in die Hütte schießen könnten. Dann zogen sie ihre Arbeitskörbchen und die Bündel von Pfeilrohr und Palmholzstäbchen hervor, um hurtig neue Pfeile zu schnitzen und die halbfertigen zu vollenden.
Noch zwei oder drei Jagdgruppen kehrten heim und vernahmen mit Besorgnis die Nachricht vom Herannahen der Hamno. Die Stimmung war sehr gedrückt und ernste Gespräche kreisten um die Feuer.
Am folgenden Nachmittag ertönten im nahen Wald plötzlich zwei

Schüsse, und bald darauf kamen Curumí und seine Gefährten schwer bepackt über den Platz geschritten. Nach einem Monat kehrten sie endlich aus São Luis zurück und brachten eine kostbare Ladung. Herr Angele schickte Briefe, die notdürftig reparierte Flinte, Pulver, Blei und Zündkapseln, Seife und andere Dinge, und für die Tupari-Männer die versprochenen Werkzeuge. Auf jeden der Arbeiter traf es entweder eine Axt oder ein Buschmesser. Die Verteilung sollte ich vornehmen, aber das war nicht so einfach. Alle hätten lieber eine Axtklinge gehabt. Und mancher Indianer zog mir ein schiefes Gesicht, als könne ich Buschmesser in gute Stahläxte verwandeln.

Die Freude über die glückliche Heimkehr der Boten und über die Werkzeuge wurde jäh unterbrochen. In der Dämmerung kamen zwei Burschen mit einer neuen Schreckensnachricht ins Haus gerannt. Sie hatten am Waldrand, dort wo einer der vielen Pfade in die Siedlung führte, zwei fremde Männer gesehen. Aus dem Dickicht heraus hatten sie das Treiben auf dem Platz belauert und als sie sich beobachtet fühlten, waren sie im Busch verschwunden. So erzählten die Burschen fassungslos.

In großem Entsetzen schossen die Männer und Frauen herum.

„Die Hamno, die Hamno...", hieß es überall. Der Häuptling Waitó war sofort zur Stelle. Auch er schien sehr besorgt, aber er verlor die Ruhe nicht.

„Gib mir deine Flinte und viele Patronen", forderte er mich auf. „Du kannst mit dem ‚pän-tsin' schießen."

Pän-tsin heißt „kleiner Bogen", und damit meinte er den Revolver. Ich gehorchte ihm schweigend und füllte meine Hosentaschen mit Revolverkugeln. Auch Curumí und Idum gesellten sich zu uns — mit verstörten Gesichtern — ihre Flinten schußbereit. Die andern Indianer griffen zu Pfeil und Bogen, und vorsichtig führten uns die Burschen zu der Stelle, wo sie die spionierenden fremden Männer gesehen hatten.

„Es waren zwei Hamno! Hier standen sie und liefen davon, als wir sie sahen!" versicherten sie.

An eine Verfolgung war nicht zu denken. Was aber tun? Der Häuptling gab ein paar Schüsse ab. Curumí und Idum hieß er dasselbe tun, und ich folgte ihrem Beispiel mit dem Revolver. Als ob ernster Krieg ins Land bräche, widerhallte die friedliche Lichtung von unseren Flintenschüssen. Die Hunde kamen bellend aus dem Haus, und die Jungen schienen trotz allem ein Riesenvergnügen an dem Krawall zu haben.

„Nun werden die Hamno erschrecken und nicht wiederkommen", meinte Waitó. „Morgen werden wir wieder schießen und übermorgen nochmals und so jeden Abend."

196

Dennoch patrouillierten die Männer die ganze Nacht mit Pfeil und Bogen zwischen ihren Lagern und der Tür hin und her und spähten auf die mondhelle Lichtung hinaus. Den welterfahrenen Curumí packte die Angst:

„Ziehen wir weg von hier und gehen wir zu den Tárüpa, zu Regino! Hier werden uns die Hamno totschießen und unsere Köpfe fressen!" rief er. Der ungeschlachte Tabiá aber zog von seinem Vorratsgestell eine riesige Kürbistrompete herunter, andere Stammesgenossen taten es ihm nach, und dann erfüllten schauerliche, langgezogene Töne die Nacht. Alt und jung fiel ein mit Mark und Bein durchdringendem Kriegsgeschrei. Mir lief es kalt über den Rücken. In was für eine Gesellschaft war ich da geraten!

Und nun war man auch in geeigneter Stimmung, sich noch einmal die schon hundertfach gehörten gruseligen Geschichten von den unseligen Kopfjägern zu erzählen. Erst spät legte ich mich schlafen, in voller Kleidung, mit dem geladenen Revolver in der Hand. Unzählige Male schreckte ich schwitzend aus meinen unruhigen Träumen. Doch der Morgen graute, ohne daß das Geringste geschehen wäre.

Den ganzen Vormittag spielten die Jungen auf dem Platz Kopfball, als hätten sie die Aufregung des Vorabends völlig vergessen. Die Alten aber, in denen die Erinnerung an die vergangenen Schreckenszeiten noch lebendig war, saßen in ernstem Gespräch vertieft und arbeiteten unermüdlich an neuen Pfeilen, „um Hamno zu schießen". Curumí und Idum, die zwei jungen Schwäger, hockten sich zu mir, und gemeinsam setzten wir in die verschossenen Kartouchen neue Zündkapseln ein, füllten Pulver und Blei nach und klopften sie fest mit einem Pfropfen aus feinen Holzspänen, welche die Indianer beim Schaben von Bogen und Espadas gesammelt hatten.

Waitó plagte ein besonderer Kummer. Sein Bruder Iad war noch nicht vom Jagdzug heimgekehrt. Und wer konnte wissen, ob er nicht den spionierenden Hamno in die Hände gefallen war?

„Wenn Iad morgen noch nicht kommt, ziehen wir alle aus, um die Hamno zu erschießen", verkündete er mit todernstem Gesicht. „Jetzt haben wir drei Flinten und genug Pulver und Blei."

Ob ich bei diesem Kriegszug mit meinem Revolver mittun müsse, oder ob er mich den Frauen und Kindern zum Schutz zurücklassen wollte, davon sagte er einstweilen nichts.

Zur allgemeinen Erleichterung kamen die Vermißten noch am selben Abend mit Beute aller Art schwer bepackt nach Hause. Man bestürmte sie mit den sensationellen Neuigkeiten. Aber Iad schien nicht sehr er-

schüttert. Er meinte leichthin, die Burschen hätten uns sicher angeschwindelt. Und auch ich wußte bald nicht mehr, was ich von der Sache halten sollte. Hatten uns die zwei Burschen am Ende doch einen Bären aufgebunden? Waren sie ihrer eigenen Phantasie zum Opfer gefallen? Wollten sie eine Sensation, oder suchten sie nur einen Vorwand, den Stamm für immer zu verlassen und zu den Weißen nach São Luis zu ziehen?
Waitó blieb ernst. Jeden Abend feuerte er vor der Maloca ein paar Schüsse ab, vom schrillen Geheul der Jungen und dem Gekläff der Hunde begleitet. Endlich dachte er, die Gefahr wäre für diesmal wohl vorüber. Sicher hatten die Hamno auf den Pflanzungen gesehen, daß die Bäume nicht mehr in der alten Weise mit Steinbeilen abgehackt, sondern mit neuen, unbekannten Werkzeugen gefällt worden waren. Und zweifellos mußten die wilden Nachbarn denken, hier wohnten nicht mehr die einfältigen Tupari von dazumal. Wenn sie dann noch die Flintenschüsse hörten, würden sie es vollends mit der Angst zu tun bekommen und sich nicht mehr in die Nähe getrauen.
Mich hingegen plagte eine neue Sorge. Würden die Tupari sich unter solchen Umständen entschließen, Weib und Kind allein zu lassen, um mein Gepäck nach São Luis zu tragen? Oder mußte ich die ganze Regenzeit in dieser Maloca zubringen, — bis der Häuptling fände, die Gefahr aus dem Osten sei endgültig gebannt?
Die Möglichkeit endlich, die Kopfjäger könnten tatsächlich in ganzen Horden daherkommen und die Maloca überfallen, wagte ich mir gar nicht auszumalen. Nur in unruhigen Träumen sah ich zuweilen meinen Kopf inmitten von Erdnüssen und Yuca-Knollen brodeln, und ein greuliches Indianerweib stocherte mit der Rührkelle ungeduldig an meinem Haupt herum, ob es denn immer noch nicht gar sei.

Zum erstenmal sah ich die Sonne nicht aufgehen über der Tupari-Maloca. Die Regenzeit brach an. Unaufhörlich fielen feine Tropfen. Da entschloß sich Waitó, den ersten Mais zu säen, und ich faßte neue Hoffnung, mein Aufenthalt bei den Tupari könnte langsam seinem Ende entgegengehen. Aber gleichzeitig überraschte mich ein schmerzliches Gefühl. Wie nie zuvor spürte ich, daß mir diese nackten Menschen — anfangs so fremd und oft recht abstoßend — im Laufe der Monate gute Freunde und vertraute Nachbarn geworden waren. Niemand war in diesem mächtigen Hause, der mir nicht in einem hungrigen Augenblick einen gebratenen Wurzelknollen, eine Papaya-Frucht oder eine Schale Chicha mit freundlichem Gruß angeboten hätte. Alle waren auf ihre Art um mein Wohlergehen besorgt, und alle wußten auch, daß ich sie nicht minder liebgewonnen hatte. Kleine Kinder waren inzwischen auf die Welt gekommen, andere hatten unter meinen Augen laufen gelernt, und ich hatte sie auf meinem Rücken reiten lassen. Nur zwei oder drei der kleinen Knirpse fürchteten sich noch vor meinem Bart. Die andern scheuten sich nicht, daran zu zupfen, und alle nannten mich zutraulich ihren Großpapa oder gar „toto amsi-tan" — „Großpapa mit der langen Nase".

Unvermerkt war ich in dem Leben und Treiben des Stammes aufgegangen. Die Indianer hatten sich an mich gewöhnt und ich mich an sie. Und trotz manchen Ungemachs wollte es mir scheinen, es müsse nun immer so weitergehen.

Seit Idum aus São Luis gekommen war — und mit ihm eine merklich fremde Luft — fiel mir auf, wie viele kleine Gewohnheiten ich von den Tupari bereits übernommen hatte. Ich nickte nicht mehr mit dem Kopf um ja zu sagen, sondern holte zu dem Zweck laut und tief Atem durch den Mund wie sie. Ich kaute nicht mehr mit geschlossenem Mund, wie man es mir in der Kinderstube beigebracht hatte, sondern riß ihn weit auf. Denn im Urwald kauen nur die Affen mit geschlossenem Maul, weil sie Angst haben, es könne ihnen ein Bissen herausfallen. Nach dem Essen rülpste ich ungeniert, um zu zeigen, daß ich wirklich satt war. Mit den Indianern aus einem Topf zu essen und aus ihren ungewaschenen Kalebassen zu trinken schien mir das Natürlichste der Welt.

Ebenso selbstverständlich griff der Häuptling bei den gemeinsamen Mahlzeiten zu meinem Löffel, um damit auch sich ein Häuflein hineinzuschieben. Zum Husten und Gähnen die Hand vor den Mund zu halten, hatte ich mir schon längst abgewöhnt. Und drang einmal irgendein unangenehmer Geruch in meine Nase, so räusperte ich mich und spuckte wie die Indianer. Auch waren mir ihre wenigen Begrüßungsformeln geläufig geworden und noch manches andere hatte ich mir unwillkürlich angeeignet. All das trug dazu bei, den Unterschied zwischen mir und meinen Gastgebern mehr und mehr zu verwischen oder wenigstens vergessen zu lassen.

Die verschiedenen fremden Gegenstände in meinem Gepäck erregten bald kein sonderliches Aufsehen mehr. Nur das Photographiertwerden wollte ihnen noch immer nicht so recht behagen. Die Armbanduhr hingegen hatte ich ihnen schon unzählige Male ans Ohr halten müssen. Und Waitó's besondere Freude schien meine Taschenlampe. Während der Festnächte tat ich besser daran, sie vor ihm zu verstecken, denn es machte ihm ein Mordsvergnügen, den Betrunkenen und Schlafenden in die Augen zu leuchten oder die Umgebung der Hütte abzusuchen, ob er nicht etwa ein heimliches Liebespaar entdecken könne. Als ich aber die

Lampe einmal in ihre Teile zerlegte, da kamen selbst die ältesten Hutzel-
weibchen herbeigelaufen, und das Auseinanderschrauben und Wieder-
zusammensetzen wollte kein Ende nehmen.

Geradezu ungeheuerlich schien natürlich zunächst der Radioapparat. Ich
hatte versucht, so gut wie möglich zu erklären, wie die Musik und das
Geplauder aus dem Wunderkasten zustande kam. Aber noch nach Monaten fragte mich ein Junge, in welcher der Röhren das Mädchen sitze,
das so schön sang, in welcher die Musikanten und wo der Mann mit der
tiefen Baßstimme. Und ratlos faßte eine Alte ihr Erstaunen in die Worte
zusammen:

„Kirä um än! — Ihr seid doch keine Menschen!"

Später jedoch fanden die Tupari, gemessen an den Leistungen ihrer
Zauberpriester stelle das Radio im Grunde gar nichts Besonderes dar.
Denn die Seelen der Zauberer gehen im Schlaf und beim Aimpäschnupfen
auf unerhörte Reisen, und sie vernehmen die Stimmen und Lieder
der Himmelsgeister und Totenseelen sogar ohne Hilfe irgendwelcher
Apparate. Wozu aber das Schreiben gut sei, wollte den Indianern lange
nicht einleuchten. Stundenlang Papier vollkritzeln und dazu noch so un-
gleichmäßig mit Ober- und Unterlängen! Wenn ich die weißen Bogen doch
wenigstens mit einer schönen Zickzacklinie ohne die häßlichen Stiele und
Schlaufen dekorieren würde!

Und überhaupt, diese Tárüpa! Sogar den Scheitel tragen sie schief auf
dem Kopf! Als ich am Vorabend eines Trinkgelages mit der Häuptlings-
familie vor dem Hause saß und an nichts Böses dachte, nahm mich
plötzlich Kamatsuka aufs Korn. Sie hatte eben Tonga mit einem gezwirnten Faden Augenbrauen und Schläfenhaare ausgerissen, und nun
sagte sie mir deutlich, daß die Reihe an mir war. Sie wollte mir Schläfenhaare, Augenbrauen und gleich auch den Bart ausreißen.

„Karampod um än! — Du bist doch kein Großvater!"

Ich wehrte energisch ab. Aber die tatkräftige Häuptlingsfrau ließ mich
nicht laufen, bis sie wenigstens eines erreicht hatte: sie zog mir mit
meinem Kamm den Scheitel in der Mitte und hatte kein Verständnis für
meine abwehrenden Gesten.

„Siehst du denn nicht, daß die Nase in der Mitte ist ...?" — sie fuhr
mir mit der ausgestreckten Hand die Nase hinauf zum neugezogenen
Scheitel —, „und so muß auch das Haar in der Mitte geteilt werden!"

Der Tag der großen Maissaat war gekommen. Der ganze Stamm wurde
aufgeboten. Schon am frühen Morgen ermunterte der Häuptling sein
Völklein mit frischer Chicha zu der wichtigen Arbeit. Die Männer

schritten nun das ausgedehnte, von verkohlten Baumstämmen übersäte
Feld ab und stachen mit langen Stöcken Löcher in den vom Regen auf-
geweichten Boden. Die Frauen kamen hinterher, warfen die Maiskörner
hinein und scharrten mit dem Fuß ein wenig Erde darüber. Waitó führte
die Aufsicht. Er mahnte die Burschen zur Sorgfalt und prüfte hier und
da nach, ob alle Flecken den notwendigen Samen erhalten hatten.

Schon um Mittag war die Arbeit getan. Der Häuptling, seine Gefolgs-
mannen und auch die Leute des Nachbarhauses versammelten sich vor
den Hütten und tauschten in feierlicher Weise gekochte Erdnüsse und
Yuca-Knollen untereinander aus. Bis tief in die Nacht hinein tanzten
Frauen und Mädchen im Mondlicht. Die Männer aber legten sich in die
Hängematten und schliefen.

Auch die anderen Rodungen wurden in diesen Tagen mit Mais besät. Und
dann zogen die Indianer eines Morgens in den Wald, mit Pfeil und
Bogen, geschulterter Axt und einem Flaschenkürbis. Das Jagen war heute
Nebensache. Aber jeder Mann kehrte am Abend mit einem Kürbis voll
Honig zurück. Die Waben mit dem Blütenstaub und den Maden bekamen die Frauen und Kinder. Den Honig behielten die Männer für
sich und verdünnten ihn mit Wasser.

Als die Sonne schon tief am Horizont stand, trugen sie den süßen Trank
vor das Haus und stellten die Töpfe in langer Reihe auf. Keine Frau
zeigte sich auf dem Platz. Unter fröhlichem Plaudern und Scherzen
tranken sich die Männer voll und erbrachen sich nach Bedarf.

Das Honigwassertrinken sei ein alter Brauch, erklärte mir Waitó und
wollte hören, es sei ein schöner Brauch.

„Früher tanzten wir dabei am Abend und die ganze Nacht. Die jungen
Leute machen aber keinen Federschmuck mehr und wollen auch nicht
mehr tanzen", fügte er traurig hinzu. Die Besuche bei den Weißen und
bei den „zivilisierten" Indianern von São Luis waren doch nicht ohne
Einfluß geblieben auf die Sitten der Tupari. Selbst auf eine solche Entfernung wirkte die Öde des Gummisammlernestes am Rio Branco. Dort
gab es keine Kultur, sondern nur gieriges Haschen nach schnellem Er-
werb und unfruchtbares Vegetieren. Die Weißen hatten den Indianern
nicht mehr zu geben als vielleicht eine Axt oder ein Messer und gelegentlich ein Hemd oder eine Hose. Sie nahmen ihnen aber unvermerkt weg,
was die Alten an sinnvollen Bräuchen überliefert hatten. Mancher Tupari
erkannte die Gefahr der vordringenden „Civiliçado"-Sitten. Aber viele
Stammesgenossen träumten von Hemd und Hosen, Pulver und Blei,
Tárüpa-Salz und Zucker, und weiß Gott, was in zehn oder zwanzig
Jahren ein Besucher in jenen Urwäldern noch antreffen wird. —

Aller Mais war ausgesät, und von den köpfefressenden Hamno sprach kaum noch jemand. Da fragte ich den Häuptling wieder einmal, wann wir endlich nach São Luis ziehen würden. Die Frauen hatten eben einen Berg von Yuca- und Yamsknollen aus seiner Pflanzung geholt und das Festefeiern schien von neuem zu beginnen.

„Wir werden diese meine Chicha trinken und singen und tanzen", antwortete Waitó. „Dann holen die Frauen Yuca vom Felde Iad's und wir werden nochmals Chicha trinken und singen und tanzen. Wenn die Chicha ausgetrunken ist, gehen wir nach São Luis."

Ich hatte mich daran gewöhnt, dem Häuptling nicht zu widersprechen. So unterwarf ich mich auch seinen letzten Anordnungen, obwohl ich fürchtete, die Regenzeit könnte schon in den nächsten Tagen mit aller Kraft einsetzen.

Noch zwei Chichafeste! Das bedeutete: drei Tage brauen und drei Tage trinken, und dann nochmals je drei Tage brauen und trinken!

Ich hatte also noch fast zwei Wochen Zeit und konnte mir überlegen, was ich von den Tupari eintauschen und mit in die Schweiz nehmen wollte. In meinen Säcken und Kistchen und auf dem Gestell über meinem Lager sammelten sich immer mehr Dinge an: Pfeile, Bogen, Espadas, eine Steinaxt und andere sonderbare Werkzeuge aus Knochen, Nagetierzahn und Schneckenhäusern, ferner Feuerbohrer, Spindeln, Nadeln aus Palmholz und Affenknochen, niedliche Kämme, Löffel aus Fruchthülsen, Kochkellen, geschnitzte Hocker, Hängematten, Tragnetze, Arbeitstaschen, Schmuckgegenstände aller Art, Blasinstrumente und Knochenpfeifen.

Worauf die Tupari besondere Sorgfalt verwendet oder womit sie viel gearbeitet hatten, das gaben sie nicht aus der Hand, ohne daraus zuvor mit zeremoniösen Gebärden ihren „Atem" zu essen, wie sie es nannten. Ihr Atem war in der langen Zeit in diese Gegenstände hineingegangen, und ich durfte ihn unter keinen Umständen mit mir forttragen, sondern sie mußten ihn mit magischen Gestikulationen wieder zu sich nehmen. Manchem Indianer und mancher Indianerin fiel es nicht leicht, ihre Sachen herzugeben. Besonders die Zauberer trennten sich schweren Herzens von den Gerätschaften, die sie während der Geisterbeschwörungen gehandhabt hatten. Aber alle erhielten einen angemessenen Kaufpreis und schienen mit dem Handel zufrieden.

Auch für eine andere Angelegenheit hatte ich noch eine Galgenfrist. Ich konnte behutsam weiterfragen nach den Geistern, mit denen die Tupari den Himmel bevölkert glauben und nach dem Ursprung der Menschheit in der Vorstellung der Indianer. So erfuhr ich noch viel Erstaunliches.

„Es war einmal eine Zeit, da gab es auf der Erde noch keine Menschen und im Himmel keine Kiad-pod. Da war nur ein großer Felsblock, schön und glatt und glänzend. Dieser Felsblock aber war eine Frau. Eines Tages spaltete er sich und gebar unter Strömen von Blut einen Mann. Das war Waledjád. Und nochmals spaltete sich der Fels und gebar einen zweiten Mann. Der hieß Wab. Beide waren Zauberer. Sie hatten aber keine Frauen, und so machten sie sich Steinbeile und fällten zwei Bäume. Dann erschlugen sie einen Agutí, nahmen seine vorderen Zähne heraus, und damit schnitzte sich jeder ein Weib.

So entstanden auch die anderen Urzauberer, die Wamoa-pod — die einen aus dem Wasser, andere aus der Erde.

Waledjád war ein böser Zauberer. Er wurde sehr oft zornig, und jedesmal, wenn er zornig wurde, regnete es. So überschwemmte er das ganze Land, und viele Wamoa-pod kamen um. Die Überlebenden dachten hin und her, wie sie Waledjád loswerden könnten. Einer der Urzauberer, Arkoanyó, versteckte sich auf einem Baum und schüttete flüssiges Bienenwachs über den vorbeigehenden Waledjád. Das verklebte ihm die Augen, Nasenlöcher und Finger. So konnte er keinen Unfug mehr treiben. Und dann wollten sie ihn weit weg schaffen. Viele Vögel versuchten ihn aufzuheben und fortzutragen. Aber sie waren alle zu klein. Endlich fand sich ein großer Vogel, der stark genug war. Er packte Waledjád und flog mit ihm weit nach Norden. Dort setzte er ihn ab, und da lebt Waledjád noch heute in einer steinernen Hütte. Und wenn er zornig wird, dann regnet es bei uns.

Ein anderer böser Zauberer hieß Aunyain-á. Der hatte große Hauer wie ein Eber und pflegte die kleinen Kinder seiner Nachbarn aufzufressen. Endlich beschlossen diese, dem Unhold zu entfliehen und die Erde zu verlassen. Eines Tages ging Aunyain-á in den Wald, um ein Mutum-Huhn zu schießen. Da kletterten sie an einer Liane hoch, die vom Himmel zur Erde herunterhing. Damals war der Himmel noch nicht so weit oben wie heute, sondern er hing ganz nahe zur Erde herab.

Als Aunyain-á von der Jagd zurückkam, fand er die Nachbarn nicht mehr. Er fragte einen Papageien, wohin sie gegangen wären. Der

Papagei schickte ihn an den Fluß, doch Aunyain-á fand keine Spuren im Sand. Da lachte ihn der Papagei aus und sagte ihm, alle Nachbarn seien in den Himmel hinaufgeklettert. Aunyain-á wurde wütend und wollte den Papageien erschießen. Aber er traf ihn nicht.

Da ergriff Aunyain-á die Liane, um die Flüchtlinge einzuholen. Der Papagei jedoch flog schnell hinauf und begann die Liane durchzubeißen. Aunyain-á stürzte herunter auf die Erde und blieb zerschmettert liegen. Aus seinen Armen und Beinen wuchsen die Kaimane und Iguane und aus seinen Fingern und Zehen kleine Eidechsen vieler Art. Den Rest fraßen die Aasgeier. Seit jener Zeit wohnen die Urzauberer im Himmel droben. Das sind die Kiad-pod. Einige wenige blieben noch auf der Erde. Aber die leben sehr weit weg von hier.

Viele der Kiad-pod sehen aus wie Menschen, nur haben sie ihre Absonderlichkeiten. Der eine spricht durch die Nase, der andere hat ein schiefes Maul, und ein dritter, Wamoá-togá-togá, hat einen spannenlangen Bauchnabel. Und alle haben am Hinterkopf keine Haare."

— Es gab aber auch Urzauberer in Tiergestalt in diesem Himmel. Da war ein Pfeifaffe, ein schwarzer Affe, ein Brüllaffe und viele andere. Auch sie wären richtige Zauberer, sagten die Indianer.

„Sie können sprechen und singen wie Menschen. Und wenn in der Maloca hier die Zauberer Tabak und Aimpä schnupfen, dann fährt das Pulver auch jenen himmlischen Affen in die Nase: sie niesen und fahren vom Himmel auf die Erde herunter, um an den Zauberzeremonien Waitó's teilzunehmen. —

Gewöhnliche Menschen können diese Himmelsbewohner nicht sehen. Nur die Zauberer verkehren mit ihnen während der Geisterbeschwörungen. Dann kommen die Kiad-pod in die Maloca, und die Seelen unserer Zauberer fahren in den Himmel und wandern durch die entferntesten Gegenden der Erde. Dort erhalten sie von den Geistern geheimnisvolle gelbe Körner, das *Pagab*. Mit dem Pagab verhexen und töten die Zauberer ihre Feinde."

Ein paar dieser goldgelben Körner schenkte mir Waitó zum Andenken. Eines Tages rief er mich mit besonders feierlicher Miene zu seinem Lager. Dort holte er eine der langen, dicken Rindenröhren herunter, die ihm zum Aufbewahren von Pfeilen, Schmuck und vielem anderen dienten. Und nun zog er seine Zaubermittel heraus.

„Die Tupari alle und die Arikapú, Jabutí, Wayoró, Makuráp und Aruá haben furchtbare Angst davor . . ." — der Oberzauberer kramte aus dürren, verstaubten Maisblatthüllen kleine gelbliche Körner hervor, die wie Copal-Harz aussahen. In gewichtigem Ton erzählte er mir, von welchem himmlischen Geist er die einzelnen Körner erhalten hätte im besagten geheimnisvollen Verkehr. Und von jedem dieser Wesen wußte er das Leiblied zu singen. Denn nicht nur die Menschen und die Pabid, die Totenseelen, könnten singen, sondern auch die Kiad-pod. Die Affen, Krokodile, Gürteltiere und Vogelspinnen nicht ausgenommen. Er, Waitó, habe sie aufmerksam belauscht auf den Fahrten durch das Weltall, die seine Seele während der Zauberzeremonien zu unternehmen pflegte.

Auch Bröcklein von rotem Urucú erhielt ich von dem großzügigen Oberzauberer. Die habe er eines Nachts vom Ende der Welt herbeigeholt, so sagte er. Dort besäße ein einsames Urzaubererpaar große Pflanzungen von Urucú-Stauden und bereite die Farbe in seinen Kochtöpfen.

Mit der Herkunft der Menschen habe es gleichfalls seine besondere Bewandtnis, wußten die Tupari zu berichten:

„Es ist schon lange her, da gab es auf der Erde noch keine Tupari und auch keine anderen Menschen. Unsere Vorfahren lebten unter der Erde, wo nie die Sonne scheint. Sie litten großen Hunger, denn sie hatten nichts zu essen als elende Palmfrüchte. Eines Nachts entdeckten sie ein Loch in der Erde und kletterten heraus. Das war nicht weit vom Zelt der Urzauberer Arotä und Towapod. Da fanden sie Erdnüsse und Mais. Sie aßen davon, und am Morgen verschwanden sie wieder in dem Loch zwischen den Steinen, wo sie hervorgekommen waren. So taten sie Nacht für Nacht. Arotä und Towapod glaubten, es seien die Agutí-Hasen, die ihnen die Feldfrüchte stahlen. Eines Morgens aber sahen sie die Spuren der Menschen und fanden das Loch, aus dem sie herauszukriechen pflegten. Mit einer großen Stange stocherten sie in dem Loch herum und hoben die Steine auf. Da begannen die Menschen herauszuströmen in großen Scharen, bis die Urzauberer das Loch wieder zumachten.

Die Menschen waren jedoch häßlich anzusehen. Sie hatten lange Eckzähne wie die Wildschweine, und zwischen den Fingern und Zehen wuchsen ihnen Schwimmhäute wie den Enten. Arotä und Towapod brachen ihnen die Hauer ab und formten ihre Hände und Füße. Seither haben die Menschen keine langen Hauer und keine Schwimmhäute mehr, sondern schöne Zähne und Finger und Zehen.

Viele Menschen blieben in der Erde drin. Sie heißen „Kinno" und leben dort heute noch. Wenn auf der Erde einmal alle Menschen gestorben sind, dann kommen die Kinno aus dem Boden heraus und werden hier leben. —

Die Menschen, die Arotä aus der Erde herausgelassen hatte, fanden aber nicht alle Platz am selben Ort. Wir Tupari blieben hier, die anderen

wanderten weit weg nach allen Seiten. Das sind unsere Nachbarn: die
Arikapú, Jabutí, Makuráp, Aruá und alle anderen Stämme."
„Auch die Brasilianer, die Bolivianer, die Amerikaner, die Deutschen
und der Stamm deines Vaters, die Suissos, alle kommen von hier und wanderten vor langer Zeit weg, weil zu viele Menschen beieinander waren",
fügte Waitó hinzu und ordnete somit auf einfache Weise die neuerworbe-
nen Kenntnisse der Geographie in seine Weltanschauung ein.
In den vergangenen Monaten hatte er nämlich keine Gelegenheit ver-
säumt, sich die Musik und die fremden Stimmen anzuhören, wenn ich
Radio spielte. Ja, oft hatte er mich selber aufgefordert, den Radioapparat herauszuholen. *„Abtsi-ämaä-iab"* nannte er ihn, „deines Vaters
Sprachbehälter". Ich hatte versucht, ihm so gut wie möglich zu erklären,
daß die Sänger und Musikanten nicht im Kasten drin saßen, sondern
daß die Stimmen aus den fernen „Malocas" fremder Stämme herkamen,
wo die Leute eben am Plaudern, Singen und wohl auch am Trinken und
Tanzen waren. Von da an wollte Waitó bei jeder Sendung wissen, wie
der betreffende Stamm heiße, der also redete und musizierte, in welcher
Richtung er wohne und ob er weiter weg oder näher sei als dieser oder
jener andere.
Und meine Erklärungen hatten ihn immer wieder zu tiefem Nachdenken
veranlaßt. War er denn nicht der große Zauberer, dessen Seele während
der Zeremonien und im Schlafe nicht nur bis an das Ende der Welt,
sondern im ganzen Universum herumschwebte? Wie war es da möglich,
daß er von all jenen Völkern nichts gesehen hatte? Und wie konnte er
solche Unwissenheit vor seinen eigenen Stammesgenossen rechtfertigen?
Durch meinen Radioapparat waren seine geheimnisvollen Wanderungen
wohl manchem zweifelhaft geworden. Nur zu gern hätte ich gewußt,
wie der kluge Mann sich aus diesen Schwierigkeiten helfen werde. —

Über die Begründung des Menschengeschlechtes und den Grund unseres
erträglichen Aussehens wußte ich nun also Bescheid: beides verdanken
wir den zwei Himmelszauberen Arotä und Towapod. Und nach der
Meinung der Tupari steht es noch heute mit der Zeugung eines jeden
Menschen nicht viel anders.
Wohl wissen die Tupari gut genug, „woher die Kindlein kommen". Aber
sie glauben, damit sei der Sache durchaus nicht Genüge getan. Eine Frau
kann nicht guter Hoffnung werden, wenn nicht einer der zwei Urzauberer Antabá und Kolübä in dunkler Nacht zu ihr herunterschwebt und
ein Kindlein bringt. Diese Kinder wachsen den beiden Kiad-pod aus dem
Fleisch heraus und sind etwa eine Spanne groß. Die Himmelsgeister lösen

sie von ihrem Körper, nähern sich damit einer schlafenden Frau und zaubern ihr eines der wimmernden kleinen Wesen in den Schoß. Da wächst es und wird groß und kommt endlich zur Welt. Wollen aber diese Himmelszauberer einer Frau keines ihrer Kindlein bringen, so kann sie nie gebären.

Stundenlang hörte ich den Indianern zu, suchte immer wieder die Rede auf die mysteriöse Welt der Geister zu bringen und fragte und fragte...

So kam der ersehnte Tag der Abreise noch viel zu schnell heran. Iad's Chicha war am Ausgehen. Es war schon der dritte Morgen seines Trinkgelages. Waitó holte mich mit dem Buschmesser in der Hand.

„Gehen wir auf das Yuca-Feld zum Unkrautputzen", sagte er.

„Ja, geh nur ruhig", erwiderte ich, „ich werde inzwischen mein Gepäck ordnen."

Aber da war ich an den Falschen geraten.

„Wenn die Sonne dort oben steht, kannst du immer noch einpacken", war die Antwort Waitó's „jetzt gehen wir arbeiten."

Seine Miene ließ keine Entgegnung zu. Von ein paar Männern und Burschen begleitet zogen wir auf das Feld und arbeiteten den ganzen Vormittag. Die vor ein paar Wochen gesetzten Yuca-Stecklinge standen etwa kniehoch. Aber auch das Unkraut war nicht zurückgeblieben, und manche Baumstümpfe hatten wieder ausgeschlagen, als wollten sie in einem Jahr schon die Pflanzung, die uns so viel Schweiß gekostet hatte, überschatten und ersticken.

Endlich schien es dem Häuptling genug. Er entließ seine Mitarbeiter und führte mich dann quer über das Feld und durch den Wald zu der neuen Rodung, auf der wir kürzlich Mais gesät hatten.

Da sah es betrüblich aus. Der erwartete Regen war ausgeblieben. Nur an schattigen Stellen schimmerte das Feld hellgrün. Wohin die Sonne jedoch traf, hatten die Körner zwar ausgeschlagen, aber die Pflänzchen waren vertrocknet, bevor sie richtig Wurzel fassen konnten. Nachdenklich kehrte Waitó zur Hütte zurück und machte sich hinter seine Chicha.

Es wurde Abend. Der letzte Abend bei den Tupari-Indianern. Die Dunkelheit brach herein. Fast alle Chicha-Häfen standen leer. Männer und Frauen lagen in ihren Hängematten. Nur die Buben waren noch übermütig und tanzten mit mir im Hause herum. Zum letztenmal sangen wir die Tanzlieder, die ich zwar zum größten Teil nicht verstand, die mir in diesen Monaten aber doch so vertraut geworden waren. Mir wurde ganz elend zumute, und ich hätte wohl heulen mögen.

Da merkten die Jungen, wie mir ums Herz war. Sie verstummten. Schweigend setzten sie sich zu mir und hingen ihren eigenen Gedanken nach. Als ich endlich in der Hängematte lag, döste ich nur kurze Stunden und wachte dann mit trübseligen Gefühlen dem Morgen entgegen.

Beim ersten Dämmern brachte mir die junge Watsüraitá, Kumbiri's Frau, eine Schale voll frischer, schmackhafter Yams-Chicha. Sie hatte mit ihren Schwiegergroßmüttern die ganze Nacht gekocht, gemahlen und gesiebt, und die Chicha war noch warm wie eine gute Morgensuppe.

Das war das letzte Frühstück, das mir die Tupari-Frauen reichten. Ich holte den nahrhaften Satz aus der Schale heraus, leckte die Finger ab und trug dann mein Gepäck auf den Platz hinaus. Etwa zwanzig Männer und Burschen sollten mich begleiten. Aber sie schienen noch nicht ganz einig, wer die Reise wagen und wer lieber zu Hause bleiben wollte.

Da trat der Häuptling Waitó mit traurigem Gesicht hinzu.

„Ich kann nicht mit dir nach São Luis gehen. Ich bleibe hier", sagte er und gab mir eine lange Erklärung. Der Mais, den wir gesät hatten, war vertrocknet und mußte nachgepflanzt werden. Tat er das nicht selber, so wurde es überhaupt nicht gemacht, und dann gab es keinen Mais für die Chicha seiner Leute. Das Yuca-Feld war von Unkraut überwuchert und mußte gereinigt werden. Und zudem bestehe seine junge Frau Apinuitsa darauf, daß er gleich frische Palmfasern holen gehe in die ferne Savanne. Sie wollte ein neues Tragnetz knüpfen als Ersatz für das alte, das sie mir verkauft hatte. Denn eine Tupari-Frau ohne Tragtasche ist wie ein Soldat ohne Gewehr. — An dem Entschluß des Häuptlings war nicht zu rütteln. Seine Pflichten als Häuptling und Hausvater gingen ihm über alles.

So gab er mir die letzten Ermahnungen. Ich solle nicht vergessen zurückzukommen, sobald ich meine Familie besucht habe. Er werde für lange Zeit die Behausung der Tupari nicht verlegen. Hier war der Boden ringsum gut. Es gab keine Moskitos und es starben wenig Leute. Auch sei es von hier nicht weit nach den Savannen, um Pfeilrohr und Schnupfsamen zu holen, und die Wälder mit guten Faserpalmen und Harzbäumen seien leicht zu erreichen. Weiter nach Osten oder Norden zu ziehen käme schon gar nicht in Frage, denn dort hausten die wilden Hamno. So könne ich ihn also leicht finden, wenn ich wiederkomme.

Auch an den „Alemão", Herrn Angele, hatte er manches zu bestellen. Ich solle ihm sagen, er, Waitó, würde gern nach São Luis arbeiten gehen, aber er hätte viel zu tun hier auf den eigenen Pflanzungen. Und schließlich sollte ich nicht vergessen, ihm von São Luis die versprochene Feldhacke und eine Stange Seife zu schicken. Beides könne ich seinem Bruder Iad mitgeben.

*Ein Baumstamm als Brücke über den Rio Branco ist den Frauen nicht sicher
genug. Erst das wackelige Geländer scheint ihnen Mut zu verleihen.*

Wieder in die Zivilisation. Nach fast halbjähriger Abwesenheit kehren wir aus dem Urwald nach São Luis zurück.

Während die Sonne sich über den Waldrand schob, prüften die Männer auf dem Platz die Gepäckstücke und verteilten das Gewicht. Ich knüpfte meine Hängematte ab. Das war ein symbolischer Akt, auf den die Frauen und Kinder gewartet hatten. Sie stellten sich rings um den Fleck, an dem ich gewohnt hatte. Er schien mir leer und trostlos.

Da kamen Kamatsuka, die Häuptlingsfrau, und Tonga zu mir.

„Zieh das Hemd aus", befahl mir Kamatsuka. Verblüfft sah ich sie an. Sie wollte doch nicht etwa mein Hemd als Andenken behalten?

„Ja, das Hemd ausziehen!" wiederholte sie energisch und zerrte am Ärmel. Ich merkte, daß sie etwas Besonderes vorhatte, und fügte mich der rabiaten Indianerin. Unverzüglich machten sich die zwei Frauen daran, mir mit beiden Händen über den Kopf, das Gesicht, den nackten Rücken, Brust und Arme zu streichen, und sie führten dazu seltsame Gebärden und Schluckbewegungen aus, gleich wie die Männer und Frauen mit ihren Geräten verfahren waren, bevor sie mir diese verkauften.

Kamatsuka sah mein erstauntes Gesicht.

„Wir haben für dich gekocht und dir zu essen gegeben", erklärte sie. „Jetzt müssen wir unseren Atem wieder essen."

Und sie fuhr mit ihrer sonderbaren Beschäftigung noch eine Weile fort. Damit nicht genug, brachten mir ein paar Mütter ihre kleinen Kinder und hießen mich meinen Atem aus ihnen herausessen.

„Du hast doch mit ihnen gespielt und sie herumgetragen!"

Nun durfte ich unmöglich von dannen ziehen, ohne meinen Atem, der dabei in die Kinder hineingegangen war, wieder ganz in mich zurückzunehmen. Er könnte mir später fehlen.

Da kam mir in den Sinn, daß Tonga, die Häuptlingsbase, mich in all diesen Wochen nie um ein Geschenk gebeten und mir auch nie ein Tauschgeschäft vorgeschlagen hatte. Zwar konnte ich nicht vergessen, wieviel Kopfzerbrechen sie mir mit ihren unglaublich ausdauernden Liebeswerbungen verursacht hatte. Aber trotz allem: sie war eine gute Seele gewesen und hatte viel für mein leibliches Wohlergehen gesorgt. So wollte ich ihr zum Abschied ein kleines Andenken hinterlassen.

„Was möchtest du von meinen Sachen haben?" fragte ich sie. „Einen Spiegel? Einen Kamm? Oder was?"

Tonga schaute mich aus ihren schielenden Augen an und antwortete leise:

„Wozu willst du mir etwas geben? Du gehst jetzt fort, und ich werde hier sterben."

Ich traute meinen Ohren nicht. Konnte ein nacktes Indianerweib, konnte eine „Wilde" so etwas überhaupt sagen?

„*Kadke?* — Was sagst du?" stammelte ich verwirrt.

Sie wiederholte die gleichen Worte: „*Ätära-nä-kä-än, — unän wäpa-roara-ko-on harä.* — Du gehst weg, und ich sterbe hier ..."

Aber schon begannen die Weiber auf sie einzureden. Allen voran ihre Freundin Kamatsuka. Ich konnte mir wohl denken, was das eifrige Geschwätz bedeutete: sie solle doch keine dumme Gans sein, sondern die Gelegenheit benützen — und dergleichen gute Ratschläge. Zögernd trat Tonga zu mir, ohne mich anzusehen, und sagte schüchtern, sie möchte einen Kamm haben. Ich gab ihr einen Kamm. Die Freundinnen beguckten das Stück, stießen Laute des Entzückens aus und tuschelten dann weiter auf Tonga ein. Nach einer Weile rückte sie mit einem zweiten Wunsch heraus: sie wollte noch gern ein Spiegelchen. Auch das bekam sie, und sie reichte mir als Gegengeschenk ihre Halsketten: einfache Schnüre, auf die sie weiße und rotschwarze Samen gereiht hatte.

Das war mein letztes Geschäft.

Meine Träger verschwanden schon einer nach dem andern im Wald, jeder mit seinem Bündel und der zusammengerollten Hängematte auf dem Rücken. Ich trat zum Häuptling und reichte ihm die Hand. Er hatte zum Abschied wieder Hemd und Hosen angelegt und den alten Filzhut aufgesetzt. Auch die andern Tupari standen vor dem Hause und warteten, daß ich mich von ihnen verabschiede. Der alte Walätä unterrichtete mich vorsorglich, wie ich zur Anmeldung die mehr als einen Meter lange Kürbistrompete zu blasen hätte, wenn ich mich der Maloca meines Vaters nähern werde.

Da spürte ich, wie mir die Tränen in die Augen stiegen. Und ich war nicht fähig, noch ein Wort zu sagen. Ich schwang das Proviantsäcklein auf den Rücken, drehte mich schnell weg und lief meinen Reisegefährten nach.

Als ich um die Ecke des Pfades biegen wollte, hörte ich hinter mir viele Stimmen:

„Francisco, Francisco ..."

Ich sah mich um. Da standen alle Tupari und winkten mit den Händen, mit Pfeilen und Espadas und schrien etwas zum Abschied. Ich winkte zurück, aber ich brachte keinen Laut mehr aus der Kehle. Hastig wandte ich mich ab und stapfte hinter meinen Begleitern her.

„Du gehst weg — und ich werde hier sterben", klang es mir noch lange in den Ohren.

Zürich, im September 1949:

Fast ein Jahr ist vergangen, seit ich die Maloca der Tupari verließ.
Neun Tage waren wir jagend und sammelnd durch den Urwald gezogen, waren bei den Arikapú und den Jabutí eingekehrt oder hatten
unter freiem Himmel genächtigt. Auch Tomás Antonio trafen wir
wohlauf. Der alte Häuptling, Zauberer und Giftmischer hatte die böse
Krankheit überwunden. Wir blieben zwei Tage bei ihm. Seine Frauen
mußten ein paar Häfen Chicha brauen, und Tomás Antonio ließ sich
alles zeigen, was ich bei den Tupari erhandelt hatte. Er schien ein
guter Waffenkenner. Nicht umsonst stand er im Ruf, noch vor wenigen Jahren die Hütte seines Nachbarn Tababá beinahe von Männern
geleert zu haben in einem heimtückischen, unerbittlichen Kleinkrieg.
Am letzten Marschtag stießen ein paar Gummisammler zu uns, unter
ihnen auch André, der Massenmörder. Daß sie just mit uns zusammen-
trafen, machte ihnen großes Vergnügen. Sie wollten meine Rückkehr
in die „Zivilisation" würdig ankünden helfen. Alle luden ihre Flinten,
und als wir im Gänsemarsch aus dem Walde heraus in die Lichtung
traten und die Hütten von São Luis vor uns auftauchten, ertönte ein
ohrenbetäubendes Schießen aus Jagdbüchsen und Revolvern.
Und nicht nur die Bewohner des Kampamentes begrüßten uns. Da
stand vor dem Verwaltungsgebäude auch der Besitzer dieser ungeheuren Wälder, klein und beinmager, wie ich ihn in Guajará kennengelernt hatte. In seiner Mission als Polizeichef am oberen Guaporé war
der „Alte" mit zwei Soldaten gekommen, um auch in seinem Betrieb
Ordnung zu schaffen.
Zwei von den drei Mitgliedern dieses Unternehmens waren jedoch
schon invalid: der Chef und ein Soldado waren unten am Fluß auf
eine Stachelroche getreten — der eine konnte mit seinem geschwollenen Fuß keinen Schritt mehr gehen, und der andere kam nicht einmal in seinen Schuh hinein. So schien es übel bestellt um die Verfolgung zweier flüchtiger Missetäter. Einer, ein kolossaler Neger, hatte
eine kleine Indianerin eingefangen, an einen Baum gebunden, ver-
gewaltigt und obendrein noch ausgepeitscht. So lauteten die Gerüchte,
und natürlich zitterten alle Frauen von São Luis vor dem Gewalt-
menschen und wagten sich kaum mehr vor die Tür. Der andere An-
geklagte war ein ganz übler Bursche, wiegelte seit langem die Arbeiter
zum Aufruhr auf und hatte sogar einem Jabutí-Indianer eine Flinte ver-

sprochen, wenn er Herrn Angele hinterrücks umbringe.

Die zwei Kerle waren zwar nie dicke Freunde gewesen. Als sie aber hörten, daß eine Polizeikommmssion nach São Luis komme, waren sie miteinander ausgerissen und hatten mitlaufen lassen, was sie auf ihren starken Schultern tragen konnten.

Noch mit manchem seiner Arbeiter hatte Senhor R. ein Hühnchen zu rupfen. Der eine hatte dies oder jenes gestohlen, ein zweiter ein halbwüchsiges Mädchen entführt. Andere wieder waren ertappt worden, als sie mit Sack und Pack den Fluß hinunterruderten statt ihre Schulden abzuarbeiten. Das wenigste, was gegen die Sünder vorgebracht wurde, war, daß sie leichtsinnig für Tausende von Cruzeiros Lebensmittel und andere Waren bezogen und ein fröhliches Leben führten, statt zu arbeiten und ihre Schulden zu bezahlen. Auch Frauen- und Mädchenhandel gab es in diesen Wäldern. Dagegen einzuschreiten war aber schon darum schwer, weil die Indianer selbst gelegentlich ihre Töchter oder Schwestern dem meistbietenden Gummisammler verkauften, gewöhnlich für eine Axt und ein Buschmesser oder um eine Flinte. Zudem schien es manchem dieser Weiber sogar zu gefallen, von den weißen und schwarzen Fremden als eine kostbare Ware von Hand zu Hand verschachert zu werden.

Frevel an den Gummibäumen, Verleumdung, Hausfriedensbruch, Erpressungsversuche und dergleichen mindere Vergehen konnten schon gar nicht geahndet werden. Sonst hätte beinahe die ganze Belegschaft nach Guajará oder Porto Velho ins Gefängnis wandern müssen. Was wunder, daß der „Alte", der hier zugleich klagende Partei und Untersuchungsrichter war, fand, er hätte besser im alten, bescheidenen Stil wie vor Jahren nur mit den Indianern und den notwendigsten weißen Angestellten gearbeitet. Stattdessen hatte er sich durch die Hochkonjunktur der vergangenen Kriegsjahre verleiten lassen, sein einträgliches Besitztum mit einer Horde von Nichtstuern zu überschwemmen, die ihm nicht nur keinen Gewinn einbrachten, sondern viel aßen, wenig arbeiteten und die ehemals fleißigen indianischen Arbeiter noch mit ihrer Faulheit ansteckten und obendrein offen gegen den Patron aufhetzten.

Mehr aber als die weißen und schwarzen Halunken fühlten sich die unschuldigen Tupari durch die Anwesenheit der Polizeitruppe bedroht: das waren die Leute vom Stamm der „Soldados", die nur darauf ausgingen, die Menschen einzusperren, zu quälen und umzubringen.

Und noch etwas verleidete meinen Begleitern den Aufenthalt in dem Kampament. Mit dem „Alten" waren vom Guaporé herauf zwei oder drei Ruderer mit Schnupfen gekommen und hatten die Indianer angesteckt. Im Nu lag die Hälfte der Tupari krank in den Hängematten. Sie niesten und husteten in einem fort. Der Kopf und die Brust begannen ihnen zu schmerzen, sie bekamen hohes Fieber und sahen schon den Tod herannahen, der in dieser Weise ja beinahe ihren ganzen Stamm ausgerottet hatte. Der Indianerweiler war ein Feldlazarett, aber ein ganz armseliges. Denn die Tupari hatten weder ein Bett noch ein Hemd noch eine Decke oder sonst eine der Bequemlichkeiten, ohne die man sich ein Krankenlager nicht vorstellen kann.

Der Senhor Regino, der alte Indianerfreund, tat was er konnte, um den ratlosen Patienten beizustehen und das schlimmste zu verhüten. Täglich ließ er einen Absud von der Rinde des „Aimpä"-Baumes kochen, und jeder Tupari, krank oder gesund, mußte am Morgen ein paar Schlücke von dem dunklen und scheußlich bitteren Zeug trinken. Ein Arikapú-Zauberer, der uns begleitet hatte, wandte alle erdenklichen magischen Künste an, und ich versuchte mein Glück mit den paar Cibazol- und Aspirin-Tabletten, die mir noch geblieben waren. Auch achteten wir darauf, daß die fiebrigen Indianer sich nicht abkühlen gingen im kalten Wasser des Bächleins.

So starb uns wenigstens keiner der armen Kerle. Als aber nach etwa vierzehn Tagen das gröbste überstanden war, gab es kein Halten mehr. Die Tupari wollten weg von den Behausungen der Weißen, die sich wieder einmal mehr als Tummelplatz böser Geister und Brutstätte scheußlicher Krankheiten erwiesen hatten. Bei den Arikapú wollten sie dann drei Tage bleiben und Tabak und Aimpä schnupfen, sagten sie. So würden sie den Katarrh „hinauswerfen" und gesund zu ihren Familien zurückkehren, die dort im Osten, acht Tage hinter Wäldern und Hügeln, auf ihre Väter, Brüder und Söhne warteten.

Ich gab jedem seinen Trägerlohn: ein Messer, Nadeln, Faden, wohlriechendes Haaröl, auf das sie besonders erpicht waren, und was ich sonst noch in meinen Säcken fand. Iad erhielt für seinen Bruder Waitó die versprochene Feldhacke und Seife, und auch dem Häuptling Kuarumä schickte ich eine gute Hacke, damit er nicht hinter seinem Amtsbruder zurückstünde.

Betrübt nahmen wir voneinander Abschied. Noch einmal wurde ich ermahnt, bald wieder zurückzukehren — dann verschwanden die nackten Männer mit ihren Bündelchen im Walde. —

Wenige Tage darauf fuhr die Polizeikommission mit einer Auslese der vielen Angeklagten in zwei Kähnen den Rio Branco hinunter. Ich glaube aber nicht, daß ein einziger von ihnen ins Gefängnis oder auch nur vor den Richter kam. Es scheint der Hitze des Urwaldes eigen zu sein, daß sie das Gedächtnis seiner Bewohner merkwürdig trübt und ein grenzenloses Verständnis für alle menschlichen Schwächen erweckt. Was anderswo als

Verbrechen gilt, das ist in dieser Wildnis tägliches Brot. Und so vergessen sogar Polizeikommissare leicht kapitale Obliegenheiten oder sehen sie in einem andern Licht. Sie mögen zwar in einem Wutanfall manche Rohheit verfügen, die nicht im Reglement und in keinem Strafkodex steht. Aber das Leben führt sie ebensooft dazu, ein Auge oder auch beide zuzudrücken und fünfe grade sein zu lassen. —
Unvermutet hatte der „Alte" auch mir einen gelinden Schrecken eingejagt. Durch ihn erfuhr ich erst, daß es das brasilianische Gesetz verbietet, Indianer im Urwald aufzusuchen —, ja, daß die Verletzung dieser Bestimmung mit drei Jahren Zuchthaus geahndet werden kann. Fremde Reisende, Gummisammler oder Forscher, dürfen nur mit besonderer Erlaubnis der Regierung in jene Urwälder eindringen, und auch dann nur in Begleitung eines Funktionärs des staatlichen Indianerschutzdienstes. Seinerzeit in Guajará hatte mich Senhor R. selber zum Besuch der Tupari aufgemuntert. Doch nun warnte er mich: Vor ein paar Monaten war für die Guaporé-Gegend ein neuer Indianerschutz-Inspektor eingesetzt worden, der sich bereits über meine Reise an den Rio Branco informiert und mehrfach eingehend nach meinem Treiben erkundigt hatte.
Das war eine schöne Geschichte! Wollte der eifrige Herr Inspektor wirklich nach dem Buchstaben des Gesetzes verfahren, so konnte er mich jederzeit abfangen, einstecken lassen und mein Hab und Gut beschlagnahmen. Dann hatte ich meine Indianerpfeile und Bogen, meine Filme und Tagebücher wohl zum letztenmal gesehen! Jetzt aber half kein Überlegen. Es war zu spät, um mich an Gesetze zu halten, von denen ich nichts geahnt hatte, und noch zu früh, um mir darüber graue Haare wachsen zu lassen.
Anfang Dezember verließ ich die Gummibaracke, ein Lastkahn trug mich und mein Gepäck zusammen mit ein paar Tonnen Gummi flußabwärts. Drei Tage vor Weihnachten erreichten wir die Mündung. Der Guaporé war schon hoch gestiegen und bedeckte den Strand beinahe bis zur Uferböschung. In der Hütte Amando's hatte sich in den sieben Monaten wenig verändert. Unter dem offenen Dach hatte er einen kleinen Verschlag anbringen lassen, hinter dem er sich in der Hängematte wiegte und wo auch seine Siebensachen lagen. Der Säugling hatte inzwischen laufen gelernt und konnte schon ein paar Worte sprechen. Noch immer weinte er häufig wegen der giftigen Ameisen und der Moskitostiche.
Ich blieb lange bei Amando: über Weihnachten und Neujahr bis Dreikönige. Denn sein Gehilfe Jordão, oder Toptö, wie ihn die Tupari, seine Stammesgenossen, nannten, taute von Tag zu Tag mehr auf, und ich erfuhr von ihm noch vieles, worüber mich Waitó und seine Leute hatten im Unklaren lassen müssen.

Er erzählte mir die Liebes- und Ehegeschichten aller Stammesgenossen, so weit er sich erinnern konnte. Er wußte, welche Frauen ihre Männer gewechselt hatten, bis sie endlich ein Kind bekamen und ihr Schicksal besiegelt war. Er kannte die Gründe, warum mancher Mann seine Frau zu verprügeln pflegte oder sie gar fortschickte. Und er berichtigte endlich auch die Liste der Mörder und brandmarkte als Verleumdung, was mir übelwollende Stammesgenossen oder leichtfertige Schwätzer über einen mißliebigen Nachbarn zugetuschelt hatten. Die Bedeutung und Herkunft vieler Eigennamen erklärte er mir. Über die Himmelsgeister konnte er allerlei hinzufügen. Und manche der umständlichen Beschwörungen, welche die Zauberpriester, allen voran sein Onkel Waitó, auszuführen pflegten, wußte er zu deuten.

Eines Tages war ich im Gespräch mit Toptö auf einem toten Punkt angelangt. Das geschah immer dann, wenn ihm von meinen vielen Fragen der Kopf brummte. Aber ich wollte ihn noch nicht laufen lassen und übte mich ein wenig in der Tupari-Konversation mit einfachen Fragen und Antworten, die ich gleich in mein Notizheft eintrug.

„Tupari-nä-än?" war eine meiner dummen Übungsfragen. „Bist du ein Tupari?"

Und da erhielt ich die überraschendste seiner Erklärungen. Toptö schaute mich verächtlich an, schlug sich stolz auf die Brust und antwortete:

„Tupari um on! Wakaraü on! — Ich bin kein Tupari, ich bin ein Wakaraü!"

Ich fiel aus allen Wolken. Wie sollte Toptö, der leibhaftige Neffe des Tupari-Häuptlings Waitó, kein Tupari sein? Ich machte aus meinem Zweifel keinen Hehl.

Da hörte ich zum erstenmal von der „Volkwerdung" meiner Indianer. Die sogenannten Tupari waren nicht von jeher ein einheitliches Volk. Vielmehr hatten sich zu Zeiten der Großväter und Urgroßväter mehrere kleine Stämme zusammengetan. Von jedem Mann und jeder Frau vermochte Toptö ohne Zögern zu sagen, welcher Abstammung sie waren. Nur je ein Mann war übrig geblieben von den „Waikorotá", den „Aumä" und den „Mänsiató". Fünf waren eigentliche „Tupari". Alle übrigen, darunter Waitó, Iad und auch Toptö, waren „Wakaraü".

„Die Fremden nennen uns Tupari, weil sie nichts wissen!" fügte Toptö verächtlich hinzu. Selbst die heutige Sprache des Stammes wäre nicht das alte Tupari, sondern die Minderheiten hätten die Sprache der Wakaraü angenommen. Aber man erinnere sich noch gut, wie die verschiedenen Stämme gesprochen hätten. Und Toptö nannte mir ein paar Wörter der eigentlichen Tupari-Sprache.

Sollte ich nun den Stamm umtaufen und ihn richtiger „Wakaraü" nennen?
Ich glaube nicht, daß das wesentliche Bedeutung hat, denn auch die
„Tupari", die gar keine Tupari sind, hatten sich ja damit abgefunden und
gaben sich, wenigstens Außenstehenden gegenüber, denselben gemeinsamen Namen. —

Um den Amazonas oder auch nur einen seiner Nebenflüsse zu erforschen,
muß man dort Jahre und Jahrzehnte verbringen. Und man darf dabei
nicht in einem Dorfe sitzen bleiben, sondern muß selber tätig sein mit
den Menschen, die in jenen Gegenden aufgewachsen sind. Man muß mit
ihnen arbeiten, jagen, fischen, in Einbäumen auf Flüssen und Lagunen
herumrudern, mit Buschmesser und Flinte durch Wälder und Savannen
streifen und abends an ihrem bescheidenen Herdfeuer sitzen und ihren
Erzählungen lauschen. Wieviele Jahre würde man brauchen, um nur vom
Rio Guaporé das Wichtigste zu erfahren? In jenen sechs Monaten war ich
erst in einen kleinen Winkel eingedrungen, und auch dieser Winkel hatte
mir nur wenige seiner Geheimnisse offenbart. Man müßte ein Leben dort
zubringen! Für mich aber hieß es aufbrechen...
Ein Gummihändler wollte mich in seinem Motorboot bis zu seinem Hause
beim Dorfe Costa-Marques mitnehmen. Costa-Marques liegt etwa auf
dem halben Wege zwischen dem Rio Branco und Guajará. Wie mancher
der Kaufleute und Krämer an diesen Strömen stammte der Gummihändler aus Griechenland. In vielen Jahren harten Kampfes war er mit
dem Land und seinen Leuten vertraut geworden. Aber großes Zutrauen
schien er nicht in sie zu setzen. Denn jedesmal, wenn das Motorboot bei
einer Siedlung landete, steckte er den 38er-Colt-Revolver in seinen Gurt
und zog das Hemd ein wenig darüber, damit man ihn nicht gleich sähe.
Ich erzählte ihm von meinen Befürchtungen, der Inspektor des Indianerschutzdienstes könne mich abfangen und wegen meiner unbefugten Reise
zu den Tupari einstecken lassen. Der Grieche runzelte die Stirn:
„Lassen Sie sich in keinem Dorf am brasilianischen Ufer blicken", warnte
er mich. „Hierzulande muß man auf alles gefaßt sein, und für nichts und
wieder nichts drei Jahre in Ketten zu sitzen ist kein Vergnügen."
Schon am nächsten Tag kam ein Ruderschiff, mit Bohnen, Mais und Tabak-
stangen schwer beladen, von dem bolivianischen Dorf Carmen herunter. —
Noch viele Frachtkähne fahren mit vier oder mehr Ruderern bemannt,
denn nur wenige Händler können sich einen Motor oder gar einen kleinen
Dampfer leisten. — Der Bolivianer war bereit, mich bis Moré mitzu-
nehmen. Bangen Herzens passierte ich die brasilianische Flußkontrolle in
„Forte Principe da Beira". Aber die Grenzwächter waren Kavaliere und

verlangten nicht einmal einen Paß zu sehen. Nun konnte ich ziemlich unbesorgt sein.

Die Reise unter dem kleinen Palmblätterdach des Bootes war allerdings nicht sehr bequem. Dreieinhalb Tage schwitzten die Ruderknechte, und dreieinhalb Tage und Nächte zerstachen uns die Moskitos. Wiederholt zwang uns ein hereinbrechender Sturm, am Ufer Zuflucht zu nehmen, denn die Wellen begannen ins Boot zu schlagen, und die Ruderer kamen nicht mehr gegen den starken Wind an.

Endlich aber tauchten hinter einer Biegung des Flusses die weißroten Gebäude von Moré auf. Mit einem Gefühl der Erleichterung sprang ich an Land, und die gastfreundliche Familie Leigue empfing mich wie einen Verlorenen. Alles war hier beim alten. Nur im Dorfbild hatte es eine Veränderung gegeben. Herr Leigue hatte inzwischen seinen alten Lieblingsplan ausgeführt und eine stattliche, solide Kapelle gebaut, deren Turm die Kolonie weit überragte.

In Moré traf ich ein Motorboot, wie ich es mir besser nicht wünschen konnte. Es gehörte Don Carmelo Brückner, dem Sohn des alten Thüringers, der mich im vergangenen Jahr als erster auf die „Wilden" des Guaporé-Flusses aufmerksam gemacht hatte. In wenig mehr als einer Nacht und einem Tag fuhren wir auf dem Guaporé bis zu seiner Mündung und dann den trüben und reißenden Mamoré hinunter nach Guayamerín. —

So war ich wieder da angekommen, wo ich vor zehn Monaten meinen Weg in die Schweiz unterbrochen hatte, um „richtige Indianer" aufzusuchen. Im März landete ich in Cochabamba. Zum zweitenmal sollte ich die Reiseroute nach Europa wählen. Mein erster Versuch hatte mich statt nach Hause zu den Indianern des Rio Branco geführt. Und wieder erlag ich den Verlockungen des Amazonas.

Ich übergab mein Gepäck einer Agentur, packte das Notwendigste in ein Köfferchen und flog nach Cobija, das weiter im Norden an der Grenze zwischen Bolivien und Brasilien liegt. Von dort fuhr ich den Rio Acre und den Purús zum Amazonenstrom hinunter. Und die üppige Pracht der Landschaft und die bezaubernde Liebenswürdigkeit der Brasilianer ließen mich ganz vergessen, daß ich in dem herrlichen Land nach dem Gesetz noch drei Jahre Kettenstrafe zugute hatte für meinen unbefugten Besuch bei den Tupari-Indianern. —

Mit mehr als einem Jahr Verspätung kehrte ich endlich heim in den schweizerischen Herbst und Winter.